教育硕士考研系列图书

333教育综合
应试解析

中国教育史分册　　主编 徐影

编委会 凯程教研室

北京理工大学出版社
BEIJING INSTITUTE OF TECHNOLOGY PRESS

版权专有　侵权必究

图书在版编目（CIP）数据

333教育综合应试解析.中国教育史分册/徐影主编.—北京：北京理工大学出版社，2022.1（2023.4重印）

ISBN 978-7-5763-0894-5

Ⅰ.①3… Ⅱ.①徐… Ⅲ.①教育学–研究生–入学考试–自学参考资料　②教育史–中国–研究生–入学考试–自学参考资料　Ⅳ.①G40　②G529

中国版本图书馆CIP数据核字（2022）第015449号

出版发行 / 北京理工大学出版社有限责任公司	
社　　址 / 北京市海淀区中关村南大街5号	
邮　　编 / 100081	
电　　话 /（010）68914775（总编室）	
（010）82562903（教材售后服务热线）	
（010）68944723（其他图书服务热线）	
网　　址 / http://www.bitpress.com.cn	
经　　销 / 全国各地新华书店	
印　　刷 / 河北鹏润印刷有限公司	
开　　本 / 889毫米 × 1194毫米　1/16	
印　　张 / 11.25	责任编辑/多海鹏
字　　数 / 300千字	文案编辑/多海鹏
版　　次 / 2022年1月第1版　2023年4月第3次印刷	责任校对/周瑞红
定　　价 / 278.90元（共4册）	责任印制/李志强

图书出现印装质量问题，请拨打售后服务热线，本社负责调换

前 言

亲爱的考研学子：

大家好！

我是《333教育综合应试解析》（以下简称《解析》）的主编徐影老师，当你翻开本书时，我们就并肩同行在这条漫漫考研路上了。自2007年以来，我一直在凯程教育讲授教育学类考研的相关课程，至今已经十余年了。在这些年的教学生涯中，我一直未间断对教育学学硕和全日制教育专硕考试的分析、研究、资料编写以及授课，这让我对考情有了更为清晰和精准的把握。经过一路的积累与沉淀，也让这本《解析》成为历年众多教育综合考研学子中几乎人手一本的考研用书。非常感谢大家的厚爱和支持，也正是因为此，更加激励我们每年不断完善本书，针对考试的新变化、新内容、新趋势，为考生带来更好用、更好背的考研复习资料。

24年333教育综合将迎来统考，高教版统考大纲一般在每年9月发布，为了不耽误考生复习，凯程对今年的《解析》做了预测和更新：一是本书的体系与旧版大纲基本保持一致，因为凯程预测新的统考大纲体系的调整不会很大；二是新增考点作为预测知识，新版《解析》增加了一些课程与教学最前沿的知识点，让《解析》能更好地对接新的统考大纲，也方便考生更好学、更好背，为考生迎接统考做准备。针对往年的考情和对新的统考大纲的预测，新版《解析》的内容具有以下特点：

1. **内容更新更全面**。《解析》在预测新的统考大纲和研究各院校历年真题的基础上，对内容进行了更新与完善。对于考试大纲中没有要求，但在实际考试中出现的高频超纲知识点，设置了【补充知识点】及【凯程拓展】模块，还为考生总结了教育思想的异同比较、理论流派比较等。对于部分重难点内容，设置了【二维码】，只需扫码就可以观看知识点的详解视频。总之，凯程全面梳理了知识点，帮助考生高效备考，考生可以放心使用。

2. **知识体系更合理**。《解析》打破333教育硕士考试大纲中知识点的排列顺序，重塑了各学科的知识体系，给考生展现一个更清晰、更容易理解和背诵的学科体系，且包含所有333教育硕士考试大纲知识点。如中外教育史部分，按照教育制度史、教育实践史、教育思想史来建构知识体系，增强了知识间的衔接与联系，更符合考生的学习规律，考生也更容易理解与记忆。与此同时，凯程还设置了【知识框架】模块，便于考生了解各章节的知识体系，帮助其建构知识结构，更易于让考生整体记忆和掌握知识。

3. **考情分析更精准**。《解析》在每章的开头都设置了【考情分析】模块，用最直观的方式展示各个知识点及其历年考试频次，左侧罗列333教育硕士考试大纲要求掌握的章节考点，右侧设置彩色条形图区分不同题型的考频。在考点后设置了【经典真题】模块，按照题型展示历年真题。与此同时，凯程在每个考点后及部分知识点的标题后添加了✰，分为1、3、5、7颗星，共四个层级，越重要的知识点✰就越多。【凯程提示】也对部分知识点的重要程度及考查形式做了进一步说明。考生可结合以上几个模块来了解各知识点的考频、考查形式，以便更有针对性地进行学习。

4. **知识描述更易懂**。《解析》增加了丰富且生动的教育教学案例和研究案例，尤其在教育心理学这册书中，使用了大量的例子和图表来帮助考生快速理解并消化理论知识，当遗忘某个知识点时可以通过例子或图像场景来回忆。同时，凯程设置【凯程助记】模块，帮助考生运用技巧来记忆相关的知识点，做到高效学习。

5. 归纳总结更完善。《解析》针对 333 考生可能会遇到"内容多、难归纳、易混淆"等问题进行了逐个击破。首先,对"内容多"问题,凯程对知识点进行了维度的划分及关键词、关键句的提炼,并以考试答题的方式呈现,条理清晰,便于记忆,也能训练同学们的答题思维。其次,对"难归纳、易混淆"问题,凯程选择用表格、助记、提示等形式帮助考生区分、梳理和归类知识点。总结和助记两手抓,凯程希望帮助考生深度理解知识,在夯实"厚"基础的同时把书背"薄",缓解考生背诵的压力。

6. 重要标识更明确。首先,《解析》在对应考点和知识点处做了星标、建议学习时间和真题考查情况等标识,考生可据此直观地了解考点的重要程度,有的放矢地进行学习。其次,本书对标题、关键词、关键句进行了加色处理,对【凯程拓展】【凯程提示】【凯程助记】的内容进行了底色处理,考生可清晰地看到各个知识点所包含的要点,能更有效地学习。

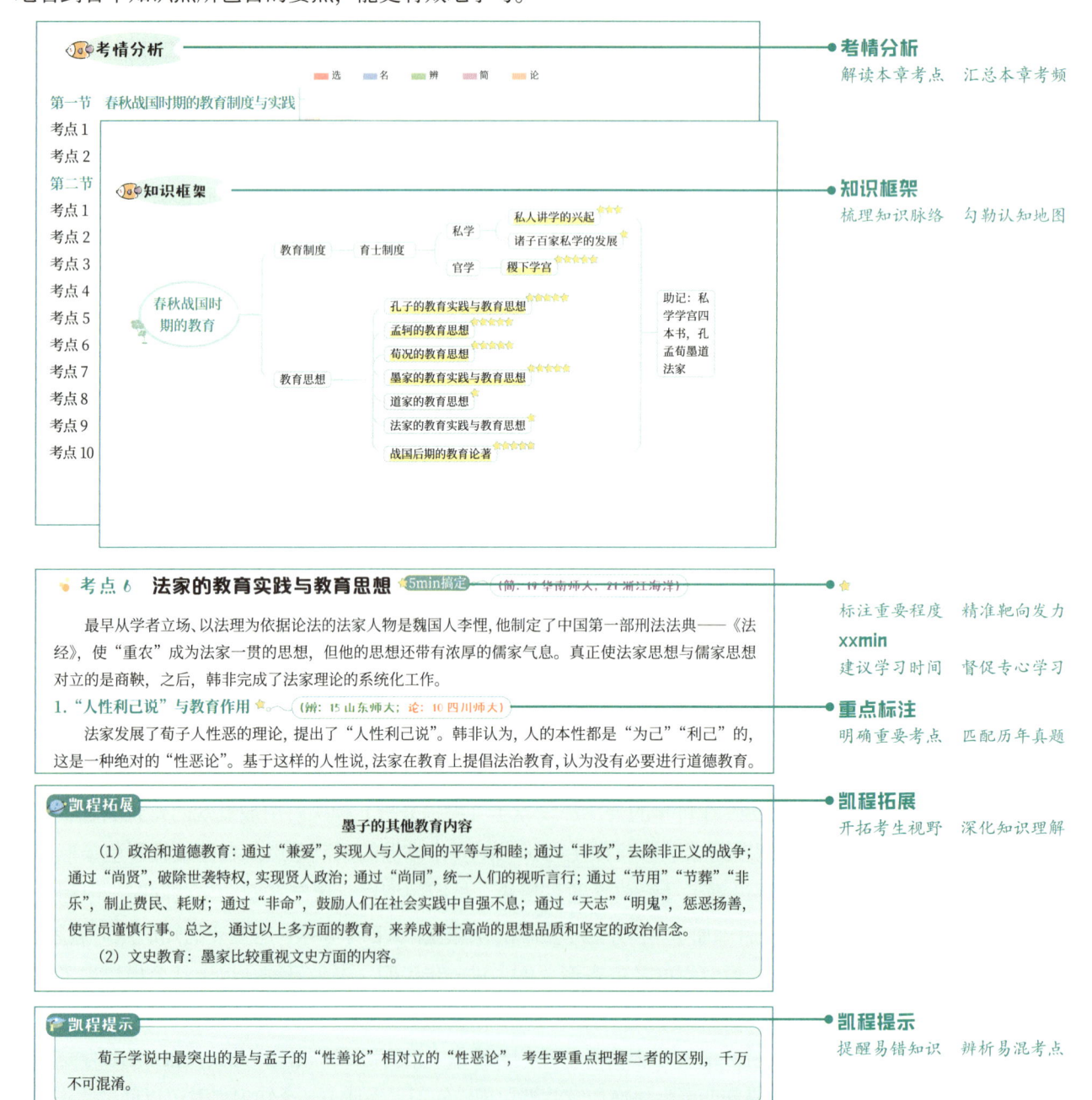

考情分析
解读本章考点　汇总本章考频

知识框架
梳理知识脉络　勾勒认知地图

（第一节 春秋战国时期的教育制度与实践；考点1-考点10；教育制度-育士制度-私学（私人讲学的兴起、诸子百家私学的发展）、官学（稷下学宫）；教育思想：孔子的教育实践与教育思想、孟轲的教育思想、荀况的教育思想、墨家的教育实践与教育思想、道家的教育思想、法家的教育实践与教育思想、战国后期的教育论著；助记：私学学宫四本书,孔孟荀墨道法家）

考点6　法家的教育实践与教育思想 5min搞定（简：19 华南师大；21 浙江海洋）

最早从学者立场、以法理为依据论法的法家人物是魏国人李悝,他制定了中国第一部刑法法典——《法经》,使"重农"成为法家一贯的思想,但他的思想还带有浓厚的儒家气息。真正使法家思想与儒家思想对立的是商鞅,之后,韩非完成了法家理论的系统化工作。

1. "人性利己说"与教育作用（辨：15 山东师大；论：10 四川师大）

法家发展了荀子人性恶的理论,提出了"人性利己说"。韩非认为,人的本性都是"为己""利己"的,这是一种绝对的"性恶论"。基于这样的人性说,法家在教育上提倡法治教育,认为没有必要进行道德教育。

标注重要程度　精准靶向发力
xxmin
建议学习时间　督促专心学习

重点标注
明确重要考点　匹配历年真题

凯程拓展
墨子的其他教育内容
(1) 政治和道德教育:通过"兼爱",实现人与人之间的平等与和睦;通过"非攻",去除非正义的战争;通过"尚贤",破除世袭特权,实现贤人政治;通过"尚同",统一人们的视听言行;通过"节用""节葬""非乐",制止费民、耗财;通过"非命",鼓励人们在社会实践中自强不息;通过"天志""明鬼",惩恶扬善,使官员谨慎行事。总之,通过以上多方面的教育,来养成兼士高尚的思想品质和坚定的政治信念。
(2) 文史教育:墨家比较重视文史方面的内容。

凯程拓展
开拓考生视野　深化知识理解

凯程提示
荀子学说中最突出的是与孟子的"性善论"相对立的"性恶论",考生要重点把握二者的区别,千万不可混淆。

凯程提示
提醒易错知识　辨析易混考点

凯程助记

学派	主要实践	教育作用	教育目的	教育内容	教育方法	道德教育	论教师
墨家	"农与工肆之人"的代表	"素丝说"	培养"兼士"	重视科技与思维训练	主动、创造、实践、量力	—	—

●**凯程助记**
掌握记忆方法 理顺知识要点

经典真题

一、关于孔子的教育作用

>> 名词解释

1. 孔子（18 湖北）　　　　2. 创办私学与编订"六经"（16 天津师大，19 湖南）

●**经典真题**
准确匹配真题 熟悉出题思维

此外，凯程的"教育硕士考研精品教程"包含《333 教育综合应试解析》《333 教育综合真题汇编与高频题库》《333 教育综合框架笔记》三套教辅图书。它们几乎同样是历年教育硕士考研学子的标配用书，具有应试指导全程性和全面性的特点。同时，《解析》还开设配套课程，为考生提供全程专属复习指导（具体如下表）。

时间	课程	配套使用资料	配备服务	高阶课程
1～6月	基础课（录播）在线学习方法＋答疑课	《333 教育综合应试解析》各科教材	1.每月初直播复习规划＋学习方法，徐影老师在线直播答疑。2.公众号【徐影老师】是集复习指导、经验分享、信息发布、考生交流于一体的教育学/教育硕士考研平台	针对自命题院校的一对一课程
7～8月	强化课（录播）在线学习方法＋答疑课	《333 教育综合应试解析》《333 教育综合真题汇编与高频题库》	^	^
9～10月	真题课（录播）在线学习方法＋答疑课	《333 教育综合真题汇编与高频题库》	^	针对答题技巧能力的习题训练课程
11～12月	冲刺课（录播）在线学习方法＋答疑课	《333 教育综合冲刺必背题》《333 教育综合模拟卷》（内部学员专享，电子版）	^	^

弟子班系列班型：全程 333 教育硕士专业课辅导＋班主任服务。
集训营系列：凯程北京集训营全年吃、住、学一体的全科面授课＋督导＋计划＋答疑，徐影老师亲临授课与指导
特别说明：凯程官网为凯程唯一售课渠道，其他途径均为盗版。
凯程咨询热线：400-050-3680，凯程官方 QQ：800016820

考研形势在发展，教育学这门学科也在发展，我们将一如既往坚守教育初心，不断修订与完善，坚信没有最好，只有更好。或许这套图书仍有不足之处，凯程欢迎广大考生提出宝贵建议，我们将予以高度重视，合理采纳，以便更好地为大家服务。

最后，祝愿考研学子"博观而约取，厚积而薄发"，梦圆考场！

主编　徐影老师

声　明

本书中所有框架图、表格，包括章节体系的划分，均为凯程原创，均拥有凯程商标权和著作权。除考生学习使用外，任何个人和机构不得抄袭和商用，否则凯程公司有权追究其法律责任。

特此声明！

目 录

第一部分　中国古代教育史

第一章　夏商与西周的教育..................004
第一节　学校萌芽的传说与夏商的教育...........005
第二节　西周的教育................................006
第二章　春秋战国时期的教育..................009
第一节　春秋战国时期的教育制度与实践.........010
第二节　春秋战国时期的教育思想................013
第三章　秦汉时期的教育........................039
第一节　秦代的教育制度与实践...................040
第二节　汉代的教育制度与实践...................041
第三节　汉代的教育思想...........................045

第四章　魏晋南北朝与隋唐时期的教育.....048
第一节　魏晋南北朝的教育制度与实践...........049
第二节　隋唐时期的教育制度与实践..............051
第三节　魏晋南北朝与隋唐时期的教育思想......058
第五章　宋元时期的教育........................064
第一节　宋元时期的教育制度与实践..............065
第二节　宋元时期的教育思想......................074
第六章　明清时期的教育........................079
第一节　明清时期的教育制度与实践..............080
第二节　明清时期的教育思想......................083

第二部分　中国近代教育史

第七章　中国教育的近代转折..................092
第一节　教育改革措施..............................093
第二节　教育思想....................................101
第八章　近代教育体系的建立..................104
第一节　教育改革措施..............................105

第二节　教育思想....................................112
第九章　近代教育体制的变革..................118
第一节　教育改革措施..............................119
第二节　教育思想....................................124

第三部分　中国现代教育史

第十章　南京国民政府时期的教育...........136
第十一章　中国共产党领导下的革命根据地教育..................142

第十二章　现代教育家的教育理论与实践..151
参考文献...172

---

① 本书按照知识的逻辑调整了大纲的章节名称和大纲知识点的顺序，但是不缺少大纲的任何一个知识点。依照本书的知识编排顺序学习，更符合知识的逻辑和学习的基本心理逻辑，也与凯程课程的授课方式保持一致。

中国教育史

学科框架

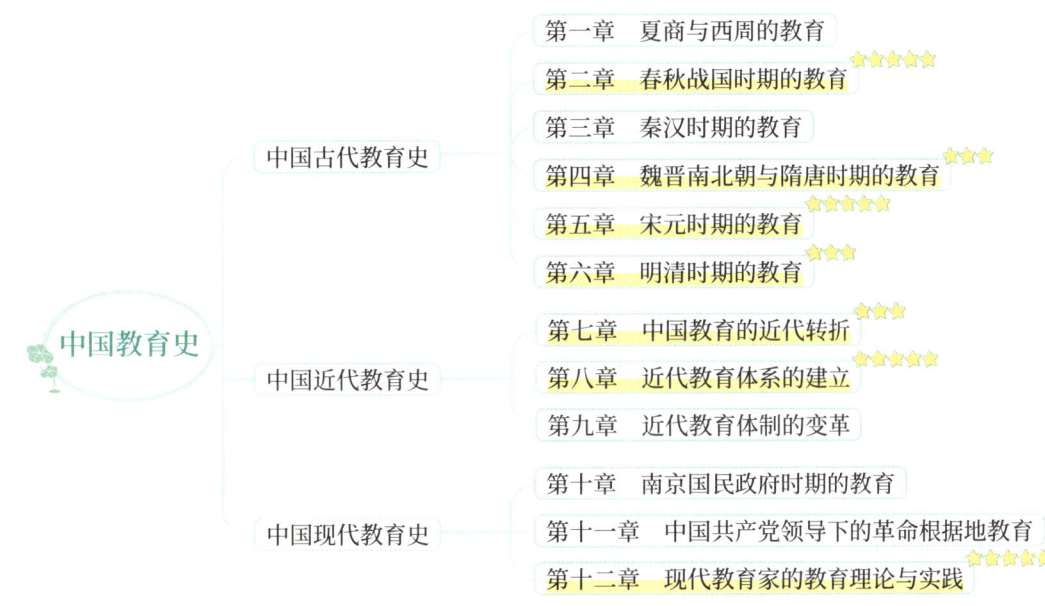

中国教育史
- 中国古代教育史
  - 第一章　夏商与西周的教育
  - 第二章　春秋战国时期的教育 ⭐⭐⭐⭐⭐
  - 第三章　秦汉时期的教育
  - 第四章　魏晋南北朝与隋唐时期的教育 ⭐⭐⭐
  - 第五章　宋元时期的教育 ⭐⭐⭐⭐⭐
  - 第六章　明清时期的教育 ⭐⭐⭐
- 中国近代教育史
  - 第七章　中国教育的近代转折 ⭐⭐⭐
  - 第八章　近代教育体系的建立 ⭐⭐⭐⭐⭐
  - 第九章　近代教育体制的变革
- 中国现代教育史
  - 第十章　南京国民政府时期的教育
  - 第十一章　中国共产党领导下的革命根据地教育
  - 第十二章　现代教育家的教育理论与实践 ⭐⭐⭐⭐⭐

章节考频图

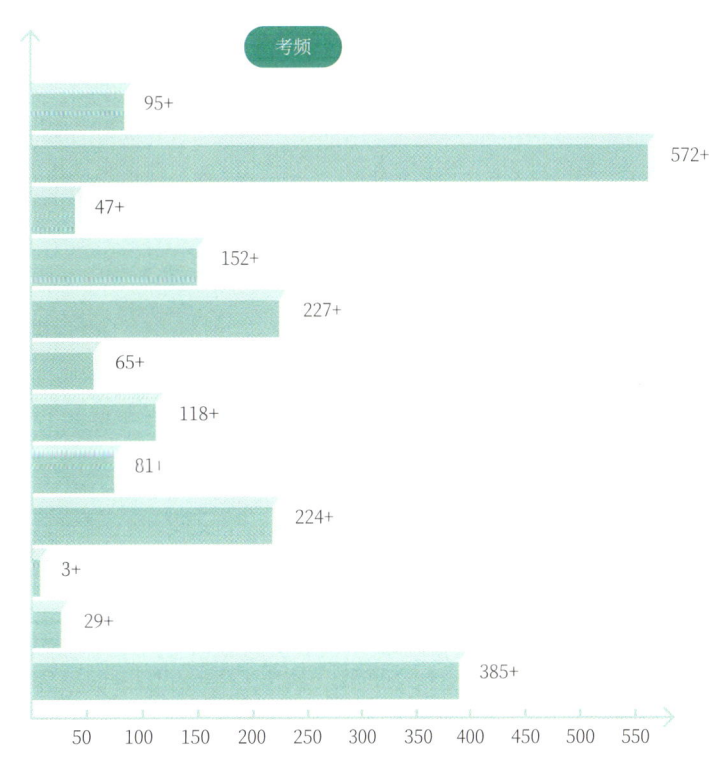

章节	考频
第一章　夏商与西周的教育	95+
第二章　春秋战国时期的教育	572+
第三章　秦汉时期的教育	47+
第四章　魏晋南北朝与隋唐时期的教育	152+
第五章　宋元时期的教育	227+
第六章　明清时期的教育	65+
第七章　中国教育的近代转折	118+
第八章　近代教育体系的建立	81+
第九章　近代教育体制的变革	224+
第十章　南京国民政府时期的教育	3+
第十一章　中国共产党领导下的革命根据地教育	29+
第十二章　现代教育家的教育理论与实践	385+

中国教育史高频知识点

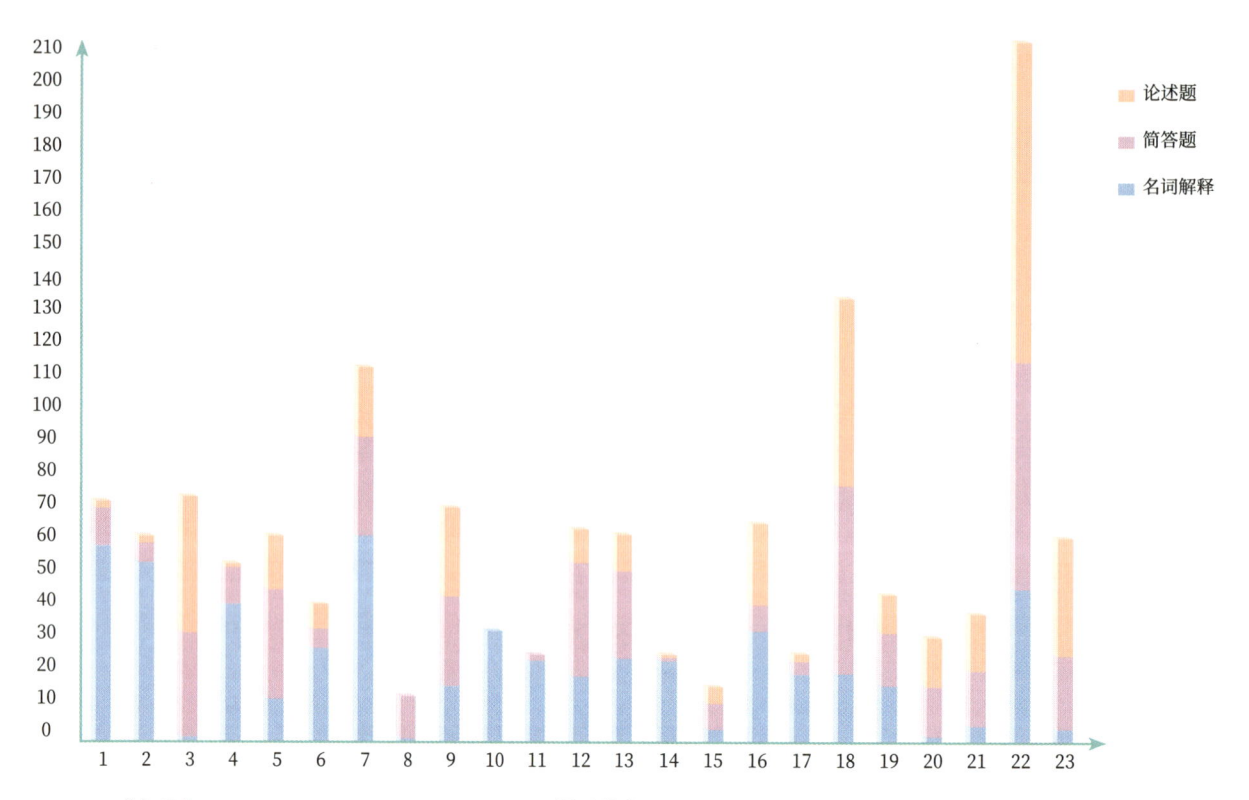

1. "六艺"	2. 稷下学宫	3. 孔子（孔子的教育思想）
4. 有教无类	5. 孔子的教学方法	6.《大学》
7.《学记》	8. "罢黜百家，独尊儒术"	9. 科举制
10. "苏湖教法"	11. "三舍法"	12. 书院
13. 朱子读书法	14. 京师同文馆	15. 洋务学堂
16. "中体西用"	17. 癸卯学制	18. 蔡元培及其教育思想
19. 1922年"新学制"/壬戌学制	20. 黄炎培的职业教育思想	21. 晏阳初及其教育思想
22. 陶行知及其生活教育理论	23. 陈鹤琴及其"活教育"理论	

第一部分　中国古代教育史

学习方法

学习的关键在于能够汇总，能够构建自己的知识体系。凯程为考生建立了中国古代教育史知识体系总结表，请考生一边学习，一边自主填写表格中的关键内容。之后凯程会在第六章结尾的凯程助记中完整地展现这一总结表的具体内容。考生可以将自己填写的表格与之核对，查漏补缺的同时，更好地建立自己的知识体系。

	夏商西周	春秋战国	秦朝	两汉	魏晋南北朝	隋唐	宋朝	元朝	明朝	清朝前期
文教政策/教育管理										
中央官学										
地方官学										
私学										
书院制度										
选士制度										
教育思想										

注：很多章节会涉及中国教育史内部相关知识点的异同比较，中外教育史知识点之间的异同比较一律在外国教育史部分中呈现，因为只有学完中外教育史的内容才能更好地进行比较。

第一章 夏商与西周的教育
——官学制度的建立与"六艺"教育的形成

考情分析

第一节 学校萌芽的传说与夏商的教育
- 考点1 学校萌芽的传说
- 考点2 夏商的教育

第二节 西周的教育
- 考点1 教育管理："学在官府"
- 考点2 育人制度：大学与小学；国学与乡学；家庭教育
- 考点3 教育内容："六艺"

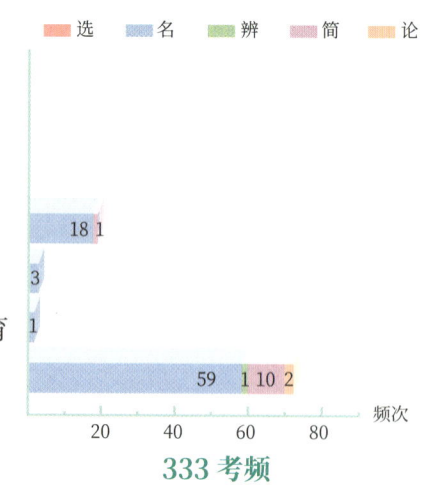

图例：选 名 辨 简 论

333考频

知识框架

夏商与西周时期的教育
- 学校萌芽的传说
  - 机构：成均、庠
  - 条件
- 夏商的教育
  - 夏朝的教育：序、校
  - 商朝的教育：学、庠、序
- 西周的教育
  - 教育管理：学在官府 ★★★
  - 育人制度
    - 国学
      - 大学
      - 小学
    - 乡学
    - 家庭教育
  - 教育内容："六艺" ★★★★★

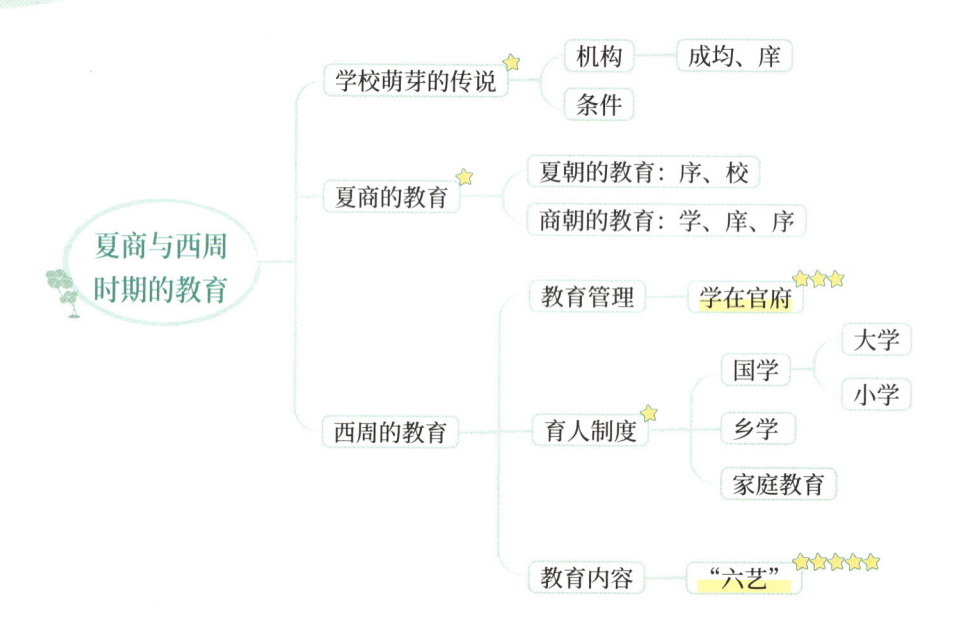

① 本章全部参考孙培青的《中国教育史》(第四版)第一、二章。

考点解析

第一节　学校萌芽的传说与夏商的教育

考点1　学校萌芽的传说 3min搞定 （名：21北京联合）①

氏族公社末期（即父系氏族公社后期），社会经济、政治的变革推动着教育不断地发生变化，起源于原始社会生产劳动和社会生活需要的教育逐渐分化出来，出现了学校的萌芽。

1. 五帝时期的教育

五帝时期的乐教机构（成均）、养老兼教育的机构（庠）都属于独立于生产过程之外的专门从事教与学的机构，它们就是学校的萌芽。

2. 产生的条件

（1）社会生产力的提高使生产有了剩余，这就使一部分人脱离生产转为劳心者，从事与教育相关的工作。

（2）产生了培养专门管理社会事务人员的需要，推动了专门教育的产生。

（3）文字的产生为传播生产、生活经验创造了有利的条件，同时也形成了产生学校的现实需要。

考点2　夏商的教育 5min搞定

1. 夏朝的教育

（1）序。"序"设在王都，最初是教"射"的场所，后来成为奴隶主贵族教育子弟的场所。

（2）校。"校"设在地方，是进行军事训练和习武的场所，是对平民进行教育的乡学。

夏朝的教育目的是把本阶级的成员及其后代培养成为能射善战的武士；教育内容是军事训练与宗教教育。

2. 商朝的教育

商朝出土的甲骨文的卜辞记录中有不少是与教育相关的。所谓卜辞，是指中国晚商巫师进行占卜活动而刻在牛胛骨、龟甲等兽骨甲壳上的文字记载，亦指近现代学者整理晚商的甲骨文字而汇编的纂集。

（1）学。教育阶段分为大学与小学（或右学与左学），这是学校成熟的标志。右学与瞽宗都属于大学性质，是同一机构的不同名称。大学以乐教为重。

（2）庠。"庠"承袭虞舜时期教养机构的名称，利用养老的活动对年轻一代进行思想道德教育。

（3）序。"序"承袭夏朝时期教养机构的名称，主要进行军事体育教育。

商代学校由国家管理，受教育是奴隶主阶级的特权，其目的是培养尊神重孝、勇敢善战的未来统治者。这些学校的教育内容有思想政治教育、军事教育、礼乐教育、书数教育，已经具备了后来的"六艺"教育的形貌，西周教育就是在此基础上发展而来的。

---

① 年份、部分院校、题型均为简写，其中师范大学简写成师大，××大学省略大学二字，下同。

凯程助记

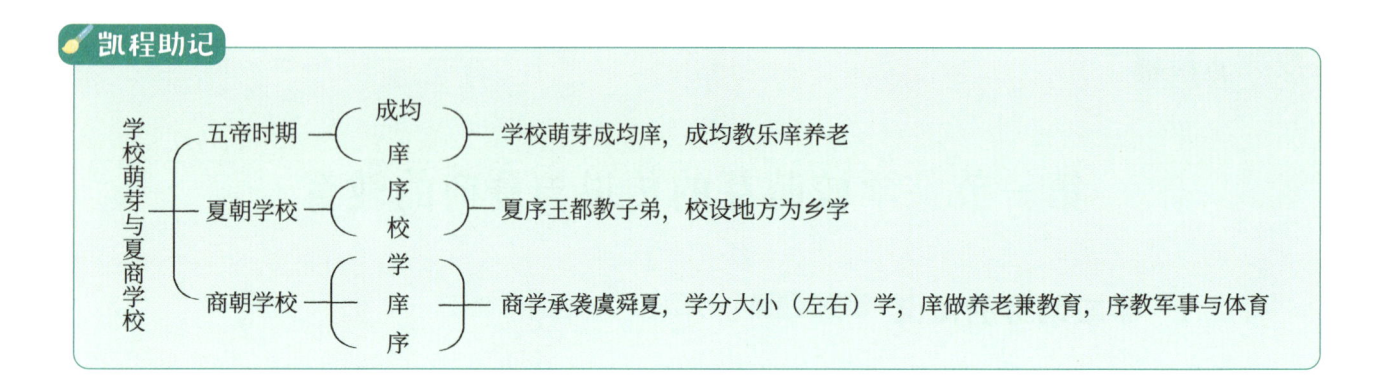

```
                  ┌ 五帝时期 ─ 成均 ─── 学校萌芽成均庠，成均教乐庠养老
学校萌芽           │
与夏商学校 ────────┤ 夏朝学校 ─ 序校 ─── 夏序王都教子弟，校设地方为乡学
                  │          学庠
                  └ 商朝学校 ─ 序 ───── 商学承袭虞舜夏，学分大小（左右）学，庠做养老兼教育，序教军事与体育
```

第二节 西周的教育

考点 1 教育管理："学在官府" ⭐⭐⭐ 3min搞定　（选：19南京师大；名：20+学校；简：15吉林师大）

（1）**简介**："学在官府"是西周文化教育的重要特征。奴隶主贵族为了管理的需要，制定法纪规章，用文字记录，汇集成专书，由当官者来掌握。这种现象，历史上称之为"学术官守"，并由此造成"学在官府"。

（2）**原因**：形成这种局面的客观原因是"惟官有书，而民无书；惟官有器，而民无器；惟官有学，而民无学"；根本原因是当时的生产力发展水平和社会制度结构状况。

（3）**特点**：政教一体，官师合一。

考点 2 育人制度：大学与小学；国学与乡学；家庭教育 8min搞定

1. 国学　（选：22南京师大）

国学设在天子、诸侯的王都内，是专为奴隶主贵族子弟设立的教育机构，分为大学和小学两级。

（1）大学。

①**入学资格**：有限制，只有少数符合资格的人才能享受大学教育。其中，一类是贵族子弟；另一类是平民中的优秀分子，经过一定的程序推荐选拔，方能进入大学。同时，入学年龄也与家庭地位有关，王大子入学的年龄为15岁，其他贵族子弟入学的年龄为20岁。这体现了西周教育的等级性。

②**学习年限**：学程是9年。

③**教育内容**：大学的教学服从于培养统治者的需要，学大艺，履大节，以礼乐为重，射御次之。

④**大学名称**：天子所设的大学叫辟雍，诸侯所设的大学叫泮宫，天子和诸侯所设的大学有规模和等级的差别。

⑤**特点**：大学的教学已具有计划性，表现为定时定点进行教学活动。

（2）小学。

①**入学年龄**：小学入学年龄记载不一，与学生家庭的政治地位有关，贵族子弟的入学年龄早于平民子弟。

②**学习年限**：学程约为7年。

③**教育内容**：德、行、艺、仪，是关于奴隶主贵族道德行为准则和社会生活知识技能的基本训练。

2. 乡学　（名：23江苏师大）

设在王都郊外六乡行政区中的地方学校，总称为乡学。

(1) **入学对象**：一般奴隶主和部分庶民的子弟，由司徒负责领导，学习优秀者可被选拔到国学中的大学学习。

(2) **教育内容**："乡三物"，即"六德"（知、仁、圣、义、忠、和）、"六行"（孝、友、睦、姻、任、恤）和"六艺"（礼、乐、射、御、书、数）。

(3) **学校类型**：一曰乡校，一曰州序，一曰党庠，一曰家塾。（乡、州、党、家是西周行政区域的名称，校、序、庠、塾是西周地方学校的名称。）

(4) **特点**：乡学虽与国学等级有别，但存在一定的联系——乡学实行定期的考察和推荐，将贤能者选送至司徒，经司徒再择优选送至国学。

3. 家庭教育

西周时期贵族子弟先接受家庭教育，再接受学校教育。

(1) **内容**：基本的生活技能与习惯教育，初步的礼仪规则，初级的"数"的观念、方位观念和时间观念。

(2) **特点**：男女有别和明显的计划性。

①**男女有别**。在男尊女卑思想的支配下，要求男治外事，女理内事，从7岁起进行男女有别的教育，女子只在家庭中接受女德教育，而男子可继续接受学校教育。

②**计划性**。计划性体现在能够按儿童年龄的发展提出不同的要求，这是西周的贵族家庭教育较大的进步。

凯程助记

助记1：国学都内分大小，天子喜欢建辟雍；地方学校为乡学，校序庠塾行政区；生习礼数在家庭，男女有别计划强。

助记2：西周时期的学校总览图

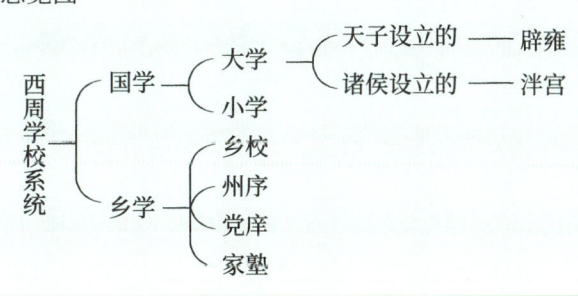

```
              ┌ 大学 ┬ 天子设立的 —— 辟雍
         ┌ 国学 ┤      └ 诸侯设立的 —— 泮宫
西周      │      └ 小学
学校 ────┤
系统      │      ┌ 乡校
         └ 乡学 ┤ 州序
                │ 党庠
                └ 家塾
```

考点3　教育内容："六艺" ★★★★★ 5min搞定　（名、辨、简、论：55+ 学校）

"六艺"即夏、商、西周时期教育的六项基本内容——礼、乐、射、御、书、数。其中礼、乐是"六艺"的中心，书、数是西周小学主要的教学内容。

1. 基本内容

(1) **礼**。凡政治、伦理、道德、礼仪都包括在内。西周礼的教育不仅在于养成礼仪规范，而且具有深刻的政治作用，即通过礼制表明尊卑、上下的关系，强化宗法制度和君臣等级制度。

(2) **乐**。包括诗歌、舞蹈和音乐，是当时的艺术教育，包含了德育、智育、体育、美育的要求。乐教的作用是陶冶人的情感，使强制性的礼转化为人们内在的道德和精神的需求。

(3) **射**。指射箭的技术训练。

(4) **御**。指驾驭马拉战车的技术训练。

（5）书。指文字读写。文字教学可采取多种方法，其中之一是按汉字构成的方法，以"六书"分类施教。西周的《史籀篇》是中国古代教育史上记载最早的儿童识字课本。

（6）数。指算法。数学知识到西周有更多的积累，为较系统地教学创造了条件。

2. 意义

（1）"六艺"教育经历夏、商的发展，到西周时最为完备，是西周教育的特征和标志。

（2）"六艺"教育既重视思想道德，也重视文化知识；既重视传统文化，也重视实用技能；既重视文事，也重视武备；既要求符合礼仪规范，也要求内心情感修养，体现了文武兼备、诸育兼顾的特点，反映了中华文明发展早期的辉煌。

凯程提示 我们在第二章学习《学记》后，请考生依据《学记》全文来了解西周时期的教育特色。

经典真题

>> **名词解释**

1. 学在官府（10 河南师大、江苏师大，12 内蒙古师大，13、15 浙江师大，14 鲁东，15 山东师大，16 贵州师大、赣南师大，16、17 集美，17 华中师大、浙江师大，17、18 南宁师大、安庆师大、中国海洋，18 湖南师大，20 江西师大，21 吉林师大，21、22 闽南师大，23 扬州、湖南科技、浙江海洋）

2. "六艺"（11 天津师大、中南，11、13、18 西北师大，12 华东师大、南京师大，12、17、18、23 湖南，13 内蒙古师大、湖北、聊城，13、19 云南师大，14 河北、吉林师大、山西，14、16 湖南科技，15 沈阳师大，15、17 中央民族，15、18 集美，16 海南师大、四川师大、广西师大，17 贵州师大、福建师大、南宁师大、重庆三峡学院，18 中国海洋、扬州、南京航空航天，18、19 西安外国语，18、23 淮北师大，19 江西师大、山东师大、安庆师大，19、23 宝鸡文理学院，20 湖南师大、深圳、北华、赣南师大、西华师大、洛阳师范学院，20、23 新疆师大，21 上海师大、山西师大，22 齐齐哈尔、大理，23 河南师大、济南）

3. 乡学（23 江苏师大）

>> **辨析题** 孔子编订了《诗》《书》《易》《礼》《乐》《春秋》，这就是"六艺"教育。（21 陕西师大）

>> **简答题**

1. 简述"六艺"教育的内容和特征。（11 南京师大、安徽师大，12 中山，16 广东技术师大，17 湖南农业，18 河北师大，21 北华，23 华南师大）

2. 西周官学的基本特征是什么？（15 吉林师大）

3. 简述西周教育的特点。（20 中央民族）

>> **论述题**

1. 试述西周"六艺"教育及其历史价值。（16 温州）

2. 评述"六艺"教育与"七艺"教育的异同。（13 中山）

---
① 重要真题的答案均在《333 教育综合真题汇编与高频题库》，下同。

第二章 春秋战国时期的教育
——私人讲学的兴起与传统教育思想的奠基①

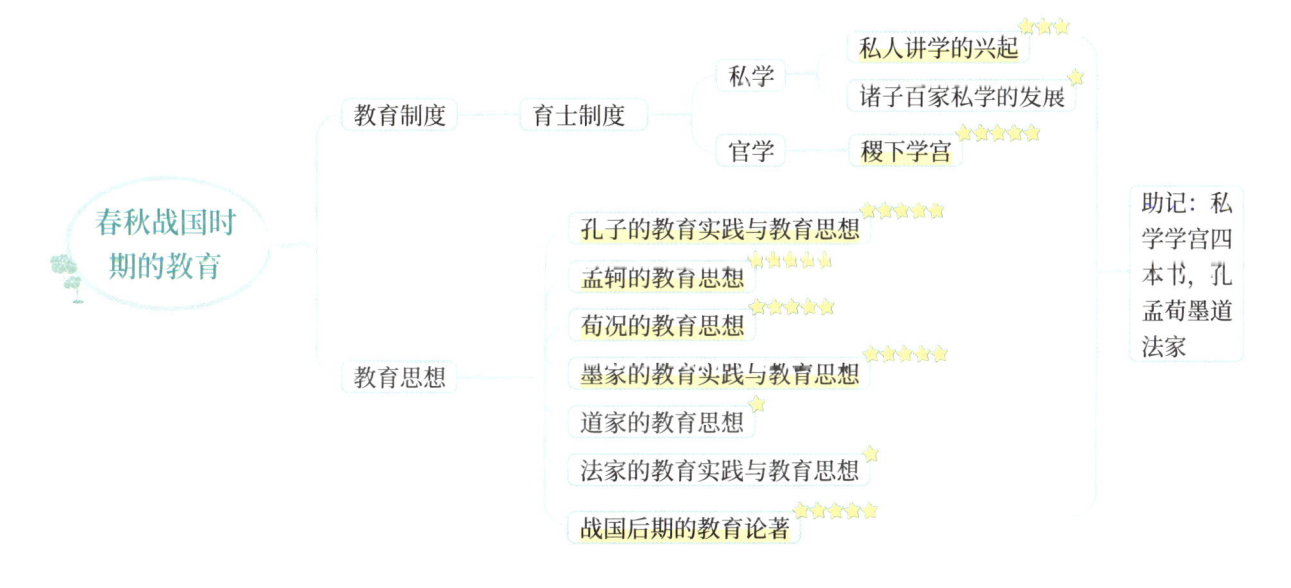

考情分析

图例：选 名 辨 简 论

第一节 春秋战国时期的教育制度与实践
- 考点1 私人讲学兴起与诸子百家的私学　2 6 2
- 考点2 齐国的稷下学宫　55 36 3

第二节 春秋战国时期的教育思想
- 考点1 孔子的教育实践与教育思想　75 1 96 87
- 考点2 孟轲的教育思想　9 13 7
- 考点3 荀况的教育思想　4 13 10
- 考点4 墨家的教育实践与教育思想　7 4 6
- 考点5 道家的教育思想
- 考点6 法家的教育实践与教育思想　1 1 3 2
- 考点7 战国后期的教育论著之《大学》　26 8 1
- 考点8 战国后期的教育论著之《中庸》　3 3
- 考点9 战国后期的教育论著之《学记》　63 30 22
- 考点10 战国后期的教育论著之《乐记》

频次：20 40 60 80 100 120 140 160 180 200 220 240 260

333考频

知识框架

春秋战国时期的教育
- 教育制度 — 育士制度
  - 私学
    - 私人讲学的兴起 ★★★★★
    - 诸子百家私学的发展 ★★★★
  - 官学 — 稷下学宫 ★★★★★
- 教育思想
  - 孔子的教育实践与教育思想 ★★★★★
  - 孟轲的教育思想 ★★★★
  - 荀况的教育思想 ★★★★
  - 墨家的教育实践与教育思想 ★★★★
  - 道家的教育思想 ★
  - 法家的教育实践与教育思想 ★
  - 战国后期的教育论著 ★★★★

助记：私学学宫四本书，孔孟荀墨道法家

---

① 本章主要参考孙培青的《中国教育史》（第四版）第二、三章。孔子的历史影响以及荀子、孟子、墨子的教育思想的细节方面，参考王炳照的《简明中国教育史》（第四版）第二章。

考点解析

第一节 春秋战国时期的教育制度与实践

考点 1 私人讲学兴起与诸子百家的私学 ★★★ 9min搞定 （简：5+ 学校；论：16 江苏师大，17 延边）

1. 私学兴起的原因 ★★★

（1）**生产力的发展**。春秋时期，封建私有制逐渐代替了井田制，促进了奴隶制的解体。"经济下移"与"政治下移"使私学建立在土地私有的个体经济基础上，这是私学产生的物质基础。

（2）**官学衰落，学术下移**。大多数贵族子弟凭身份入学，他们并不专心学问，这就导致官学衰落；周天子的腐败无能造成"天子失官，学在四夷"的局面，知识分子为了谋生，依靠"六艺"知识教书，还把藏于官府中的典籍文物、礼器、乐器等学习器具带到民间，这就出现了"学术下移"的现象。

（3）**士阶层的出现**。士阶层是奴隶制度下贵族的下层，在封建制度兴起时转化为平民阶级的上层。各诸侯国为了扩张其势力，争相养士以搜罗人才，所以大批自由民想成为士阶层，于是出现了培养士的私学机构，私学随之兴盛。

2. 私学兴起的表现——诸子百家私学的发展 （名：12 渤海，21 海南师大）

（1）**养士之风盛行**。由于各国执政者竞相养士，平民通过学习上升成为士成了社会风气，这就促进了私学的大发展。士的聚散关乎一国的强弱与兴衰，因此执政者迫于政治需要不得不"礼贤下士"。

（2）**百家争鸣**。"百家"是虚指，乃是形容学派之多。各学派之间因立场和解决社会问题方法的不同，既相互斗争和批评，又相互影响和吸取，推动中国的文化学术思想达到空前繁荣，形成"百家争鸣"的局面。

（3）**私学发展**。养士之风盛行和百家争鸣促进私学的大发展。可以说，有多少家学派就有多少家私学。在各家之中，儒、墨、道、法四家对教育的发展影响最大。在这四家之中，儒、墨两家更是被称为"显学"。

3. 私学兴起的意义 ★★★★★

（1）**私学打破了"学在官府"的教育垄断局面**。私学使政教分设、官师分离，教师逐步成为独立的职业。

（2）**私学更新了教育内容和方式**。私学的教育内容不局限于"六艺"，而是培养各类人才。教学场所不固定，人才培养与学术研究相结合。

（3）**私学扩大了教育对象的范围**。私学使学校向平民开放，进一步促进了"学术下移"。

（4）**私学促进了"百家争鸣"**。各家各派在教育理论和教育经验方面都有辉煌的成就。

（5）**私学讲求自由原则，发展了教育事业，开辟了教育史新纪元**。这主要表现为自由办学、自由讲学、自由竞争、自由游学、自由就学。

> **凯程助记**
>
> 原因：经济（封建私有制）—政治（官学衰微）—文化（学术下移）—士阶层。
> 表现：养士之风（礼贤下士）—百家争鸣（学术繁荣）—私学发展（儒墨道法）。
> 意义：对前代——打破教育垄断（学在官府）；对后代——教育上，内容和方式更新，对象扩大；文化上，百家争鸣；办学上，讲求自由原则。

经典真题

›› 名词解释
  1. 诸子百家的私学（12 渤海） 2. 百家争鸣（21 海南师大）

›› 简答题
  1. 简述私人讲学的兴起。（11 山东师大，13 延安，18 北华，19 石河子，21 佳木斯）
  2. 简述中国春秋时期私学的主要特点。（23 东北师大）

›› 论述题 试述私学产生的原因及其对教育发展的贡献。（16 江苏师大，17 延边）

考点 2　齐国的稷下学宫　（名、辨、简、论：55+ 学校）

稷下学宫是战国时期齐国的齐桓公在都城临淄的稷门附近地区创办的一所著名学府。它是战国时期百家争鸣的中心与缩影，也是闻名于各国的文化、教育和学术中心。

1. 创办稷下学宫的历史条件

（1）**经济条件**。当时齐国的农业、商业和手工业比较发达，是一个富强大国。国都临淄也是各国中最繁华的都市，人口众多，生活富裕，故临淄成为设立学宫的理想城市。

（2）**政治需要**。春秋战国时期，各国为了发展、成就霸业，需要招贤纳士、网罗人才，创办稷下学宫是齐国招揽人才的一种好方式。

（3）**养士之风的产物**。齐国尚氏礼贤下士，注重养士，深得民心。

2. 性质

（1）**稷下学宫是一所由官家举办而由私家主持的特殊形式的学校**。从主办者和办学目的来看，稷下学宫是官学；同时，稷下学宫的教学与学术活动由各家各派自主进行，官方不多加干预，这又体现了私学的性质。

（2）**稷下学宫是一所集讲学、著述、育才活动为一体并兼有咨政议政作用的高等学府**。

①**讲学**。教师自由讲学、收徒，学生自由求学、择师，学无常师；学宫举行期会，期会就是稷下各派学者定期举行的演讲、讨论、辩论之类的学术交流会。稷下学宫的学生守则——《弟子职》，将讲学活动更加制度化，使讲学活动十分兴盛。

②**著述**。稷下学者们的著作堪称宏富，除各家各派的书以外，还有一些集体劳动的学术成果。著书立说与讲学互为表里，共同体现了稷下学宫作为高等学府的特色。

③**育才**。稷下学宫大师云集，吸引各方子弟前来求学，不仅为人才培养创造了良好的学术环境，而且将育才逐步制度化，有目的、有计划和有组织地培养人才。

④**咨政议政**。稷下学宫的一大特色在于它为各家学者提供了一个固定的议政论坛，其政治色彩十分鲜明，咨政议政作用突出，这也是办学目的政治性的体现。

3. 特点

（1）**学术自由**。这是稷下学宫的基本特点，具体表现如下：

①容纳百家是学术自由的一种表现，来者不拒、包容百家是稷下学宫的办学方针。

②各家各派的学术地位平等，不因统治者的喜好而加以扬抑。

③自由还体现在欢迎游学，来去自由，学者可自由择师，且学无常师。

④相互争鸣与吸取是学术自由的又一大表现，促进了学术的繁荣。

⑤君主让学者们"不治而议论"，即学者既不担任具体职务，也不加入官僚系统，却可以对国事发表批评性的言论。这也是学术自由的主要表现。

(2) 待遇优厚。

①**政治待遇**："不治而议论"。说明学者们在地位上与君主不是君臣关系，而是师友关系，拥有了更多的自由和独立。

②**物质待遇**：学者们的待遇相当于上大夫的俸禄，可以专心学问。这也是稷下学宫兴盛的原因之一。

(3) 管理规范。 制定了我国第一个比较完备的学生守则——《弟子职》。它成为后世官学、私学、书院制定学则、学规的范本。稷下学宫严格的教育管理，体现了教学的目的性、计划性和组织性。

4. 历史意义

(1) 稷下学宫促进了战国时期思想学术的发展。 它是各派思想的聚集地，各家学者云集、争鸣于此，极大地促进了思想学术的繁荣。

(2) 稷下学宫显示了中国古代知识分子的独立性和创造精神。 当时的学者敢于与王公大人抗衡，能在学术和政治领域内纵横思想，无所顾忌，最大限度地发挥了知识分子阶层作为整体的独立性和创造精神，创造出了辉煌的战国文化。

(3) 稷下学宫创造了一个出色的教育典范。 它所独创的官方举办、私家主持的办学形式，集讲学、著述、育才与咨政议政为一体的职能模式，自由游学和自由听讲的教学方式，学术自由和鼓励争鸣的办学方针，尊重、优待知识分子的政策，都显示了它的成功之处。

> **凯程提示**
> 稷下学宫在中国的学校教育史上有重要地位，考生在复习时不可掉以轻心。稷下学宫这一知识点不仅命制选择题的可能性较大，而且有命制简答题的可能性。

> **凯程助记**
>
> 稷下学宫
> - 条件
>   - 经济：富强、繁荣
>   - 政治：霸业、招贤 —— 经济政治养士风
>   - 养士：礼贤、民心
> - 性质
>   - 官家举办、私家主持
>   - 讲学、著述、育才、咨政议政 —— 官办私持纳百家，讲著育才议政事
> - 特点
>   - 学术自由
>   - 待遇优厚 —— 自由规范待遇优
>   - 管理规范
> - 意义
>   - 思想学术的繁荣
>   - 知识分子的独立性和创造精神 —— 知识分子创造性，学术繁荣为典范
>   - 教育典范

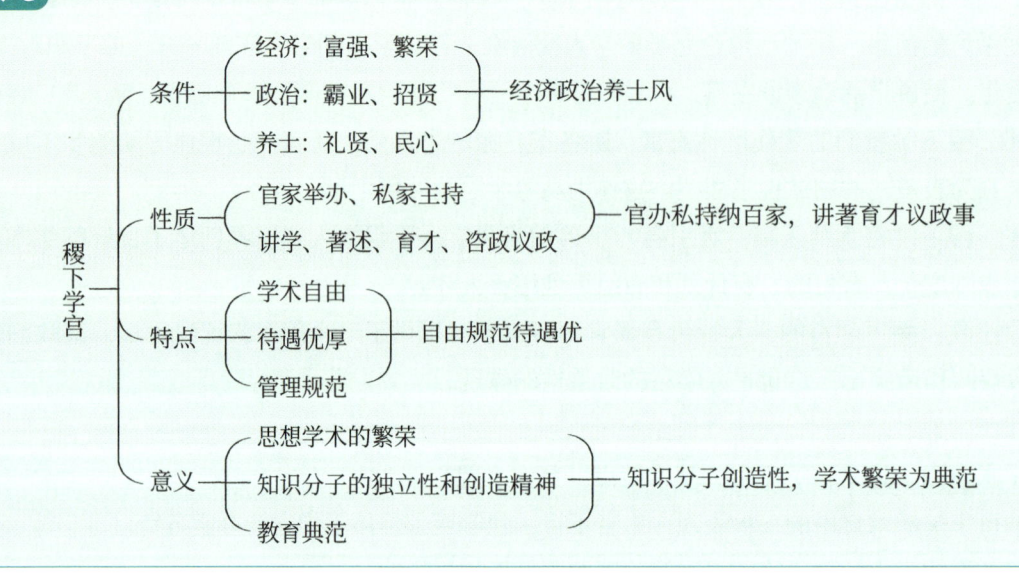

经典真题

>> **名词解释**

1. 稷下学宫（10、15 陕西师大，11、14 聊城，12 江苏师大，13 河南师大、渤海，13、17 苏州，14 宁波，14、17 江西师大，14、21 辽宁师大，15、16、17、22 上海师大，15、18 赣南师大，16、23 吉林师大，17 天津师大、南宁师大、温州，18、23 华中师大、云南师大，19 南京师大、江苏、长春师大、太原师范学院，20 北师大、福建师大、贵州师大、重庆师大、集美、临沂、曲阜师大，21 青海师大、江西科技师大、中国海洋、济南、信阳师范学院、湖南、陕西理工，22 鲁东、广西师大，23 湖南师大、山东师大、华东师大、山西师大、湖北、河南科技学院）

2. 期会（21 湖南师大）

>> **辨析题**

1. 稷下学宫是一所由官家主持、私家操办的特殊形式的学校。（19 陕西师大）
2. 稷下学宫具有同时代私学与官学不具有的特点。（14、16 重庆师大）

>> **简答题**

简述稷下学宫（性质、特点及影响）。（12 山东师大，15、19 哈师大，19 重庆师大、西北师大，20 东北师大）

>> **论述题**

1. 对比分析我国古代稷下学宫教育与宋代及明清书院教育的异同点。（14 延安）
2. 论述稷下学宫的办学特色和意义。（18 中南，23 山西）

第二节　春秋战国时期的教育思想

考点 1　孔子的教育实践与教育思想　65min搞定　（名、简、论：200+ 学校）

孔子，名丘，字仲尼，鲁国人。孔子是中国古代伟大的思想家、教育家，儒家学派的创始人，也是私学的创始人之一。孔子是我国教育史上第一个将毕生精力贡献给教育事业的人。

1. 重要著作：《论语》　（名：5+ 学校）

（1）简介：《论语》是战国时期的著作，是专门记录孔子及其弟子言行的书。

（2）内容：《论语》的思想主要有三个既独立又紧密相依的范畴，即伦理道德范畴——仁，社会政治范畴——礼，认识方法论范畴——中庸。"仁"是《论语》的思想核心。全书主要介绍了孔子的为学之道、为人之道、为政之道。

（3）评价：《论语》以语录体为主，叙事体为辅，集中反映了孔子的教育思想，是研究孔子及儒家思想尤其是原始儒家思想的第一手资料，开创了以著名人物言行录为教材的先河，因其独特优势而逐渐成为教材的一种重要类型。它是中国优秀传统文化的代表，是中国文化的重要象征。

---

① 本书人物图片来源于网络，如有侵权请联系删除。

2. 编订"六经"与创办私学 (名：16 天津师大，19 湖南)

(1) 孔子编订"六经"：《诗》《书》《礼》《乐》《易》《春秋》。他整理和保存了我国古代文化典籍，奠定了儒家教学内容的基础。

(2) 孔子开创私人讲学之风。他创办的私学在春秋时期是规模最大、持续时间最长、影响最深远的学校。他积累了丰富的教育经验，是我国古代教育思想的奠基人。

3. "庶、富、教""性相近也，习相远也"与教育作用和地位 ★★★★★

(1) 教育在社会发展中的作用："庶、富、教" (名：17 湖南师大，23 江苏师大；论：13 苏州，20 聊城)

①含义："庶"，要有较多劳动力；"富"，要使人民群众有丰足的物质生活；"教"，要使人民受到政治伦理教育。三者的先后顺序表明相互间的关系，庶与富是实施教育的先决条件。

②总结：孔子主张教育为政治服务，当国家要实行利民的德政时，要用礼教来整顿风俗，人民就会有廉耻之心，归服于领导，有助于国家社会进行自上而下的整顿。

③评价：孔子是我国最早论述教育与经济发展关系的教育家。他认为经济发展是教育发展的物质基础，只有在先庶、先富的基础上才能有效地进行教化，发展教育事业。

(2) 教育在人的成长中的作用："性相近也，习相远也" (名：13 江苏师大；论：16 曲阜师大，18 沈阳师大)

①含义："性"指的是先天素质；"习"指的是后天习染，包括教育与社会环境的影响。孔子认为，人的先天素质没有多大差别，只是由于后天教育和社会环境的影响作用，才造成人的发展有重大的差别。从"习相远"的观点出发，他认为人要发展，教育条件是很重要的，同时人的生活环境也应受到重视。

②延伸：关于人性问题，孔子把人性分为三等——一等是"生而知之者"，属于上智；二等是"学而知之者"与"困而学之"，属于中人；三等是"困而不学"，属于下愚。"性相近也，习相远也"指的是中人，中人是有条件接受教育的。

③评价：孔子首次论述了教育与人的关系，肯定了教育和环境的作用，说明了教育的必要性和关键性；打破了奴隶主贵族天赋高贵的传统，促进求学积极性；但断言有不移的上智和下愚是不科学的。

4. "有教无类"与教育对象 ★★★★★ (名：30+ 学校；简：5+ 学校)

(1) 含义：孔子有关教育对象的基本主张是"有教无类"。其本意是在教育对象上，不分贫富贵贱与种族，人人都可以入学接受教育。

(2) 实践：孔子实践"有教无类"的办学方针，广收弟子。他的弟子来自各个诸侯国，成分复杂，且大多数出身平民。只要本人有学习的愿望，行束脩礼，就可以成为弟子。

(3) 意义：①"有教无类"作为私学的办学方针，与贵族官学的办学方针相对立，把受教育的对象扩大到平民，这是历史性的进步。②满足了平民入学受教育的愿望，适应了社会发展的需要。③有利于进一步促进文化、教育的下移，对战国时期文化的繁荣和百家争鸣的出现也起到了促进作用。

5. "学而优则仕"与教育目的 ★★★★★ (名：12 东北师大、江苏师大，17 南宁师大，23 沈阳师大；简：19 杭州师大)

(1) 简介：孔子提出从平民中培养德才兼备的从政君子，这条培育人才的路线可概括为"学而优则仕"。虽然这句话是子夏说的，但确实也代表了孔子的教育观点。

(2) 含义：①学习是通向做官的途径。②培养官员是教育最主要的政治目的。③学习成绩优良是做官的重要条件。"学而优则仕"与"任人唯贤"的路线配合一致，把读书和做官紧密联系在一起，成为封建统治者维护统治和笼络人才的手段。

(3) 意义：①它确定了培养统治人才这一教育目的，在教育史上有重要的意义。②它反映了封建制度兴起时的社会需要，成为当时知识分子学习的动力。③它为封建官僚制度的建立准备了条件。④它适应当时社会发展的要求，反映了一定的规律，直到现在仍有实际意义。

6. 以"六经"为教学内容 ★★★★★ （名：22湖南科技；辨：21陕西师大；简：20天水师范学院；论：18天津师大，19哈师大）

（1）教学内容。

①**四种内容**：《论语·述而》记载："子以四教：文、行、忠、信。"老师以文献、品行、忠诚和信实教育学生。"四教"实可归为两类：文与行。"文"主要是西周传统的《诗》《书》《礼》《乐》等典籍；"行"即品行、忠诚和信实，都是道德教育的要求；他主张"行有余力，则以学文"，道德教育居于首要地位，需要通过"文"的传授才能落实。

②**六种教材**：即"文"，孔子从周、鲁、齐、宋、楚等国的文献中，整理出被后人称为"六经"（《诗》《书》《礼》《乐》《易》《春秋》）的经典系列，它们既作为教材用于人才培养，也作为存亡继绝的文献被保存下来，给后人留下了民族文化的核心典籍。

③**教学科目**："文"以"六艺"为教学科目，孔子的课程主要有《诗》《书》《礼》《乐》，这些都属于"六艺"。但孔子以之授徒的"六艺"已不同于前代，并非六门分科课程，而是经他整理的六种古代典籍。"六艺"也就成为这些古代经典的另一种概括性表述。

（2）**特点**：①偏重社会人事；②偏重文事；③轻视科技与生产劳动。

（3）评价。

①**"六经"作为六种教材，在实现孔子提出的培养目标方面大有作用**。孔子在整理和编纂这六种教材时意图颇为明确，对这八种教材的特点及作用方式也有深入的认识，并做了相应的处理，使它们的作用得以充分发挥。孔子曾提出"成人"的概念，表达了他对完整人格的想象，"六经"大致可以实现这种人格。

②**孔子开启了以文献为教材的时代，引领了后世封建社会各朝各代的教材风格**。孔子赋予"六艺"新内涵，"六艺"的新内涵就是"六经"。孔子以他整理的六种古代典籍为课程，这是他对古代课程的一次重要改革，使以分科为特征的课程变为以文献为特征的课程。

③**孔子不把宗教内容列为教学内容，这成为中国古代非宗教性教育传统的开端**。孔子整理了起源于祝、宗、卜、史，含有大量神怪迷信内容的文献，适应了时代观念的改变，由重神趋向重人，对古代巫史文化做了扬弃，坚持鲜明的政治和道德立场，即坚持对仁、爱、礼、义的价值追求。这种明智的态度，成为中国古代非宗教性教育传统的开端。

④**孔子为教育与生产劳动相分离制造理论，产生了深远的历史影响**。他所要培养的是从政人才，不是从事农工的劳动者，因此不强调掌握自然知识和科学技术。他认为，社会分工有君子之事，有小人之事。"君子谋道不谋食"，君子与小人职责不同，君子不必参与小人的物质生产劳动，所以他从根本上反对弟子学习生产劳动技术。

> **凯程拓展**
>
> "六经"
>
> 《诗》：中国最早的诗歌选集，共305篇，概称300篇，分风、雅、颂三类。
>
> 《书》：又称《尚书》，古代历史文献汇编。秦焚书之后，内容严重缺失。
>
> 《礼》：孔子所认为的士君子必须掌握的礼仪规范等。
>
> 《乐》：各种美育形式的总称，内容涉及诗、歌、舞、曲等。

《易》：又称《周易》，是一部卜筮用书，一定程度上揭示了事物的变化之理。
《春秋》：依据鲁史记、周史记等编著的我国第一部编年史。

7. 教学方法：因材施教、启发诱导、学思行结合 ★★★★★ （简、论：20+ 学校）

（1）**因材施教**。（名：10+ 学校）

①**含义**：孔子是我国历史上首倡因材施教的教育家。他主张根据学生的个性特点和个别差异采取不同的教学方法，主要解决教学中统一要求与个别差异的矛盾。

②**方法**：承认学生间的个别差异，了解学生的特点。了解学生最常用的两种方法是与学生谈话和个别观察。

③**评价**：尊重学生的差异性，有利于促进各种人才的成长。

（2）**启发诱导**。（名：17 云南师大；简：5+ 学校；论：14 延安，15、21 集美，22 湖南师大）

①**含义**："不愤不启，不悱不发，举一隅不以三隅反，则不复也。"教师的启发是在学生思考的基础上进行的，启发之后，应让学生再思考，以获得进一步的领会。这一方法主要解决的是发挥教师主导作用和调动学生积极性之间的矛盾。孔子是世界上最早提出启发式教学的教育家。

②**训练学生思考能力的方法**：a."**由博返约**"。博与约是辩证的统一，博学以获得较多的具体知识，返约则是在对具体事物分析的基础上进行综合、归纳，形成基本的原理、原则和观点。b."**叩其两端**"。从事物的正反两方面思考问题，进而解决问题。这种思考方法注意到了事物的对立面，合乎辩证法。

③**意义**：运用启发诱导的教学方法不仅能使学生学习广博的知识，也能使其掌握基本的思想观点，在学习上不断前进。

（3）**学思行结合**。（名：15 闽南师大；简：10 江苏师大，19 沈阳师大）

①**含义**：首先，"**学而知之**"。这是孔子进行教学的主导思想，学是求知的途径，也是求知的唯一手段。**其次**，"**学而不思则罔，思而不学则殆**"。学习与思考不宜偏废，应当结合起来，学是思的基础，思有助于深入认识。**最后**，"**学以致用**"。学是手段，不是目的，行才是终极目的，行比学更重要。

②**意义**：由学到思进而行，是孔子所探究和总结的学习过程，也就是教育过程，初步揭示了学习与思考的辩证关系，与人的一般认识过程基本符合。

> **凯程拓展**
>
> 1.《论语》中有不少关于因材施教的案例，其中最典型的一个是：
> 子路问："闻斯行诸？"子曰："有父兄在，如之何其闻斯行之？"冉有问："闻斯行诸？"子曰："闻斯行之。"
> 公西华曰："由也问'闻斯行诸'，子曰'有父兄在'；求也问'闻斯行诸'，子曰'闻斯行之'。赤也惑，敢问。"子曰："求也退，故进之；由也兼人，故退之。"
> 为什么同样一个问题，孔子的答复会截然相反呢？这是因为子路是个"冒失鬼"，冉求却有"胆小鬼"之称，所以孔子要抑制子路的锐气，给冉求打打气。考生要了解这段古文。
>
> 2. 考生要知道"学而不思则罔，思而不学则殆"的意思，也要知道"罔""殆"的意思。同时，子夏说："贤贤易色；事父母，能竭其力；事君，能致其身；与朋友交，言而有信。虽曰未学，吾必谓之学矣。"这里体现的就是学是手段，行是目的，行比学更重要。

8. 论道德教育 ★★★★★ （简、论：10+ 学校）

孔子的教育目的是培养从政的君子，而成为君子的主要条件是具有道德品质修养。所以，在他的私学教育中，道德教育居首要的地位。

(1) **道德教育的内容**。

①"礼"与"仁"是孔子道德教育的主要内容。"礼"为道德规范，其中最重要的两项是忠与孝；"仁"为最高道德准则，可分为忠与恕，即积极与消极两方面。

②"礼"和"仁"的关系就是形式和内容的关系。"礼"为"仁"的形式，"仁"为"礼"的内容。第一，有了"仁"的精神，"礼"才能真正充实；第二，以"仁"的精神来对待不同的伦理关系时，就有不同的具体的"礼"。

(2) **道德教育的原则和方法**。

①**立志**。"三军可夺帅也，匹夫不可夺志也。"孔子教育学生要有志向，并坚持自己的志向，不能过多地计较物质生活，要为社会尽义务。

②**克己**。"君子求诸己，小人求诸人。"在处理人际关系时，孔子主张应着重要求自己，约束和克制自己的言行，使之合乎"礼""仁"的规范。

③**力行**。"言必信，行必果。"孔子提倡言行一致，重视行，即重视道德实践。

④**中庸**。"中庸者，不偏不倚，无过不及，而平常之理也。"孔子认为待人处事都要中庸，防止发生偏向，一切行为都要中道而行，做得恰到好处。正如子曰："过犹不及。"

⑤**内省**。"见贤思齐焉，见不贤而内自省也。"内省就是对日常所做的事自觉进行反思。

⑥**改过**。"君子之过也，如日月之食焉，过也，人皆见之，更也，人皆仰之。"孔子认为人要敢于正视自己的错误，勇于改正。

9. 论教师的品格 ☆☆☆☆☆ （简、论：20+ 学校）

(1) **学而不厌**。这是教人的前提条件，教师应该重视自身的学习修养，掌握广博的知识，具有高尚的道德品质，一生好学乐学。

(2) **诲人不倦**。教师要用耐心说服的态度教育学生。孔子说："爱之，能勿劳乎？忠焉，能勿诲乎？"给予学生爱和对学生高度负责，是他有诲人不倦教学态度的思想基础。

(3) **温故知新**。这一命题有两层含义：①教师既要掌握过去的政治历史知识，又要借鉴有益的历史经验认识当代的社会问题，知道解决问题的办法；②新旧知识之间有联系，温习旧知识时能积极思考、联想，深化知识，从而获得新知识。教师有传递和发展文化知识的使命，既要注重继承，又要探索创新。

(4) **以身作则**。"其身正，不令而行；其身不正，虽令不从。"孔子强调了言教、身教的重要性，甚至认为身教比言教更重要。

(5) **爱护学生**。孔子爱学生，对学生充满信心。他提倡客观公正地对待学生，不仅要爱护学生，而且要尊重学生，这样才会赢得学生的爱戴。

(6) **教学相长**。孔子认识到教学过程中教师对学生不是单方面的知识传授，而是可以教学相长的。他在教学活动中为学生答疑解惑，师生经常共同切磋学问。

凯程助记 学诲（会）以爱教知。

10. 深远的历史影响 ☆☆☆☆☆ （简、论：15+ 学校）

孔子是世界公认的伟大的思想家与教育家，他毕生从事教育事业，建树了丰功伟绩，他的教育学说为中国古代教育奠定了理论基础。

(1) 教育方面。

①孔子提出"庶、富、教"和"性相近也，习相远也"，首先说明教育在社会发展与人的发展中的重要作用，强调重视教育。

②孔子成为早期创办私学的教育家之一，成为"百家争鸣"的先驱。

③孔子实行"有教无类"的教育方针，扩大受教育对象的范围，促进文化教育的下移。

④孔子提出"学而优则仕"的教育目的，引领后世读经做官教育模式的形成。

⑤孔子重视古籍整理，编纂"六经"作为教材，有利于文化的保存，促进了教育的发展。

⑥孔子总结了教学实践经验，提出了因材施教、启发诱导、学思行结合等具有开创性的教学方法。

⑦孔子重视以"仁"和"礼"为核心的道德教育，确立了我国整个古代社会的道德规范和思想。

⑧孔子尊师重道的教师观引领了中国后世的教师观，他本人也树立了一个理想教师的典型形象。

(2) 社会方面：孔子是儒家学派的创始人，而儒家学派与中国封建社会的发展密切相关。孔子的思想学说深刻地影响着中国封建时代的政治、经济和文化，这种影响有积极的也有消极的，在不同的历史阶段起到了不同的作用。

(3) 文化方面：孔子的教育思想是中华民族珍贵文化遗产的一部分。我们应当以历史唯物主义为指导，批判地继承这一份珍贵的教育遗产，以促进现代文化教育事业的建设。

(4) 国际影响力方面：保持人格化的思想家在西方是古希腊的苏格拉底，在东方是中国春秋时期的孔子，《论语》也被称为"东方的《圣经》"。

凯程提示

1. 当考生遇到评价一位教育家的试题时，要以"总—分—总"的方式来作答，先要总结他的声誉与贡献，然后分点说明他的思想内容及积极作用，最后做一个总述即可。

2. 孔子和古希腊苏格拉底的教育思想可以做比较，在外国教育史部分有介绍。

凯程助记

人物	主要实践	教育作用	教育目的	教育内容	教育方法	道德教育	论教师
孔子	编订"六经"；创办私学；教育对象："有教无类"	"庶、富、教"；"性相近也，习相远也"	"学而优则仕"：培养德才兼备的君子	《诗》《书》《礼》《乐》《易》《春秋》	因材施教；启发诱导；学思行结合	内容：仁、礼；原则：立志、克己、力行、中庸、内省、改过	学而不厌；诲人不倦；温故知新；以身作则；爱护学生；教学相长

经典真题

一、关于孔子的教育作用

名词解释

1. 孔子（18 湖北）
2. 创办私学与编订"六经"（16 天津师大，19 湖南）
3. 性相近也，习相远也（13 江苏师大）
4. 庶、富、教（17 湖南师大，23 江苏师大）

简答题

1. 简述孔子的人性观及其教育意义。（13 杭州师大）
2. 简述"庶、富、教"的思想。（18 中南民族）

>> **论述题**

1. 试论孔子关于教育与社会发展的"庶、富、教"思想 / 根据文言文材料，谈谈"庶、富、教"思想对我们的启示。（材料略）(13 苏州、20 聊城)

2. 试论孔子关于教育与人的发展的"性相近也，习相远也"思想。(16 曲阜师大，18 沈阳师大)

二、关于孔子的教育对象

>> **名词解释**

有教无类（10 湖南师大、苏州，10、14 江苏师大，10、18 北师大，11 浙江师大、东北师大、辽宁师大，11、17 河南师大，12 杭州师大、云南师大，14 内蒙古师大，14、19 四川师大，14、20 沈阳师大，15 湖南科技，16 宁波，17、18 南宁师大，18 贵州师大，19 扬州，20 广西师大、华中师大，20、23 中央民族、浙江，21 吉林师大、西华师大、重庆师大、赣南师大、大理、宁夏，22 新疆师大、淮北师大、信阳师范学院，23 华东师大、宝鸡文理学院）

>> **简答题**

简述孔子"有教无类"的思想。（11 华南师大，11、14 辽宁师大，17 曲阜师大、广西民族、湖南农业，18 江苏师大，19 中国海洋、宝鸡文理学院，22 福建师大，23 阜阳师大）

>> **论述题** 评述孔子"有教无类"的思想。(12 苏州)

三、关于孔子的教育目的

>> **名词解释** 学而优则仕（12 东北师大、江苏师大，17 南宁师大，23 沈阳师大）

>> **简答题** 简述孔子的"学而优则仕"思想及其历史影响。(19 杭州师大)

>> **论述题** 论述孔子教育内容的特点。/ 试论孔子的教育内容和教学方法。(18 天津师大，19 哈师大)

四、关于孔子的教学方法

>> **名词解释**

1. 因材施教（10、14 东北师大，11 哈师大，12 延安，15、21 郑州，16 鲁东、渤海，18 沈阳师大，20 中国海洋，21 湖南）

2. 学思行结合（15 闽南师大）

3. 由博返约（23 云南师大）

>> **辨析题** 孔子编订了《诗》《书》《易》《礼》《乐》《春秋》，这就是"六艺"教育。(21 陕西师大)

>> **简答题**

1. 简述孔子的教学方法及其启示 / 现实意义。（12 中南、辽宁师大，12、17 西华，13 沈阳师大，15 河南师大、四川师大，17 华南师大，18 温州、西华师大，19 广西、广西师大、鲁东、长春师大，20 湖南师大、陕西理工、山东师大、重庆师大、聊城，21 深圳，22 济南）

2. 简述孔子学思行结合的教学方法。(10 江苏师大，19 沈阳师大)

3. 简述孔子的教学思想。(12 辽宁师大，14 内蒙古师大，15 河南师大、天津师大，16 四川师大，18 聊城，19 西华师大、鲁东)

>> **论述题**

1. 论述孔子的教学方法及其现代意义。（11 中南，12 鲁东，13 东北师大、曲阜师大，17 赣南师大，18、19 集美，19 内蒙古师大、鲁东，21 东华理工）

2.针对语录,结合实际论述相关教育家的有关教育教学思想:"不愤不启,不悱不发,举一隅不以三隅反,则不复也。"(15、21集美)

3.论述孔子的教学方法与启示。(23西华师大)

五、关于孔子的德育论和教师观

▶▶ 名词解释

1.教学相长(13、15四川师大,14延安,19浙江,20赣南师大、天津外国语,21陕西理工)

2.《论语》(10东北师大,13湖南师大,18杭州师大)

▶▶ 简答题

1.简述孔子的道德教育思想。(11天津师大,11、13杭州师大,12、22哈师大,14安徽师大,15内蒙古师大,16沈阳师大,18齐齐哈尔,19山东师大,22洛阳师范学院)

2.简述孔子的教师观。(13、20河南师大,17江苏师大,18渤海、华中师大,19苏州,21郑州、陕西科技,22鲁东,23内蒙古师大)

▶▶ 论述题

1.论述孔子的道德教育思想并列出反映其思想的四条至理名言。(11天津师大,12辽宁师大,13延安,16沈阳师大,22天津师大)

2.试析孔子的教师思想及其启示。/论述孔子对教师要求的内容和现实意义。(10、21沈阳师大,12重庆师大,16集美,17哈师大、江苏师大,18渤海、鲁东,18、19北华,20西华师大)

3.论述孔子的教育观。(19南通,21山西、宝鸡文理学院)

4.习近平曾提出"四有"好老师的标准,孔子也曾对教师提出一些具体的要求,请将二者结合起来谈谈你的看法。(21西华师大)

六、关于孔子教育思想的总体评价

▶▶ 简答题

1.简述孔丘的教育思想。(10浙江师大,13四川师大、中央民族,14内蒙古师大,15天津师大,18河南师大,19、23广西师大,20辽宁师大,21海南师大)

2.简述孔子教育思想的历史影响。(10河南师大、宁波,15华南师大、陕西师大、渤海、湖北,16天津,17贵州师大,19青海师大,20辽宁师大、延安、西藏,21鲁东)

3.简述孔子的教育实践与教育思想。(10、12湖北,12哈师大,15天津师大,16沈阳师大,18河南师大,19长春师大,21太原师范学院、三峡、湖南理工学院)

▶▶ 论述题

1.论述孔子的教育思想及其意义/评价/对现实的启示。(12扬州,14吉林师大,15延安、渤海、湖南科技,15、18曲阜师大,16、23辽宁师大,17沈阳师大,20闽南师大、天津外国语、新疆师大,22延安,23南京信息工程)

2.论述孔子的教育实践与教育思想。(10首师大、浙江师大,12北师大、扬州,13江西师大、湖北,13、14西华师大,14吉林师大,15中国海洋、延安、湖南科技,15、18曲阜师大,16西南、辽宁师大,21集美、海南师大)

3.论述孔子教育思想的历史影响。(15渤海,16天津,18淮北师大)

4.比较苏格拉底与孔子关于启发式教学思想的异同。(13重庆师大,14延安,17四川师大,21江南、中国海洋、西安外国语)

5. 论述孔子创办私学的意义。(23 淮北师大)

考点 2　孟轲的教育思想 ★★★★★ 30min搞定　(简、论：10+ 学校)

孟轲，字子舆，战国中期邹人，是继孔子之后儒家的主要代表人物，被封建统治者尊奉为仅次于孔子的"亚圣"。研究孟子教育思想的主要资料是《孟子》一书，该书一般被认为是孟子的门徒万章等人对其言行的记述，也有人说是孟子本人所著。在政治上，孟子主张施行"仁政"；在教育上，他非常热爱教书授徒，以"得天下英才而教育之"为人生三大乐趣之一。

1. 思孟学派 ★

孔子去世后，儒家分为八派，以孟子为代表的思孟学派和以荀子为代表的荀卿学派便是其中两个重要的派别。孟子与孔子的孙子子思对儒学有共同的见解，在儒学分化的过程中形成"思孟学派"，成为儒学派别中最有影响力的学派，被后来的封建统治者看作儒学正统，称为"孔孟之道"。

2. "性善论"与教育作用 ★★★★★ (名、简、论：5+ 学校)

(1) 孟子的"性善论"。

①"性善论"说明了人性是人类所独有的、区别于动物的本质属性。人性是一个类范畴，人相对于其他的类绝不相同，而同类之中却相似。

②人性本质上的平等性。孟子认为人们的道德境界、智能程度的差别不是先天决定的，而是后天个人主观努力程度不同的结果，所以"人皆可以为尧舜"。这样，孟子就从人性论上肯定了每个人发展的可能性。

③孟子肯定人性本善。"人性"表现为"四心"，即恻隐之心、羞恶之心、恭敬之心、是非之心。"四心"分别是仁、义、礼、智的基础，是起端，所以又称为"四端"。在"四心"之中，"恻隐之心"是最基本的，是人类发展"仁"的基础。教育要"顺性"而因势利导。

(2) 孟子对教育作用的论述与"性善论"紧密联系。

①教育对个人的作用：教育是扩充"善端"的过程。一方面，教育要"存心养性"，把人天赋的"善端"发扬光大。另一方面，孟子提出"求放心"，即"学问之道无他，求其放心而已矣"。"求其放心"乃是寻求失落、放任的心灵，把丧失的"善端"找回来，发扬光大，从而成为道德上的完人。

②教育对社会的作用：教育是"行仁政，得民心"最有效的手段。

> **凯程提示**
>
> 孔子只说"性相近也"，没有明确表示人性是善或是恶。战国时期就开始讨论人性的善恶了，当时有这样几种主张："性无善无不善也""性可以为善，可以为不善""有性善，有性不善"。孟子在对其批评的基础上直接肯定了"性善论"。

3. "明人伦"与教育目的 ★★★ (选：21 南京师大；名：21 阜阳师大)

(1) 简介：孟子认为办教育的目的在于"明人伦"。"人伦"具体表现为五对关系："父子有亲，君臣有义，夫妇有别，长幼有序，朋友有信。"孟子又极为重视父子——"孝"，兄弟（长幼）——"悌"这两种关系，并以此为中心建立了一个道德规范体系——"五常"，即仁、义、礼、智、信。

(2) 意义：孟轲在此第一次明确地概括出中国古代学校教育的目的——"明人伦"，自此就明确了此后两千年中国古代教育的性质,即宗法的社会——伦理的教育。

4. 理想人格与修养学说 ☆☆☆☆☆ （名：11 鲁东，18 宝鸡文理学院，23 西北师大；简：17 鲁东，20 渤海）

孟子对中国传统文化的重要贡献还在于他提出"大丈夫"的理想人格,丰富了中国人的精神境界。

(1)"大丈夫"的理想人格的内涵。

①孟轲对"大丈夫"的理想人格做了描绘:"富贵不能淫,贫贱不能移,威武不能屈。"道德品性和精神境界是人最宝贵的精神财富,远远高于物质财富。

②"大丈夫"有高尚的气节。他们决不向权势低头,决不无原则地顺从。

③"大丈夫"有崇高的精神境界——"浩然之气"。"浩然之气"可以理解为受信念指导的情感和意志相混合的一种心理状态或精神境界,这是一股凛然正气,是对自己行为的正义性的自觉,具有伟大的精神力量。

(2) 培养"大丈夫"的理想人格的途径（主要靠内心修养）。

①持志养气。"持志"指坚持崇高的志向。一个人有了志向与追求,就会有相应的"气"——精神状态。养气,一靠坚定的志向,二靠平时的善言善行来积累道义。

②动心忍性。就是指意志锻炼,尤其是要在逆境中得到磨炼。孟子说,"天将降大任于斯人也,必先苦其心志,劳其筋骨,饿其体肤,空乏其身,行拂乱其所为,所以动心忍性,曾（增）益其所不能"。

③存心养性。人人都有仁、义、礼、智的"善端",但要形成实实在在的善性善行,要靠存养和扩充,而存养的障碍来自人的耳目之欲。要扩充"善端",就要寡欲,要发挥人的理性思维的作用。

④反求诸己。当你的行动未得到对方的回应时,应当首先反躬自问,从自己身上找原因,对自己提出更高的要求。凡事必须严于律己,时时反省。

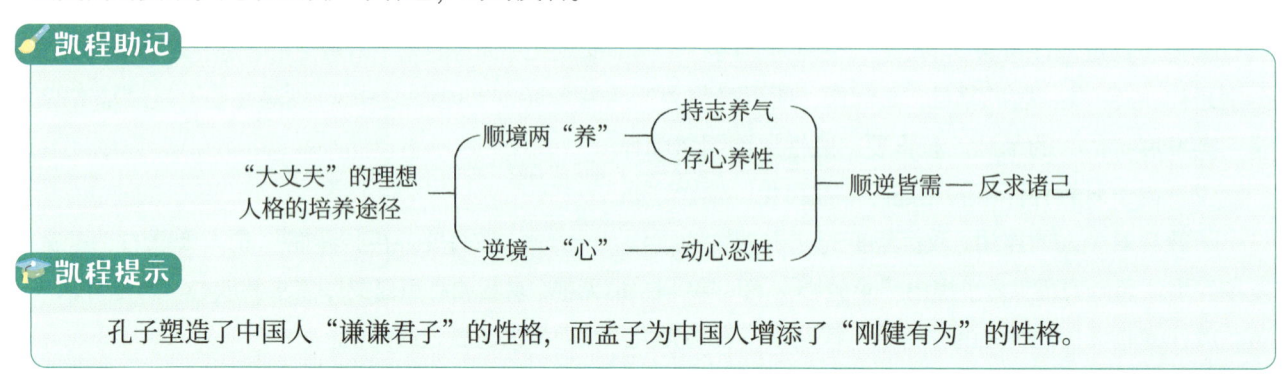

📝 凯程助记

"大丈夫"的理想人格的培养途径 ——— 顺境两"养" ——— 持志养气 / 存心养性 ——— 顺逆皆需 —— 反求诸己
　　　　　　　　　　　　　　　└── 逆境一"心" ——— 动心忍性

📖 凯程提示

孔子塑造了中国人"谦谦君子"的性格,而孟子为中国人增添了"刚健有为"的性格。

5. 教学思想 [①] ☆☆☆ （简：21 河南师大）

(1) 因材施教（即教亦多术）。

①内涵:孟子十分强调对不同情形的学生采取不同的教法,这就是教亦多术,也反映了因材施教的思想。孟子说,"君子之所以教者五:有如时雨化之者,有成德者,有达财（材）者,有答问者,有私淑艾者"。对学生,有的应及时点化,有的应成就其德行,有的要发展其才能,有的可答其所问,不能及门者则可以间接地受教,甚至"予不屑之教诲也者,是亦教诲之而已矣"（我不屑于教诲他,本身就是对他的教育——这是无言之教）。

②要求:教学方法不能千篇一律,应根据不同的情况采取不同的方法,教育教学要因人而异。

(2) 深造自得。 （名：20 西北师大；简：12、14 渤海）

①内涵:孟子认为知识的学习并非从外而来,而是必须经过自己主动自觉的学习和钻研。有了自己

[①] 333 大纲只要求掌握"因材施教""深造自得"的教学思想,其他教学思想虽未要求,但考试经常考到,需要考生将孟子这四点教学思想全部掌握。

的收获和见解，才能形成稳固而深刻的智慧，遇事则能左右逢源、挥洒自如。

②要求："自得之，则居之安；居之安，则资之深；资之深，则取之左右逢其原，故君子欲其自得之也。"据此，孟子尤其主张学习中的独立思考和独立见解，不轻信、不盲从，要求读书不拘于文字的表层意思，而应通过思考去体会深层意蕴。

总之，在学习中特别重要的是由感性学习向理性思维的转化，孟子强调理性思维。

(3) **盈科而进**（补充知识点）。孟子强调学习和教学过程要循序渐进。教学是一个自然有序的过程，人们应该关注并促进教学过程的实现，但决不能用"揠苗"的方法去助长，否则，"非徒无益，而又害之"。

(4) **专心致志**（补充知识点）。孟子认为，学习必须专心致志，不能三心二意。人们学习上的差异取决于其在学习过程中是否专心致志，而不是其天资的高低。

凯程助记

人物	主要实践	教育作用	教育目的	教育内容	教育方法	道德教育	论教师
孟子	思孟学派	"性善论"	"明人伦"	"大丈夫"的理想人格	教亦多术、深造自得、盈科而进、专心致志	—	—

经典真题

>> **名词解释**

1. 深造自得（20 西北师大）　　2. 性善论（12 内蒙古师大、福建师大，17 湖南农业，19 沈阳师大）
3. 明人伦（21 阜阳师大）　　4. "大丈夫"的理想人格（11 鲁东，18 宝鸡文理学院，23 西北师大）

>> **简答题**

1. 简述孟子的教育思想。(10 扬州，14 中央民族，15 北师大，19 华东师大、江西师大，22 信阳师范学院)
2. 简述孟子的"大丈夫"理想人格。(17 鲁东，20 渤海)
3. 简述孟子的"性善论"及其对当今教育的意义。(10 苏州，13 聊城，18 浙江师大，22 湖北，23 西安外国语)
4. 简述"深造自得"的教学思想。(12、14 渤海)
5. 简述孟子的教学思想。(21 河南师大)

>> **论述题**

1. 论述孟子的教学思想及其对现今教育改革的影响。(15 山西师大)
2. 论述孟子的教育思想。(14 曲阜师大，18 南京航空航天)
3. 基于孟子的"性善论"可以推导出哪些教育观？(17 中南)
4. 试述中国古代教育史的人性论及教育作用理论。(21 四川师大)

考点3　荀况的教育思想 ★★★★ 23min搞定　（简、论：5+ 学校）

1. 荀子与"六经"传授

荀子，名况，字卿，又称孙卿，战国末期赵国人，先秦最后一位儒家大师。研究荀子的教育思想最可靠的材料是现存的《荀子》一书。荀子也是整个春秋战国思想的理论

总结者。

荀子重视传授儒家经籍，他对孔子所编订的"六经"进行了继承和改造，对经学的发展有很大的贡献。由于荀子及其弟子的口口相传，先秦儒家经籍才得以保存，并成为后世中国封建社会教育的经典教科书，在学术发展史上有重要意义。

2. "性恶论"与教育作用 （名、简、论：5+ 学校）

荀子提出"性恶论"，在中国教育史上开创了与教育"内发说"完全相反的教育"外铄论"。他关于教育作用的论述，在先秦诸子中是较为全面的，且更富理论性。主要内容如下：

（1）**"性伪之分"**。人性是指人与生俱来的自然属性，即人的先天素质、自然状态，不可学。"伪"是指人为，泛指一切通过人为的努力而使人发生的变化。荀子认为人的本性是恶的，在谈论人性时，首先应把人的先天素质（性）与后天获得的品质（伪）区分开来。可以看出，"伪"是与"性"相对的一个范畴，孟子所谓性善是在说"伪"，而非"性"。荀子并非简单而绝对的性恶论者，实际上他持有的是一种"人性恶端"说。

（2）**"性伪之合"**。"性"与"伪"结合在一起才能实现对人的改造。仁义礼法可以被认识、被掌握，普通的人也具备认识、掌握仁义礼法的能力，因此任何人都可以习得善。"性伪之合"表现了在人性与教育问题认识中的平等观念，荀子的"涂之人可以为禹"与孟子的"人皆可以为尧舜"异曲同工。

（3）**教育的作用是"化性起伪"**。（名：13 南京师大，17 吉林师大，20 云南师大）

首先，教育在人的发展中起着"化性起伪"的作用，需用仁义礼法改变人原始粗陋的本性。"起伪"即不断对人施加影响，在人身上不断积累知识和道德。其次，人能成为禹，是环境、教育和个体努力共同作用的结果。此外，荀子也重视教育的社会作用，认为教育能够统一思想、统一行动，促使国富民强。

> **凯程提示**
> 荀子学说中最突出的是与孟子的"性善论"相对立的"性恶论"，考生要重点把握二者的区别，千万不可混淆。

3. 以"大儒"为培养目标

（1）**内涵**：荀子认为教育应培养具有儒家学者身份且长于治国理政的各级官僚。他把当时的儒者分为几个层次：俗儒、雅儒、大儒。而"大儒"是最理想的一类人才，他们不仅知识广博，而且能以已知推未知，自如地应对新事物、新问题，自如地治理好国家。

（2）**评价**：荀子的教育目的有一些新特点。首先，体现了"贤贤"的育才、选才标准，主张靠人的才德争得社会地位；其次，要求人才精于道而不是精于物，道指礼义，物指农、工、商等各行业。可见，荀子的思想代表了儒家思想与现实政治的进一步结合。

4. 以"儒经"为教育内容

荀子虽以"六经"①（《诗》《书》《礼》《乐》《易》《春秋》）为教育内容，却以《礼》为重点。从经学史上看，秦的焚书坑儒毁灭了不少传统文献，传下来的一部分中相当数量得益于荀况一脉口耳相传；从教育史上看，荀况的传经，使先秦儒家经典得以保存，这就使后世中国有了经典教科书，为统一的民族心理和文化的形成提供了依据。

---
① 这里说法不同，有的书上认为荀子的教育内容是"五经"，没有《易》；有的书上认为是"六经"。本书选择后者，因为 333 大纲明确规定，荀子的教育内容为"六经"。

5. "闻见知行"结合的学习过程与方法 ★★★★★ （简：12 江苏师大，14 山西师大，21 湖南师大，23 南京师大）

"不闻不若闻之，闻之不若见之，见之不若知之，知之不若行之，学至于行之而止矣。"这句话表明了学习过程中阶段与过程的统一，以及学习的初级阶段必然向高级阶段发展的规律。荀况认为，闻见、知、行每个阶段都具有充分的意义，由此构成一个完整的学习过程。

(1) **闻见**。这是学习的起点、基础和知识的来源。

(2) **知**。荀况认为学习并善于运用思维去把握事物的本质与规律，就能自如地应对事物的变化。他还具体提出了正确的思维方法：

① **"兼陈万物而中悬衡"**。不偏执于某一事物或事物的某一方面，对事物做广泛的比较、分析、综合，择其所是而弃其所非，以求如实地把握事物及其关系。

② **"虚壹而静"**。"虚"指虚心，不要先入为主，不以已有的知识或见解阻碍对新事物的认识；"壹"指集中精力，专一研究某个问题，不一心二用；"静"指排除各种杂念，集中精神专注于学习对象。

(3) **行**。荀况认为由学、思而得的知识带有假设的性质，它最终是否切实可靠，唯有通过行方能得到验证。行是知识的实践，是学习中最高的阶段。

评价：荀况对于学习过程的分析完整而系统，在先秦教育家中是少见的。

> **凯程拓展**
> 荀子在学习方法上还提出：①"积微见著，积善成德"，强调积累的重要性；②"解蔽救偏，兼陈中衡"，荀子认为在学习过程中人们的思维方式容易片面，妨碍认识事物的全貌。由此提出"兼陈中衡"的方法，即"兼陈万物而中悬衡"，来"解蔽"。这带有折中调和色彩，也体现了辩证法的因素。

6. 论教师 ★★★★ （简：11 江苏师大，20 湖州师范学院；论：17 哈师大，23 集美）

在先秦儒家诸子中，荀子最为提倡尊师，并表达了与孔孟颇为不同的见解。

(1) **教师的作用和地位**：荀子将教师视为治国之本，把国家兴亡与教师的关系作为一条规律总结出来，把教师的地位抬高到与天地、祖宗并列。

(2) **师生关系**：荀子在强调尊师的同时，片面强调学生对教师的无条件服从，主张"师云亦云"，教师在教学过程中应处于绝对的主导地位。

(3) **对教师的要求**：教师如此尊贵和重要，自然不是人人都可以做教师的。①有尊严和威信；②有丰富的经验和崇高的信仰；③能循序渐进，诵说不凌不乱；④见解精深而表述合理。

(4) **评价**：荀况的尊师思想对后世中国封建社会"师道尊严"的形成有很大的影响。

> **凯程提示**
> 荀子教师观的总特点就是强调教师的权威性，尽管荀子在《劝学》中说"青，取之于蓝，而青于蓝"，即学生经过努力学习可以比老师更优秀，但其师生观是不变的，还是要求学生绝对地服从老师。之后我们还会学习其他教育家的教师观，考生要注意区别记忆。此外，荀子对于教师自身有极高的要求，因此他才敢把教师的地位放得特别高，将教师的地位提高到与天地、祖宗并列。

> **凯程助记**

人物	主要实践	教育作用	教育目的	教育内容	教育方法	道德教育	论教师
荀子	传授"六经"	"性恶论"	培养"大儒"	儒经	闻见、知、行	—	强调教师的绝对权威

凯程拓展

孟子和荀子教育思想的比较

相同点	教育实践	均对传播和发展儒学起到了重要作用
	教育作用	均肯定教育对个人和社会的作用，渗透教育与政治相结合的思想
	教育目的	均继承了孔子培养德才兼备的君子的目的观
	教育内容	均学习儒经
不同点	对教育作用的认识	（1）孟子：内发论。从"性善论"出发，提出通过"深造自得"的方式扩充"善端"，发扬善性。 （2）荀子：外铄论。从"性恶论"出发，提出通过"闻见、知、行"的学习过程，达到"化性起伪"，改恶为善
	教育目的	（1）孟子："明人伦"和"大丈夫"，继承但不改造孔子的君子观。 （2）荀子："大儒"，继承并改造了孔子的君子观
	教师观	荀子最为提倡尊师，认为教师是"治国之本"，要求"师云亦云"

经典真题

>> **名词解释**

1. 性恶论（20 福建师大）
2. 化性起伪（13 南京师大，17 吉林师大，20 云南师大）

>> **简答题**

1. 简述"性恶论"与教育作用。（17 云南师大，18 沈阳师大）
2. 简述荀子的教师观。（11 江苏师大，20 湖州师范学院）
3. 简述荀子的学习过程。/ 简述"闻见、知、行"的学习过程。（12 江苏师大，14 山西师大，21 湖南师大，23 南京师大）
4. 简述孟子与荀子教育的异同。（10 苏州，14 湖北，18 石河子）

>> **论述题**

1. 论述孟子和荀子的教育思想的异同。（14 山东师大，16 中山，17 海南师大，18 中国海洋，19 聊城，22 曲阜师大）
2. 论述荀子的教师观。（17 哈师大，23 集美）
3. 联系实际论述荀况的教育思想。（23 陕西师大）

考点4　墨家的教育实践与教育思想 25min搞定 （简、论：5+ 学校）

1."农与工肆之人"的代表

墨家的创始人是墨翟，自称"鄙人""贱人"。从思想倾向上看，他同情下层人民，其学说代表"农与工肆之人"的利益，重视实用。

墨子曾在儒家学习过，但他反对儒家重礼厚葬的繁文缛节。墨家是第一个批判儒家的学派，其思想以兼爱、非攻为核心，以尚贤、节用为基本点。研究墨子和墨家的资料主要是《墨子》。《墨子》基本上是由墨子的弟子和后人所作。

2. "素丝说"与教育作用 ★★★★★ （名：5+学校；论：10 四川师大，19 江苏师大）

（1）**教育的社会作用：** 墨家主张通过教育建设一个民众平等、互助的"兼爱"社会。教育通过使天下人"知义"实现社会的完善。在此，墨子将对人的教育看成"爱人""利人"的重要内容和表现。

（2）**教育对人的作用：** 墨子提出了"素丝说"，他以素丝和染丝为喻，来说明人性及其在教育下的改变和形成。首先，人性不是先天所成的，生来的人性不过如同待染的素丝；其次，下什么色的染缸，就成什么颜色的丝，即有什么样的环境与教育就造就什么样的人。

评价： 墨子的"素丝说"从人性平等的立场出发认识和阐述教育的作用，较孔子的人性观具有明显的进步性。

3. 以"兼士"为培养目标 ★★★

"兼相爱，交相利"的社会理想决定了墨家的教育目的是培养实现这一理想的人，即"兼士"或"贤士"。作为兼士，必须具备三个条件："厚乎德行""辩乎言谈""博乎道术"，即道德品行的要求、思维论辩的要求和知识技能的要求。

4. 以科技知识和思维训练为特色的教育内容 ★★★★★

（1）**科学与技术教育。** 科学与技术教育包括生产、军事科学技术知识教育和自然科学知识教育，目的在于帮助兼士获得"各从事其所能"的实际本领。墨家的自然科学教育有很高的造诣，涉及数学、声学、力学、心理学、光学等，其中光学是最出色的部分。墨家的实用科学技术知识教育也很出色，主要表现在军事和生产的器械制造上。

（2）**培养思维能力的教育。** 这一教育包括认识和思想方法的教育、形式逻辑的教育，目的在于训练和形成逻辑思维能力，善于与人论辩，以雄辩的逻辑力量去说服他人，推行自己的政治主张。

①**用"三表法"衡量言谈是否正确。** 墨子认为，人的理论和观点是否正确需要有衡量标准，于是提出应当懂得把握三条标准，即著名的"三表法"：第一表是历史的经验和知识；第二表是依据民众的经历，以广见闻；第三表是在社会实践中检验思想与言论正确与否。"三表法"体现了尊重实践、尊重民众意愿的进步性。

②**用形式逻辑突出思维与论辩的法则。** 墨子强调必须掌握思维和论辩的法则，即形式逻辑。他提出了"察类明故"的命题，要求懂得运用类推和求故的方法，论据要有说服力，道理要合乎逻辑。墨子是中国古代逻辑理论的开拓者。

评价： 墨子的教育内容最有特色的是科技教育和思维训练，它们突破了儒家"六艺"教育的范畴，堪称一大创造。

> **凯程拓展**
>
> **墨子的其他教育内容**
>
> （1）政治和道德教育：通过"兼爱"，实现人与人之间的平等与和睦；通过"非攻"，去除非正义的战争；通过"尚贤"，破除世袭特权，实现贤人政治；通过"尚同"，统一人们的视听言行；通过"节用""节葬""非乐"，制止费民、耗财；通过"非命"，鼓励人们在社会实践中自强不息；通过"天志""明鬼"，惩恶扬善，使官员谨慎行事。总之，通过以上多方面的教育，来养成兼士高尚的思想品质和坚定的政治信念。
>
> （2）文史教育：墨家比较重视文史方面的内容。

5. 教学方法[①] ★★★★★ （简：17 江苏师大）

（1）**主动——主动说教。** 墨子的"主动"强调的是主动说教，他不赞成儒家"叩则鸣，不叩则不鸣"

[①] 333 大纲只要求掌握"主动、创造、实践的教育教学方法"，但依据历年真题的出题特点，考生需要掌握墨子全部的教学方法。

的被动施教的态度，主张"虽不叩必鸣者也"的"强说人"精神。墨子强调了教育者的主动和主导，但忽视了启发式教学方法和学习者必须具备的知识和心理上的准备。

(2) **创造——善述善作**。墨子批评孔子"述而不作"的主张，认为应该"善述善作"，对古代的好东西既要继承又要创新，提出"古之善者则述之，今之善者则作之，欲善之益多也"，其含义就是"善述善作"。墨子认识到人类文化的创造、继承、发展有一个过程，每代人都应有所作为，这是很有创造精神的。

(3) **实践——合其志功**。

①含义："合其志功"，即动机与效果统一。"志"就是"动机"，是出发点；"功"就是"效果"，是归宿。教育人，不仅要看其动机，还要看其行动的效果，二者必须辩证统一。

②施教：不论是志还是功，最基本的一条都在于利人。"合其志功"是墨子施教一贯奉行的最根本的原则。

③意义：墨子是第一个提出用"合其志功"的原则作为评判他人道德行为的尺度的人，这在古代伦理史上有着不可磨灭的地位。

④思考：墨家认为讲效果就是讲实践。儒家也提倡实践，但是儒家只强调道德实践，且十分强调思想动机的问题，而墨家还强调生产、军事和科技的实践，还强调动机要和效果统一起来。墨家对行的理解与儒家有很大的差异，但其内涵广泛得多，也有价值得多。

(4) **量力（补充知识点）**。墨子是中国历史上第一个提出量力教育方法的人。这里有两层含义：**①就学生的精力而言，人不能同时进行几方面的学习。②就学生的知识水平而言，应当量力而教**。如他所说，"深其深，浅其浅，益其益，尊其尊"，即深者深求，浅者浅求，该增者增，该减者减。量力方法的提出，表现出墨子对教学规律的把握。

> **凯程提示**
>
> 1."素丝说"类似于"白板说"，请考生联想一下，"白板说"是外国哪位教育家提出的？"素丝说"实际上强调了环境对人的作用。
>
> 2.墨家的"兼士"与儒家的"君子"在外表和本质上有很大的不同，表现出了完全不同的人格追求，反映了小生产者的平等理想。虽然在战国时期难以实现这种理想，但是这种理想中的平等、博爱精神是人类可贵的精神遗产。中国后世的义侠和任侠精神在很大程度上都受到了墨家"兼士"形象的启发。
>
> 3.孔子轻视劳动和科技教育，而墨家恰恰相反，他们不仅拥有很高的科技水平，而且拥有很高的生产实践水平。

> **凯程助记**

学派	主要实践	教育作用	教育目的	教育内容	教育方法	道德教育	论教师
墨家	"农与工肆之人"的代表	"素丝说"	培养"兼士"	重视科技与思维训练	主动、创造、实践、量力	—	—

> **凯程拓展** 儒家和墨家教育思想的比较

相同点	教育作用	均肯定教育对个人和社会的作用
	教育目的	均重视知识和道德
	教育内容	均强调文史和政治的学习
	教育方法	均重视实践

不同点	教育实践	儒家：贵族与平民，但不代表农民与小手工业者的利益。 墨家：农与工肆之人的代表——平等
	教育作用	儒家：与人性有关。孔子："唯上智与下愚不移"；孟子："性善论"；荀子："性恶论"。 墨家："素丝说"
	教育目的	儒家：培养德才兼备的君子。 墨家：培养"兼士"，辩乎言谈，增加了对逻辑思维的要求
	教育内容	儒家："六经"，偏重社会人事、文事，轻视科技与生产劳动。 墨家：重视科学与技术教育、思维训练
	教育方法	(1) 儒家："叩则鸣，不叩则不鸣"；墨家："虽不叩必鸣者也"——主动。 (2) 儒家："述而不作"；墨家："古之善者则述之，今之善者则作之，欲善之益多也"——创造。 (3) 儒家：只强调道德实践，重视动机，不重视效果；墨家：包括道德、社会政治、科技、军事、生产的实践，"合其志功"，既重视动机，又重视效果——实践

经典真题

>> 名词解释　素丝说（15 江苏师大，16 西北师大，18 福建师大，19 山西，21 安徽师大、江西师大、宁波）

>> 简答题

1. 简述墨家教育思想及其借鉴意义。（12 四川师大，16 湖南师大）
2. 简述墨家主动、创造的教育方法。（17 江苏师大）
3. 简述墨家关于教育内容的设计。（23 福建师大）

>> 论述题

1. 试比较儒、墨两家教育思想的异同。（11 湖南师大）
2. 论述墨家的教育思想（及其当代启示）。（13 鲁东，18 闽南师大，21 吉林外国语、临沂）
3. 论述"素丝说"与教育作用。（10 四川师大）
4. 我国古代著名教育家墨子认为："染于苍则苍，染于黄则黄，所入者变，其色亦变。"请指出这种思想所代表的教育观念，并进行评述。（19 江苏师大）

考点5　道家的教育思想　8min搞定

道家的创始人是老子（右图上），其代表作是《老子》，又叫《道德经》，而使道家真正成为一个学派的是庄子（右图下），后世将二人并称为"老庄"。庄子和其弟子的思想主要体现在《庄子》一书中。

1. 道家学派

道家学派起于春秋末而盛于战国，因其代表人物老子、庄子以"道"为学说中心而得名。道家之"道"是指宇宙本体及其法则，这就使其学说有了截然不同的起点。

（1）**老子**：其学说的核心是"道"，它是关于宇宙本体、事物规律和认识本质的概括。他对事物运动的辩证法有深刻的认识，对世事常有出人意料的理解。对于政治、道德

等人类社会实践，他主张以"自然""无为"为法则，怀疑甚至蔑视一向为人所重视的文化传统乃至人类文明。这成为道家思想的基本出发点，表现出与儒、墨、法各家学说的明显对立。

（2）**庄子**：他将老子思想中有关人与自然对立的主张推向极端，鄙弃和否定社会的一切，而大力崇尚自然，追求人格的独立和精神的逍遥。

2. "法自然"与教育作用

道家主张培养能够体会自然的"圣人"，以自然天道为教育内容，要求人们完全听任自然，对传统文化持反对态度，强调"绝学无忧""不言之教"，主张没有教育就是最好的教育。

3. 追求"逍遥"的理想人格

（1）**内涵**：道家反对儒、墨学者以"仁义"为追求的圣贤人格，于是在庄周的《逍遥游》中描绘了一种逍遥的理想人格，即道家主张培养的"上士"或"隐君子"，是一种"无功""无名""物我两忘"的逍遥人格，崇尚自然，追求个人精神的解脱。

（2）**评价**：逍遥的理想人格的实质表现为抛弃社会义务，在"无己"的名义下张扬"有己"，摆脱仁义束缚，不承担任何妨碍个人自由的社会责任和义务。该思想代表了一种自由主义思潮。

4. 提倡怀疑的学习方法

庄子认为，学习要善于怀疑，反对对书本、传统和圣人亦步亦趋。因此，道家的认识论中含有不少辩证思想，如"祸兮福之所倚，福兮祸之所伏"。

> **凯程提示**
> 儒、道两家一直是中国传统文化最重要的思想渊源，他们共同塑造了中国知识分子的性格。道家强调自然无为，无为不是什么都不做，而是顺着事物自身的规律进行，不违逆规律。

考点6 法家的教育实践与教育思想 5min搞定（简：19 华南师大，21 浙江海洋）

最早从学者立场、以法理为依据论法的法家人物是魏国人李悝，他制定了中国第一部刑法法典——《法经》，使"重农"成为法家一贯的思想，但他的思想还带有浓厚的儒家气息。真正使法家思想与儒家思想对立的是商鞅，之后，韩非完成了法家理论的系统化工作。

1. "人性利己说"与教育作用（辨：15 山东师大；论：10 四川师大）

法家发展了荀子人性恶的理论，提出了"人性利己说"。韩非认为，人的本性都是"为己""利己"的，这是一种绝对的"性恶论"。基于这样的人性说，法家在教育上提倡法治教育，认为没有必要进行道德教育。无论是正面的引导还是负面的惩罚，都要依靠法律高压，而不是温情的道德说教。

2. 禁私学与"以吏为师"，禁诗书与"以法为教"（名：21 成都）

（1）**禁私学与"以吏为师"**。法家认为，思想不统一的根本原因在于私人讲学各擅其说，蛊惑人心，结党聚众，扰乱法制，造成乱上反世，所以出于统一的需要，必须禁绝。法家主张选择知法的官吏担任法令的解释者和宣传者，从中央到地方设置官吏，负责对全体人民进行法治教育。韩非明确地把这种制度称为"以吏为师"。

（2）**禁诗书与"以法为教"**。到了韩非时期，法家发展到了极限，下令废除私学，推行法令，认为国家必须统一思想，并将法家思想定于一尊。商鞅、韩非等猛烈抨击"诗书礼乐"，坚决反对将"诗书礼乐"作为教育内容。"以法为教"是法家教育思想的一个基本概括，它要求对社会实行普遍的法治教育，使维护封建统治的政治、经济、思想、文教等法令妇孺皆知，深入人心。

(3) **评价：** 法家思想有独断主义和功利主义的特点。一方面，法家禁"杂反"之学、学术思想择一，提倡耕战，并鼓励安心生产和战斗的农民、士兵，以求富国强兵，开中国专制思想统治的先河。另一方面，法家轻视文化，降低了社会的文化水平。这是法家文化致命的缺陷，法家的灭亡与此关系重大。

凯程提示

请考生将法家的"人性利己说"、孟子的"性善论"、荀子的"性恶论"放在一起进行比较，并归纳出它们之间的联系和区别。

凯程助记

人物或学派	主要实践	教育作用	教育目的	教育内容	教育方法	道德教育	论教师
孔子	编订"六经"；创办私学；教育对象："有教无类"	"庶、富、教"；"性相近也，习相远也"	"学而优则仕"：培养德才兼备的君子	《诗》《书》《礼》《乐》《易》《春秋》	因材施教；启发诱导；学思行结合	内容：仁、礼；原则：立志、克己、力行、中庸、内省、改过	学而不厌；诲人不倦；温故知新；以身作则；爱护学生；教学相长
孟子	思孟学派	"性善论"	"明人伦"	"大丈夫"的理想人格	教亦多术、深造自得、盈科而进、专心致志	—	—
荀子	传授"六经"	"性恶论"	培养"大儒"	儒经	闻见、知、行	—	强调教师的绝对权威
墨家	"农与工肆之人"的代表	"素丝说"	教养"兼士"	重视科技与思维训练	主动、创造、实践、量力	—	—
道家	老庄对社会文明的批判	"法自然"	—	"逍遥"的理想人格	怀疑	—	—
法家	倡导"耕战"	"人性利己说"	"耕战"之士	禁诗书与"以法为教"	禁私学与"以吏为师"	—	—

经典真题

>> **名词解释** "以吏为师"（21 成都）

>> **辨析题** 法家的绝对"性恶论"否定了教育的价值。（15 山东师大）

>> **简答题** 简述法家的教育思想。（19 华南师大，21 浙江海洋）

>> **论述题** 论述"人性利己说"与教育作用。（10 四川师大）

考点1　战国后期的教育论著之《大学》★★★★★　（名、简：20+ 学校）

教育在经过春秋战国时期的大发展之后，积累了丰富的材料。战国末年，出现了一批集中论述教育问题的教育理论著作。而儒家经典《礼记》中的许多篇章都是关于教育方面的论著，就教育理论阐发的集中性与历史影响而言，当推《大学》《中庸》《学记》《乐记》这四篇。

《大学》原是《礼记》中的一篇，为"四书"之首。它是儒家学者论述大学教育的一篇论文，着重阐明"大学之道"——大学教育的纲领，与论述大学教育之法的《学记》互为表里之作。大学从年龄阶段上看，主要指15岁以上的教育；从内容上看，是在初步文化知识（"小艺"）和道德品质（"小节"）教育之后的儒家经术教育和儒学思想教育。《大学》是儒家思孟学派的作品，主要内容由"三纲领"和"八条目"构成。

> **凯程拓展**
>
> 《礼记》又名《小戴礼记》《小戴记》,据传为西汉礼学家戴圣所编,是中国古代一部重要的典章制度选集,主要记载了先秦的礼制,体现了先秦儒家的哲学思想(如天道观、宇宙观、人生观)、教育思想(如个人修身、教育制度、教学方法、学校管理)、政治思想(如以教化政、大同社会、礼制与刑律)、美学思想(如物动心感说、礼乐中和说)。它是研究先秦社会的重要资料,也是一部儒家思想的资料汇编。

1. "三纲领"

《大学》开篇讲:"大学之道,在明明德,在亲民,在止于至善。"这是儒家对大学教育目的和为学做人目标的纲领性表述。

(1)**"明明德"**,就是将天生的善性发扬光大,这是每个人为学做人的第一步。

(2)**"亲民"**,就是由己及人,从事治民,治民要爱民。

(3)**"止于至善"**,就是要求每个人都应在其不同身份时做到尽善尽美,这是儒家封建伦理道德的至善境界,也是大学教育的终极目标。

2. "八条目" (名:20集美,23大理)

为了实现"三纲领",《大学》提出了一系列具体的步骤:格物、致知、诚意、正心、修身、齐家、治国、平天下。后世将其称为《大学》的"八条目"。"八条目"前后相续,逐个递进而又逐个包含,体现了阶段与过程的统一。

(1)**"格物""致知"**。这是"八条目"的基础,被视为"大学始教"的内容。这里所格的"物"、所致的"知"是指伦理和道德原则,其实就是指学习儒家经典,提高自身素质。"格物"指穷尽事物之理,即学习儒家的"六德""六艺""六行"之类的经典;"致知"是在格物基础上的提高,旨在借着综合而得最后的启迪。

(2)**"诚意""正心"**。"诚意"就是不要自欺,人的意念和动机要纯正;"正心"就是不受各种情绪左右,始终保持认识的中正。"诚意"和"正心"是行为发生前的心理活动,局限于自我。

(3)**"修身"**。这是人的一种综合修养过程,是人的品质的全面养成,所以成为"齐家""治国""平天下"之本。

(4)**"齐家""治国""平天下"**。这是个人完善的最高境界。"齐家"是从"修身"自然引出的,是一个施教过程,即成为家庭与家族的楷模,为人效法;"治国"是"齐家"的扩大和深化;"平天下"是"治国"的扩大。其中,中心环节是"修身"。

3. 评价

(1)**《大学》表现出较强的逻辑性和可行性**。"三纲领"与"八条目"都环环紧扣地加以推演,极易为人理解、接受和实行。这就是它能对中国古代知识分子和一般国民的处世立命产生影响的原因。

(2)**《大学》具有极强的伦理性和人文色彩**。"三纲领"与"八条目"都着眼于人伦,表现了儒家以教化为手段的仁政、德治思想,并以个人道德和社会政治的实现为目的。

(3)**"三纲领"和"八条目"对后世的影响**。朱熹将《中庸》《论语》《孟子》《大学》合称"四书",成为宋代以后中国古代教育的基本教科书。《大学》作为对先秦儒家为学过程最为明确、概括和完整的表述,对中国知识分子的为学、为人和为政有极大的影响。

> **凯程助记**
>
> | "三纲领" | "大学之道,在明明德,在亲民,在止于至善" |
> |---|---|
> | "八条目" | "格物""致知""诚意""正心""修身""齐家""治国""平天下" |

经典真题

›› 名词解释

1.《大学》(14 河南师大，16 湖南师大，17 新疆师大，18 鲁东、宝鸡文理学院，19 华中师大，19、20 湖南，20 西藏、山东师大，21 临沂、石河子)

2."八条目"(20 集美，23 大理)

3."三纲领""八条目"(12 山东师大，14 福建师大，15 贵州师大、河南师大，16 西安外国语，17 四川师大，18 浙江师大，19 广西师大，20 西北师大，22 河南师大、海南师大)

4."明明德"(23 安徽师大)

›› 简答题

1.简述《大学》的"三纲领""八条目"。(10 山东师大，13 重庆师大，16 陕西师大，17 苏州、天津师大、西安外国语)

2.简述先秦儒家名著《大学》的教育思想。(23 北师大)

›› 论述题 论述《大学》的"三纲领""八条目"。(23 宝鸡文理学院)

考点 8　战国后期的教育论著之《中庸》 ★★★★★ 15min搞定

(选：16 广东技术师大；名：20 宝鸡文理学院，21 鲁东，23 宁波；简：18 陕西师大、湖南师大，20 北师大)

《中庸》也是《礼记》中的一篇，是"四书"之一，是儒家思孟学派的作品。它主要阐述了先秦儒家的人生哲学和修养问题，提出了"中庸之道"。它与《大学》互为阐发，具有较强的理论色彩和思辨性，后世儒学，尤其是理学的许多概念命题乃至信条和方法论都出于此。

1. 性与教

《中庸》开篇就指出："天命之谓性，率性之谓道，修道之谓教。"它的意思是：上天赐予的叫作性，顺从和发扬本性叫作道，把道加以修明和推广，使之实行就是教。所以人性要得到保存和发展，就要依靠教育。

2. 中庸

孔子提出中庸思想，认为中庸是最高的道德准则。《中庸》进而对中庸做了阐发，其意为既无过，也无不及，不偏不倚，"两端执其中"，还赋予中庸以"中和"的新义。人性就处在无情欲之蔽的"无所偏倚"状态，这是中。当情感一旦外现，就要使之合乎节度，处于和谐状态，这是和。这种无偏无倚与和谐的状态，是天下根本和共同的法则。在政治和道德实践中，杜绝一切过激的行为，以恰到好处为处事原则。

3."自诚明"与"自明诚"，"尊德性"与"道问学" (名：19 浙江师大，21 安徽师大)

人们可以从两条途径得到完善：

(1)"自诚明"或"尊德性"。发掘人的内在天性，进而达到对外部世界的体认。

(2)"自明诚"或"道问学"。通过向外部世界求知，以达到人的内在本性的发扬。人无非是通过向外求知以完善其本性和向内省察以助于求知来完善自身的。

4."博学之，审问之，慎思之，明辨之，笃行之"

《中庸》把学习过程具体概括为学、问、思、辨、行五个先后相续的步骤，这一表述概括了知识获得过程的基本环节和顺序。五个步骤是一个完整的过程，只有每个步骤的充分实现，才能有个人学习的进步。

5. 评价

（1）**中庸既是世界观也是方法论，是一种道德修养、为人处世的准则与方法**。中庸要求人们行事表现出最大限度的妥帖。

（2）**《中庸》提出了对后世更有影响力的为学顺序**。它是对从孔丘到荀况先秦儒家学习过程思想（学、思、行）的发挥和完整表述，被后世学者引为求知的一般方法与途径，朱熹曾将学、问、思、辨、行称为"为学之序"，将其列为《白鹿洞书院揭示》的重要规定，因此产生了很大影响。

（3）**局限**：中庸的思想具有保守性和缺乏锐气的弊端，对中国人的民族性格影响巨大。

凯程助记

著作	项目	内容
《中庸》	简介	出自《礼记》，思孟学派所作，"四书"之一，阐述先秦儒家的人生哲学和修养问题
	性与教	"天命之谓性，率性之谓道，修道之谓教"
	最高道德准则	中庸
	两种完善途径	"自诚明"或"尊德性"；"自明诚"或"道问学"
	学习过程	"博学之，审问之，慎思之，明辨之，笃行之"

凯程拓展

1. 孔子：　学 — 思 — 行
2. 荀子：闻—见—知 — 行
3. 《中庸》：学 — 问—思—辨 — 行

总结：

（1）从孔子到荀子再到《中庸》，展现了中国以"学"为核心的教学顺序的演变历程。

（2）从孔子到荀子再到《中庸》，几乎奠定了后世中国封建社会学习与教学的主要程序。

（3）上述为学顺序体现了传统教育以"教"辅"学"，以"学"为重，尊重学生的主体地位。

（4）上述为学顺序启发当下中国教学，除了强调教师的"教"，更要思考学生的"学"，充分肯定教学的双边互动性。

经典真题

>> **名词解释**

1. "尊德性"与"道问学"（19 浙江师大、21 安徽师大）
2. 《中庸》（20 宝鸡文理学院，21 鲁东）

>> **简答题**

1. 简述《中庸》的学习过程。（18 陕西师大）
2. 简述《中庸》的学习过程和学习内容。（18 湖南师大）
3. 简述《中庸》的基本教育思想。（20 北师大）

考点 9　战国后期的教育论著之《学记》　★★★★★ 32min搞定　（名、简、论：55+ 学校）

《学记》也是《礼记》中的一篇，是世界上最早的专门论述教育、教学问题的论著，被称为"教育学的雏形"。它是先秦时期儒家教育和教学活动的理论总结。一般认为，其作者是思孟学派中孟子的学生乐正克。

1. 教育作用与教育目的

(1) **教育对社会的作用和目的**：《学记》认为实现良好政治的最佳途径是"化民成俗"，具体表现为"建国君民，教学为先"，即兴办学校，推行教育，教化人民群众遵守社会秩序，养成良好风俗。

(2) **教育对个人的作用和目的**："玉不琢，不成器；人不学，不知道。"如同对玉的雕琢一样，教育通过对人进行有目的、有计划的培养，使每个人都形成良好的道德与智慧，进而懂得去维护国家利益和社会安定。

2. 教育制度与学校管理

(1) 学制与学年。

①**学制方面**：《学记》以托古改制的方法提出从中央到地方按行政建制建学的设想，"古之教者，家有塾，党有庠，术有序，国有学"，这种设想对后世兴办学校的影响很大。

②**学年方面**：《学记》把大学教育的年限定为两段、五级、九年。第一、三、五、七学年毕，为第一段，共四级，七年完成，谓之"小成"；第九学年毕，为第二段，共一级，考试合格后，谓之"大成"。这是古代年级制的萌芽。

(2) 视学与考试。

①**视学方面**：开学之日，天子亲率百官参加开学典礼，祭祀"先圣先师"，定期视察学宫，体现国家对教育的重视。

②**考试方面**：每隔一年考查一次，考查内容包括学业成绩和道德品行，不同年级要求不同。"比年入学，中年考校。一年视离经辨志，三年视敬业乐群，五年视博习亲师，七年视论学取友，谓之小成。九年知类通达，强立而不反，谓之大成。"其中，第一、三、五、七、九学年都有考试，分别是：

第一年"视离经辨志"：考查阅读能力，看能否分析章句；考查品德方面，看是否确立了高尚的志向。

第三年"视敬业乐群"：考查对学业的态度是否专心致志和与同学相处能否团结友爱。

第五年"视博习亲师"：考查学识的广博程度和与教师是否亲密无间。

第七年"视论学取友"（"小成"）：考查学术见解和交友择友。

第九年"知类通达，强立而不反"（"大成"）：考查学术上的融会贯通和志向上的坚定不移。

整个考试制度体现出循序渐进、德智并重的特点。

3. 教育教学的原则　（名、简、论：15+ 学校）

教育教学的原则可归纳为："豫、时、孙、摩""长善救失""启发诱导""藏息相辅"。具体阐述如下：

(1) **预防性原则**。"禁于未发之谓豫"，要求事先估计到学生可能会出现的种种不良倾向，预先采取防治措施。

(2) **及时施教原则**。"当其可之谓时""时过而后学，则勤苦而难成"，教育应该按照学生的年龄特征和心理状况安排适当的教学内容。

(3) **循序渐进原则**。"不陵节而施之谓孙"，学习内容要有先后顺序，要求教师根据知识本身的难易程度和逻辑结构来施教。

（4）**学习观摩原则**。"相观而善之谓摩"，在学习过程中，同学之间要相互切磋研究，共同提高，既要专心学习，又要融入集体。

（5）**长善救失原则**。"学者有四失，教者必知之。人之学也，或失则多，或失则寡，或失则易，或失则止。此四者，心之莫同也。知其心，然后能救其失也。"教师应了解不同学生的心理倾向，帮助他们发扬优点，克服缺点。

（6）**启发诱导原则**。"君子之教，喻也"，教学要注重启发。"道（导）而弗牵"，教师引导学生，但又不牵着学生的鼻子走；"强而弗抑"，督促勉励，但又不勉强、压抑；"开而弗达"，打开学生的思路，但又不提供现成的答案。

（7）**藏息相辅原则**。"藏焉修焉，息焉游焉""时教必有正业，退息必有居学"，教学既要有有计划的正课学习，又要有课外活动和自习，有张有弛，劳逸结合，从而让学生体验学习的乐趣。

4. 教学方法

（1）**讲解法**。"约而达"（语言简约而意思通达）；"微而臧"（义理微妙而说得精善）；"罕譬而喻"（举少量典型的例子能使道理明白易懂）。

（2）**问答法**。教师提问先易后难，遵循问题的内在逻辑；而答问则应随其所问，有针对性地作答，恰如其分，适可而止，无过与不及。

（3）**练习法**。依据学习的内容安排必要的练习，练习要有规范，并能逐步进行。

5. 尊师重教与"教学相长"

（1）**尊师重教**。《学记》十分尊师，原因有三：

① **"师严然后道尊，道尊然后民知敬学。"** 所有人都是教师教出来的，以教育为治术就离不开好老师，所以要"师严"——尊师。

② **"能为师然后能为长，能为长然后能为君。"** 把为师、为长、为君视为一个逻辑过程，使为师成为为君的一种素质、一项使命，使尊师具备了更加丰富的内涵。

③ **"师无当于五服，五服弗得不亲。"** 没有教师的教育引导，人们不会懂得相亲相爱。

（2）**为师的要求**。

① **"记问之学，不足以为人师。"** 强调学识只是为师的条件，而非充分条件。

② **"君子既知教之所由兴，又知教之所由废，然后可以为人师也。"** 只有懂得教育成败的原理才可以为师。

③ **"君子知至学之难易，而知其美恶，然后能博喻，能博喻然后能为师。"** 这指出善于在分析达成学习目标的难易程度和学生素质高下的基础上，采用各种有针对性的教学方法，可以为师。

④ **教师自我提高的规律——教学相长**。

（3）**教学相长**。

《学记》记载，"虽有嘉肴，弗食不知其旨也；虽有至道，弗学不知其善也。是故学然后知不足，教然后知困。知不足，然后能自反也；知困，然后能自强也。故曰教学相长也。""教学相长"的本意并非教与学相互促进，仅指教这一方的以教为学。后人将其引申为在教学过程中教师与学生双方相互促进、共同提高。

6. 评价

（1）《学记》有丰富的古代课程思想。《学记》中大学课程的目标明确，逐年升级的考核标准、循序渐进的学业要求和督促意图，可将其看成中国教育史上第一个"大学"的课程标准。《学记》中有关大学课程的论述，可视为先秦课程思想的初步总结。

(2)《学记》有丰富的古代教学思想。《学记》结合当时儒家教育教学的现状系统地总结了先秦时期的教育经验，提出了教学相长、长善救失等一系列教学原则和方法，成为记录先秦时期教学方法的重要典籍。

(3)《学记》是对先秦教育教学的思想与经验的完善总结。《学记》对先秦的教与学做了系统、完整的论述，是先秦时期最重要的教育论文。

(4)《学记》为中国后世教育传统奠定了基础。《学记》为中国教育理论的发展树立了典范，其历史意义和理论价值十分显著。它的出现，意味着中国古代教育思想专门化的形成，是中国教育理论发展的良好开端。

凯程提示

《学记》非常重要，《学记》中的教育思想、教学方法都值得考生认真复习、仔细理解、准确记忆。

凯程助记

著作	项目	内容
《学记》	教育作用与教育目的	对社会："化民成俗"。对个人："玉不琢，不成器；人不学，不知道"
	教育制度与学校管理	学制："古之教者，家有塾，党有庠，术有序，国有学"
		学年：两段、五级、九年
		视学与考试
	教育教学的原则	预防性原则；及时施教原则；循序渐进原则；学习观摩原则；长善救失原则；启发诱导原则；藏息相辅原则
	教学方法	讲解法、问答法、练习法
	教师观	尊师重教；为师的要求；教学相长

经典真题

>> 名词解释

1.《学记》（10华中师大，11重庆师大、广西师大、江苏师大，11、13杭州师大，13中南、闽南师大、天津师大，13、14、17西华师大，13、17东北师大、延安，14辽宁师大、江西师大、西南、湖南，15、19内蒙古师大，15、20重庆三峡学院，16河北，16、21河南师大，17北华，17、19、21中央民族，18广西民族、南宁师大、四川师大、中国海洋，19宁波、山西师大，20淮北师大、湖北、江苏、陕西师大，21聊城、深圳、天水师范学院、北京联合、山东师大、佛山科学技术学院，23湖南师大、延安、信阳师范学院、洛阳师范学院）

2. 藏息相辅（19安徽师大）

3. 长善救失（18沈阳师大，21华南师大）

4.《学记》中的教学原则（21内蒙古师大）

>> **简答题**

1. 简述《学记》(及对我国教育的启示)。(10 南京师大、江苏师大,11 江西师大,12 苏州,14 东北师大,15 华东师大,16 中央民族、浙江工业,16、17 浙江师大,17 山西师大,21 江苏、宁夏,22 东北师大)

2. 简述《学记》中的教育教学原则和方法。(10 辽宁师大,11 渤海,15 贵州师大,15、20 西北师大,16 湖南科技,19 湖南师大、天津师大、吉林师大,20 大理,21 哈师大,22 中央民族、河南师大、新疆师大、海南师大)

>> **论述题**

1. 试述《学记》(世界上第一本教育专著)的教育思想。(15 淮北师大,16、21 吉林师大,17 苏州、山西师大,18 延边、东北师大,19 青海师大、曲阜师大)

2. 论述《学记》的(教育管理和教学论)贡献和地位。(11 东北师大,18 陕西师大)

3. 论述《学记》的原则和方法(及现实意义)。(11 哈师大,11、12 西北师大,11、15 沈阳师大,17 渤海,19 吉林师大,20 山西,22 杭州师大、湖南科技,23 曲阜师大)

考点 10　战国后期的教育论著之《乐记》(补充知识点)　3min搞定　(陕西师大 333 大纲知识点)

《乐记》是《礼记》中的一篇,是先秦儒家专门论述乐教的论著,主要论述音乐的起源和作用等问题。相传为孔子的再传弟子公孙尼所作。这一著作反映了儒家"仁政""德治"的政治理想,标志着儒家乐教思想的成熟。

(1) **"乐"的含义:** 所谓的"乐",并不仅仅是指音乐,还包括绘画、雕刻、建筑等造型艺术,甚至还涉及仪仗、田猎等令人快乐的活动。

(2) **乐教的作用:** 对个人而言,乐能以"情"感化人,对人的情感和欲望加以引导和节制,使人安于本分;对国家而言,乐教有利于维护社会安定,净化社会风气。

第三章　秦汉时期的教育
——儒学独尊与读书做官教育模式的形成[①]

考情分析

第一节　秦代的教育制度与实践
考点1　秦代的教育政策与措施

第二节　汉代的教育制度与实践
考点1　教育管理："独尊儒术"
考点2　育士制度：汉代的学校
考点3　选士制度：察举制

第三节　汉代的教育思想
考点1　董仲舒的教育思想

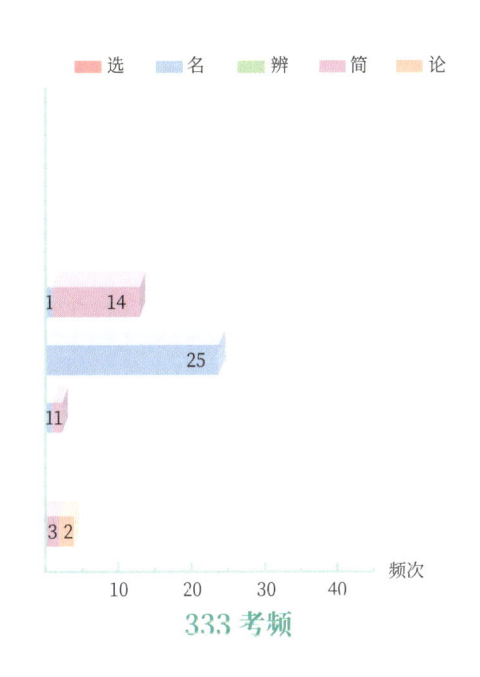

图例：选　名　辨　简　论

- 教育管理："独尊儒术"：1、14
- 育士制度：汉代的学校：25
- 选士制度：察举制：11
- 董仲舒的教育思想：3、2

横轴：频次（10、20、30、40）

333 考频

知识框架

秦汉时期的教育
- 秦代的教育制度与实践
  - 秦代的教育政策与措施
    - 统一文字
    - 严禁私学
    - 史师制度
- 汉代的教育制度与实践
  - 教育管理："独尊儒术"
    - "推明孔氏，抑黜百家"
    - 兴太学以养士
    - 重视选举，任贤使能
  - 育士制度：汉代的学校
    - 太学
    - 鸿都门学
    - 郡国学
    - 经学教育
  - 选士制度：察举制
- 汉代的教育思想
  - 董仲舒的教育思想
    - 《对贤良策》与三大文教政策
    - 论人性与教育作用
    - 论道德教育

[①] 本章主要参考孙培青的《中国教育史》（第四版）第四章。察举制部分参考了王炳照的《简明中国教育史》（第四版）第三章相关的重要知识。

考点解析

第一节 秦代的教育制度与实践

考点1 秦代的教育政策与措施 ⭐6min搞定

秦是中国历史上第一个统一的中央集权的封建国家。秦朝的教育政策遵循着一个中心原则，即维护国家的统一和君主集权的封建统治制度，以法治思想指导教育实践。为了实现这个目标，秦朝在文化教育上采取了一系列措施。

1. 统一文字 (选：21南京)

（1）**背景**：秦统一六国以前，各国文字混乱的状况严重阻碍了统一政令的推行，也阻碍了各地的文化交流。

（2）**措施**：秦统一后，进行文字的整理和统一工作，下令"书同文字"。李斯以秦国字形为基础，吸收六国字形，总结出一种新的字体——小篆，编成字书，颁发全国。这部名为《仓颉篇》的字书，成为儿童习字的课本。后来，程邈又对小篆进行改进，将其简化成隶书。在秦汉年间，隶书成为一种通行的字体。

（3）**评价**：秦朝对文字所做的整理工作，是汉字在走向统一化、规范化、定型化的过程中迈出的关键性一步。文字的统一，对中国文化和教育的发展无疑具有重大的贡献，对维护中国的统一、形成中华民族统一的文化心理也有着不可轻视的作用。

2. 严禁私学

（1）**背景**：秦始皇统一六国后，出于加强中央集权的君主专制政治的需要，采纳了李斯的建议，对私学采取严厉禁止的政策，并实施"焚书"的政策。

（2）**措施**：除秦国的历史、卜筮用书、农书不烧之外，其他文史书籍一律烧毁。敢于私下议论《诗》《书》者杀头，"以古非今者"满门抄斩。儒家学者成了主要的打击对象，秦国走向了"焚书坑儒"的道路。

（3）**评价**：秦为了达到思想的统一，简单粗暴地采取禁学、烧书的手段，不顾民众基本的精神自由和文化需求，这不仅是文化专制的反映，也是"愚民政策"的反映。秦禁止私学后，"百家争鸣"的风气从此结束。

3. 吏师制度

（1）**背景**：为了达到思想的高度统一，使法家思想深入人心，同时也为了培养一大批知法、执法的封建官吏，实现以法治国的目的，秦采取了以法为教、以吏为师的教育政策。

（2）**措施**：政府规定教育的内容限于法令，其直接目的是使人成为知法守法、服从统治的顺民。政府机关附设"学室"，由官吏对弟子进行教学。

（3）**评价**："吏师制度"的执行，使秦朝教育出现一种"法律之外无学、官吏之外无师"的局面。秦又一次人为地将官与师结合起来，取消了专职教师，这无疑是教育发展史上的一次大倒退。

第二节 汉代的教育制度与实践

考点 1　教育管理："独尊儒术" ★★★★★ 12min搞定　（名：16宁波；简：10+学校）

1. 时代背景

汉初实行各家并存，推重"黄老之学"的文教政策，到了汉武帝时期，汉朝经过长时间的休养生息，经济上得到了恢复与发展，政治上出现了安定局面，但是各家并存，思想混乱，"无为而治"已不适应封建统治的需要。汉武帝想把汉初的"无为"政治转变为一种积极进取的政治，儒学强调"文事武备"，其积极进取的特点与汉武帝的愿望相契合，恰逢汉代儒家学者董仲舒向汉武帝献策，史称"对贤良策"。董仲舒提出的三大文教政策，后均被汉武帝采纳。所以儒学顺应时代的要求登上历史舞台。

2. 三大文教政策的内容

董仲舒提出"独尊儒术"等三大建议，称为汉代三大文教政策。

（1）**"推明孔氏，抑黜百家"**。这是文教政策的总纲领。董仲舒论证了儒学在封建统治中独一无二的地位，汉代主张其他各家学说也可以发展，但其他学说处于从属地位，不可取代儒学的官方地位。

（2）**兴太学以养士**。为了保证封建国家在统治思想上的高度统一，也为了改变统治人才短缺的局面，董仲舒提出"兴太学以养士"的建议。实际上，通过兴办太学，政府直接操纵教育大权，决定人才的培养目标，这是落实"独尊儒术"文教政策的重要手段之一。

（3）**重视选举，任贤使能**。针对汉初人才选拔和使用中的弊病，董仲舒提出加强选举、合理任用人才的主张。他提出"量材而授官，录德而定位"的用人思想。董仲舒提到的"材""德"是以儒家的经术和道德观念为标准的。这些主张对促进儒学取得独尊地位有重要作用。

3. 具体措施

汉武帝在这三大政策之下，采取的具体措施主要有：

（1）**立五经博士**。汉朝初期，立各家博士，儒学博士与其他诸子、传记博士相比没有突出位置。汉武帝时，"置五经博士"，《诗》《书》《礼》《易》《春秋》每经只有一家，每经置一博士，各以家法教授。专立五经博士，促成了独尊儒术的局面。

（2）**开设太学**。汉武帝设立太学，并将太学作为汉代的最高学府，为五经博士置弟子是太学成立的标志。博士是以教授为主要职能的学官，是太学的正式教师，博士弟子即太学生。太学的设立是中国教育史上的一件大事，以后各朝各代都依例设立。

（3）**确立察举制**。察举制度始行于汉文帝，确立于汉武帝，是先经考察举荐，再经分科考试，据考试成绩优劣选人任官的制度，是对太学养士选才的补充，二者相辅相成。察举制度为汉代政权源源不断地供应着有一定德行、才干、学问水平的统治骨干，使得封建国家的统治基础大大扩展，既保证了读经入仕、以儒术取士的落实，也为"独尊儒术"文教政策提供保障，并成为科举制度的先导。

4. 影响

（1）确立了教育为治国之本的地位，汉代之后各个朝代都重教兴学；（2）促成了教育的政治伦理化；（3）结束了"百家争鸣"的局面，实现了私学的统一、教育的儒学化；（4）"独尊儒术"文教政策的确立，标志着封建统治阶级树立起了符合自身利益的意识形态。

经典真题

» **名词解释**　罢黜百家，独尊儒术（16宁波）

» **简答题**　简述"独尊儒术"的文教政策。（10中山，10、15陕西师大，11、13、15浙江师大，12上海师大，15、23山东师大，18江苏，19内蒙古师大，22苏州、湖州师范学院）

考点2　育士制度：汉代的学校 ★★★★★ 23min搞定

汉代的学校有官学和私学，官学分为中央官学和地方官学两种。中央官学以传授儒家经典为主，主要以太学为代表。在东汉，还曾设有鸿都门学、宫邸学等特殊性质的学校。地方官学以郡国学为主要学校类型，此外汉代允许发展私学。

1. 西汉建立的中央官学：太学 ★★★★★ （名：5 学校）

汉武帝下令为五经博士置弟子，标志着太学正式成立，也标志着以经学教育为基本内容的中国封建教育制度正式确立。到东汉时，太学盛极一时。

(1) 基本特点。

①**教师与学生**：太学的教师是博士，博士首领在西汉叫仆射，东汉改为博士祭酒。太学的学生称为"博士弟子""诸生""太学生"等。

②**培养目标**：太学为国家培养"经明行修"的官吏。"经明行修"是对官吏才能和道德的要求，即必须通晓一种或两种经书，并具备"三纲五常"的德行。"三纲"即"君为臣纲，父为子纲，夫为妻纲"；"五常"即仁、义、礼、智、信五种道德观念。

③**教学内容**：制定统一的教材，学习儒家经典"五经"——《诗》《书》《礼》《易》《春秋》，这是太学法定的教材。

④**教学形式**：初建太学时，太学中有个别或小组教学；后期有了"大都授"的集体上课形式，主讲博士叫"都讲"；还有次第相传的教学形式，即高业生教授低业生，以此缓解教师不足的矛盾。

⑤**考试制度**：太学没有严格的授课和年级制度，考试作为一种督促、检查学生学习，衡量学生学业程度的手段尤为重要。太学的考试基本上采取"设科射策"的形式。"策"是教师所出的试题；"射"指以射箭的过程来描述学生对试题的理解和答题的过程；"科"是教师用以评定学生成绩的等级标记，从优到劣依次分为甲科、乙科、丙科，学生所取得的等级是授官的依据。

(2) 影响。

①汉代太学是中国教育史上第一所有完备规制、史实详尽可考的学校。自始创到清末，历代的最高学府多被称为太学，可见其影响之深。

②利用学校教育来强化官方的意识形态，始于汉代的太学。

③东汉太学生为了反抗黑暗的宦官政治所发动的政治运动，掀开了中国学生运动史上的第一页。

④汉代太学在教学中存在排除异己学说、空谈义理的现象，严重束缚了教育思想和学术研究的发展。

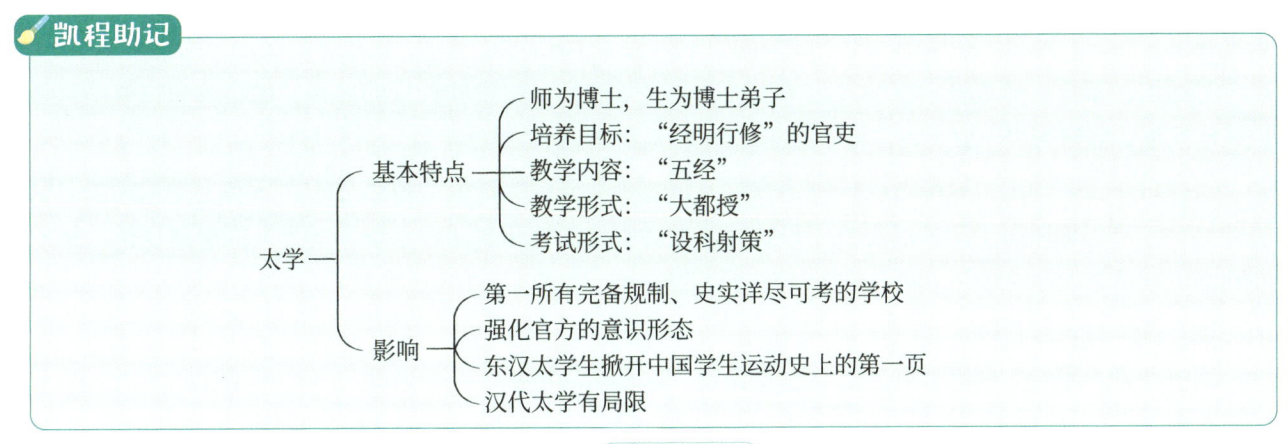

凯程助记

```
         ┌─ 基本特点 ─┬─ 师为博士，生为博士弟子
         │           ├─ 培养目标："经明行修"的官吏
         │           ├─ 教学内容："五经"
         │           ├─ 教学形式："大都授"
太学 ─────┤           └─ 考试形式："设科射策"
         │
         └─ 影响 ────┬─ 第一所有完备规制、史实详尽可考的学校
                     ├─ 强化官方的意识形态
                     ├─ 东汉太学生掀开中国学生运动史上的第一页
                     └─ 汉代太学有局限
```

2. 东汉建立的中央官学：鸿都门学 ★★★★★ （名：10+ 学校）

（1）**背景**：鸿都门学是东汉灵帝在洛阳办的官学，因校址在洛阳鸿都门而得名。东汉宦官集团为了与太学生支持的官僚集团做斗争，利用教育培养拥护自己的知识分子，建立了鸿都门学，可见这所学校的创办是统治阶级内部各种政治力量的较量在教育上的反映。

（2）**性质**：它属于一种研究文学艺术的专门学校。

（3）**意义**：鸿都门学的学生在政治上代表宦官集团的利益，但鸿都门学本身在教育上具有独特的意义。①它打破了儒家独尊的教育传统，以诗、赋、书画作为教育内容，这是教育史上的一大变革，促进了学校的多样化发展。②鸿都门学是一种专门学校，作为一种新的办学形式，为后来专门学校的发展提供了经验。③它是世界上最早的文学艺术专门学校。

3. 两汉地方官学：郡国学 ★★★

郡国学是汉代朝廷设立的地方官学。

（1）**典型代表："文翁兴学"**。汉景帝时期，蜀郡太守文翁送地方官吏到京师进修，后回蜀郡为官或为教，在地方设立学校，培养地方官吏，促进了蜀郡的经济发展，史称"文翁兴学"。汉武帝对"文翁兴学"极为赞赏，下令各郡国普遍设立学校。东汉时郡国学盛极一时。

（2）**办学目的**：①培养本郡官吏，向朝廷推荐优秀学生；②通过学校举行的"乡饮酒""乡射"等传统的行礼活动，向社会普遍推行道德教化。

4. 经学教育 ★ （名：16 浙江师大）

汉武帝"独尊儒术"兴起两汉学术思想的主流——"经学"，它是研究和阐发儒家经典的宗旨及其方法的一门学问。

（1）**两大学术流派：今文经学和古文经学**。

①**今文经学**：汉初凭借经学大师的记忆、背诵，采用当时流行的隶书记录下来的"六经"旧典，以董仲舒等为代表人物。

②**古文经学**：依据汉武帝时从地下或孔壁中挖掘出来或通过其他途径保存下来的儒经藏本，代表人物为王充。

两派学者因治经立场和观点不同而表现出不同的学术风格。东汉后期，两派最终走向融合，经学大师郑玄做出了重要贡献。

（2）**章句之学与师法、家法**。

①**章句**：汉代经学教育中多采用章句的形式进行教学。章句是经师教学所用的讲义。古籍本无标点段落，经师依照经文的顺序，进行断句并划分章节，然后逐字逐句地进行解说，这样便形成了章句之学，

也可称之为经说。章句之学体现了不同经师的学术风格，所谓师法、家法，正是体现在不同的章句之学中。

②**师法、家法**：师法是指汉初立为博士或著名经学大师（如董仲舒）的经说；如果大师的弟子对师说有所发展，能够形成一家之言，被学术界和朝廷承认，便形成家法。

③**评价**：重视师法、家法是汉代经学教育，特别是今文经学传授的特点之一。章句之学和师法、家法的结合，严重地阻碍了学术的交流，导致经学教育中宗派性和封闭性加强，使士人的思想僵化，知识面狭窄，崇拜书本和权威，不利于个性和智慧的发展。

（3）经学会议与石经。

两汉皇帝召集一些著名学者对儒学进行讨论，这一活动被称为经学会议。其中最重要的两次经学会议是石渠阁会议（公元前53年）和白虎观会议（79年）。其目的是提供经学研究和教育的规范思想。

东汉时期还镌刻石经，立于太学门外，作为规范的经学教科书，其目的是统一经学教材，将教育纳入政府所希望的轨道，借经学教育统一思想。

（4）经学教育的特点（补充知识点）。

汉代经学教育在派别上具有古文经学与今文经学之争的显著特点，在传承上具有章句之学与师法、家法的重要特点。除此之外，还具有以下总体特点：

①**培养儒生教育宗旨的形成及其政治化发展。**一方面，汉代"独尊儒术"后，教育宗旨是培养以儒术治国或专攻经学的儒生，直到宋代理学成为主流，教育宗旨才发生转变；另一方面，汉代置五经博士，将儒家经学教育正式纳入官方轨道，教育为政治服务是儒家经学本身的要求，也是统治阶级的需要。

②**国家课程与教材的确立，教学内容的书本知识化。**一方面，两汉经学各派竞相立为"国家课程"之争，及今文、古文经学的两种教材体系之争，促成了儒家经典被定位国家课程与教材，占据学校的主导地位；另一方面，自汉代儒家经籍成为教育内容的主体之后，传授书本知识也就成为教学的基本形式。

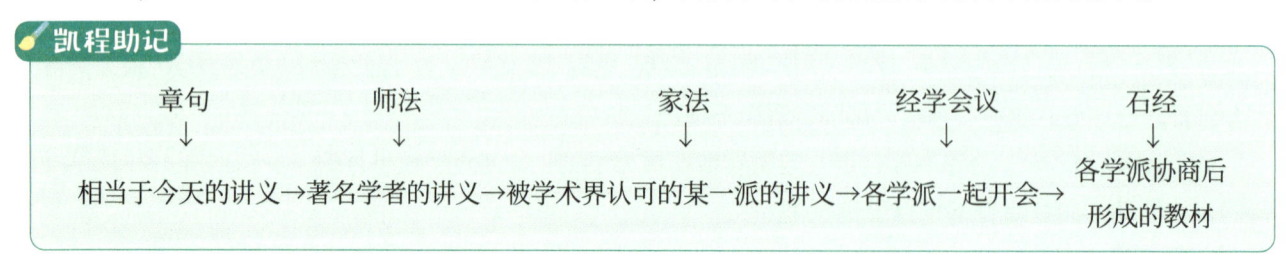

> **凯程助记**
>
> 章句 → 师法 → 家法 → 经学会议 → 石经
>
> 相当于今天的讲义 → 著名学者的讲义 → 被学术界认可的某一派的讲义 → 各学派一起开会 → 各学派协商后形成的教材

> **经典真题**
>
> **》名词解释**
>
> 1. 经学教育（16浙江师大）
> 2. 太学（12苏州，14闽南师大，17天津，19海南师大，20湖南师大）
> 3. 鸿都门学（10、11渤海，11北师大、天津、苏州，12河南师大，17西北师大，19江苏师大、山东师大、中央民族，20赣南师大，21集美、南京师大、四川师大，23贵州师大、河北师大、石河子、阜阳师大、聊城）

考点3 选士制度：察举制（补充知识点）★★★ 5min搞定

（名：11云南师大；简：18山东师大）

察举制是始于汉代的一种选官制度。察举制在汉文帝时期开始设立，汉武帝时期成为一种比较完备的制度。

1. 主要内容

(1) 汉武帝设孝廉一科，标志着察举制以选官常制的姿态登上了历史舞台。

(2) 汉武帝时期，察举取士的范围扩大到了布衣之士。

(3) 增加察举的科目，孝廉是最主要的科目。除此之外，还有茂材、贤良方正、明经科、童子科等科目。

(4) 在选举考试中，儒家学者受到特别的优待，开创了以儒术取士的局面。

2. 积极影响

(1) 察举制使孔子"举贤才"和"学而优则仕"的观念从汉代开始获得了制度上的落实。

(2) 选士制度给教育带来了巨大的利益驱动，极大地促进了讲习儒经的社会风气的形成和教育的发展。

(3) 汉代察举与学校教育各为一途，它们之间还未建立制度上的联系，更谈不上衔接关系，但有助于集权制官僚政治体制的巩固和发展。

(4) 察举制体现了选贤任能的原则，在察举的基础上加强考试是汉代察举制的主要特点，被称为科举制度的先导。

3. 消极影响

(1) 贵戚高官干扰取士，使贿赂、沽名钓誉成风。

(2) 由于选拔标准和方式尚不完善，主管官员察举不力，难以保证公平和公正。

第三节 汉代的教育思想

考点1 董仲舒的教育思想

董仲舒是西汉著名的儒家学者，有"汉代孔子"之称。董仲舒学识渊博，遍通"五经"，他写的《春秋繁露》和《对贤良策》影响最大。他系统地提出了"天人感应""大一统"学说和"诸不在六艺之科、孔子之术者，皆绝其道，勿使并进""推明孔氏，抑黜百家"的主张，皆被汉武帝所采纳，使儒学成为中国社会正统思想，其影响长达两千多年。

1.《对贤良策》与三大文教政策

董仲舒在《对贤良策》中，向汉武帝提出了三大文教政策建议。由于第二节已经详细介绍汉代文教政策，此处简要介绍：(1)"推明孔氏，抑黜百家"；(2) 兴太学以养士；(3) 重视选举，任贤使能。董仲舒的三大建议都被汉武帝采纳，成为汉代三大文教政策，并确定了整个封建社会遵从儒术的文化与教育局面。

2. 论人性与教育作用

(1) 人性论。人性学说是董仲舒论述教育作用的理论依据。

①**董仲舒认为，人性是人天生的素质，人性之"质"中，有"仁气"和"贪气"**。"仁气"指人性中有利于促进封建社会道德发展的先天因素，是主导方面；"贪气"指人性中导致与封建社会道德相抵触的先天因素，是从属方面。它们是人性中的对立物。他的人性论与孟子的"性善论"、荀子的"性恶论"有一定的联系，并没有摆脱道德先验论的影响。

②**董仲舒又将人性和善区别开来，善指封建社会的伦理道德**。人性与善的关系是可能性与现实性、

根据与结果的关系，人性是善的可能性和内在根据，善是人性所具有的可能性和内在根据在教育条件下向具备一定道德之善的现实人格转化的结果。

③董仲舒提出了"性三品"说。他将人性分为"圣人之性""中民之性""斗筲之性"。"圣人之性"是天生的至善至纯，以及具有天赋之性，有时无须教育也能达到善性。"中民之性"是绝大多数的普通人拥有的，通过教育才能发展成"善"。"斗筲之性"是恶人之性，教化无用，只能用刑罚对付他们。

(2) **教育作用**。教育对不同品性的人作用不同。圣人能够自主地约束自己，在教育的助力下，注定可以达到向善，有时无须教育的助力也可以达到向善；中民是教育的主要对象，他们通过教育才能向善；斗筲之徒需要用刑罚来制止他们做坏事，教育对他们不起作用。董仲舒为绝大多数人应该接受教化提供了理论依据。

> **凯程提示**
> 我们已经学习了孟子、荀子、墨子、董仲舒的人性论，接下来还要学习韩愈、朱熹的人性论，请考生对他们的人性论进行比较、归纳和总结。

3. 论道德教育　（简：11 扬州，19 吉林师大，23 沈阳师大；论：17 天津）

(1) **德育作用：德教是立政之本**。道德教育是董仲舒教育思想的核心。董仲舒虽主张教化与刑罚并重，但强调以道德教化为本为主，以刑罚为末为辅。

(2) **德育内容：以"三纲五常"为核心**。董仲舒强调"三纲五常"。"三纲"是指"君为臣纲，父为子纲，夫为妻纲"；"五常"是指仁、义、礼、智、信。"三纲五常"成为两千多年来中国封建社会道德教育的中心内容。

(3) **德育的原则和方法**。

①确立重义轻利的人生理想："正其谊（义）不谋其利，明其道不计其功。""义"满足人们精神上的需求；"利"满足人们肉体上的需求。二者不可或缺，但他提倡对体现封建国家利益原则的道义的追求应高于对个人利益的追求。

②"以仁安人，以义正我"。"仁"是建立在对人的生命珍惜和热爱的基础上的，体现的是对个体生命价值和权利的尊重；"义"是为封建国家的利益而确立的准则，凸显个人对社会的责任与义务。这实际上是对儒家强调主体道德自觉精神的继承和发展。

③"必仁且智"。道德修养必须做到"仁"与"智"的统一。董仲舒强调了道德修养中情感与认知的统一。

④"强勉行道"。努力地进行道德修养，德行就能日益显著，最终取得良好的成效。董仲舒强调品行的积累。

> **凯程助记**

人物	教育思想	具体内容
董仲舒	三大文教政策	(1) "推明孔氏，抑黜百家"；(2) 兴太学以养士；(3) 重视选举，任贤使能
	论人性与教育作用	"性三品"说
	论道德教育	(1) 作用：德教是立政之本。 (2) 内容：以"三纲五常"为核心。 (3) 原则及方法：重义轻利、"以仁安人，以义正我""必仁且智""强勉行道"

经典真题

>> **简答题** 简述董仲舒的道德教育思想。（11 扬州，19 吉林师大，23 沈阳师大）

>> **论述题**

1. 论述董仲舒的教育思想。（16 苏州）
2. 论述董仲舒的道德教育。（17 天津）

第四章　魏晋南北朝与隋唐时期的教育
——封建国家教育体制的完备[①]

考情分析

第一节　魏晋南北朝的教育制度与实践

考点1　育士制度：魏晋南北朝的官学

第二节　隋唐时期的教育制度与实践

考点1　文教政策的探索与稳定

考点2　教育管理：中央政府教育管理机构确立

考点3　育士制度：中央和地方官学体系的完备

考点4　选士制度：科举制度的建立

第三节　魏晋南北朝与隋唐时期的教育思想

考点1　颜之推的教育思想

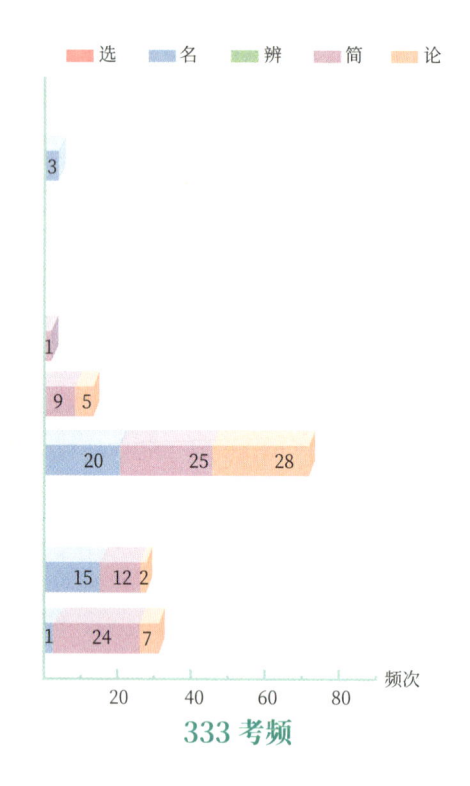

考点2　韩愈的教育思想

[①] 本章主要参考孙培青的《中国教育史》（第四版）第五、六章。

知识框架

魏晋南北朝与隋唐时期的教育
- 魏晋南北朝的教育制度与实践
  - 育士制度：魏晋南北朝的官学
    - 西晋的中央官学
    - 南朝宋的中央官学
    - 北魏的中央官学
- 隋唐时期的教育制度与实践
  - 文教政策的探索与稳定
  - 教育管理：中央政府教育管理机构确立
  - 育士制度：中央和地方官学体系的完备
    - 中央官学
    - 地方官学
    - 学校教学管理制度齐备
    - 私学发展
    - 学校教育制度的特点
  - 选士制度：科举制度的建立
    - 科举制度的产生与发展
    - 考试的程序、科目和方法
    - 科举制度与学校教育的关系
    - 科举制度的影响
- 魏晋南北朝与隋唐时期的教育思想
  - 颜之推的教育思想
    - 颜之推与《颜氏家训》
    - 论士人夫教育
    - 论家庭教育
  - 韩愈的教育思想
    - 道统说
    - "性三品"说与教育作用
    - 论人才的培养与选拔
    - 师道观

考点解析

第一节 魏晋南北朝的教育制度与实践

考点1 育士制度：魏晋南北朝的官学 16min搞定 （简：14 中山）

1. 西晋的中央官学——国子学 （名：23 山西师大）

（1）**含义**：西晋武帝下令创立一所旨在培养贵族子弟的国子学，与太学传授相同的内容，五品以上的官员子弟方能入学。西晋的政权以士族为政治基础，旨在维护门阀士族的利益和尊贵。后来经八王之乱、永嘉之乱，国子学与太学被烧毁。

（2）**标志**：国子学的创立是为了满足士族阶级享受教育特权的愿望，严格区分士庶之别，也标志着中央官学多样化、等级化更明显。

（3）**意义**：国子学的创办，使传统教育体制由单一格局发展成为太学和国子学并行的多元化格局。

2. 南朝宋的中央官学——"四馆"和总明观

（1）南朝宋的"四馆"。

①**含义**：南朝宋文帝当政时期，在社会安定、经济发展的形势下，官学教育也出现了暂时的繁荣。

宋文帝开设了以儒学为主的儒学馆，奖励生徒；次年又开设玄学馆，研究老庄学说；此外，还开设了史学馆和文学馆。四馆并列，各自招收学生进行教学与研究。

②**意义**：四馆的建立打破了自汉代以来经学教育独霸官学的局面，使玄学、史学、文学与儒学并列，这是学制上的一大改革，也反映出当时思想文化领域的实际变化。

（2）南朝宋的总明观。

①**含义**：南朝宋明帝时期，设立总明观（亦称东观），置祭酒，设儒、玄、文、史四科。总明观并不是纯粹的教学机构，而是集藏书、研究、教学三位于一体的机关，而且教学任务实际上已退居次要地位。

②**意义**：总明观的四科虽然与元嘉时期的四馆分科相同，内部分了儒学、史学、文学、玄学①四科的内容，但它以总明观作为总的领导机构，在管理上比四馆更加完善，也使原来四个单科性质的大学发展成在多科性大学中实行分科教授的制度。

3. 北魏的中央官学 ☆

鲜卑拓跋部在拓跋珪的统率下建立了北魏（386年），统一了黄河流域，结束了北方十六国的混乱局面，北魏开始了封建化的过程。

（1）建立太学。北魏建国初期仿照汉晋的学制，以经术为先，立太学，置五经博士。

（2）特创中书学。明元帝改国子学为中书学，中书学名称是北魏的特创。

（3）首创皇宗学。北魏强调皇族的教育，于是首创了皇宗学，专门教授皇子皇孙。

（4）实行三学分建制。孝文帝亲政后，加速了封建化过程，儒学又得到了重视，学制趋于完备，诏立国子学、太学、四门小学，三学分建。当然，北魏还有地方官学，北魏州郡立学的制度，起自献文帝时期，并以经学为主要教育内容。

评价：从总体上看，北朝统治者在利用儒学维护统治、培养人才方面是有成效的。实行崇儒兴学的政策，学习汉族先进的文化，加速封建化的进程，对促进民族大融合、推动历史前进起到了积极作用。

> **凯程提示**
>
> 魏晋南北朝时期的首创和开端：
> 三国时期（曹魏）的创新：九品中正制、律学。两晋时期（西晋）的创新：国子学。
> 南朝时期（宋）的创新：四馆、总明观。北朝时期（北魏）的创新：中书学、皇宗学。

> **凯程拓展**　　　　　　　　**九品中正制（特殊院校补充知识点）**　（名：22信阳师范学院）
>
> 魏晋时期是封建门阀制度高度发展的时期，士族地主把持朝政大权，为维持其特权，在地主阶级内部"严士庶之别"，选士制度保证士族优先做官的权利。
>
> **（1）含义**：魏文帝曹丕采纳吏部尚书陈群的建议，实行"九品中正制"（或称"九品官人法"），即郡设小中正，州设大中正，由地方上有声望的人充任，将士人按"才能"评定为九等，实际上是按门第高低列等，政府按等选用。
>
> **（2）意义**：九品中正制选举法全为世家大族所操纵，限制庶族地主的政治权利。门阀制度的膨胀对学校教育产生极大的消极影响，士族享有受教育和优先选官的特权，挫伤了人们求学的积极性，在隋朝被隋文帝废除。

---

① 玄学是兼融儒道而成的一种新的思想体系。它在形式上复活了老庄思想，并以此来诠释儒家经典。有些教材在总明观的科目上也写为"儒、道、文、史"四科，其基本含义是相同的，两种说法皆可。

第二节　隋唐时期的教育制度与实践

考点 1　文教政策的探索与稳定　⭐6min搞定

隋唐的文教政策可以归纳为"重振儒术，兼用佛道"。同时根据政治的需要和统治者主观的爱好，不断调整三者的关系，以达到巩固统治的目的。

（1）**崇儒兴学思想的确立和措施**。隋唐有意重振儒术，先后采取了不少有效的措施：①提高孔子和儒生的地位；②推崇儒学，统一经学。

（2）**对佛、道教的提倡和利用**。佛教在隋唐时期走上了中国化的发展道路。隋唐大兴佛教，并注意平衡儒、佛、道三者的关系，但不过分尊崇佛教。道教是中国土生土长的宗教，受隋唐统治者的支持，空前活跃。但兼用佛教、道教是不均衡的，时有起伏。

（3）**儒、佛、道融合的趋势**。儒、佛、道三者相互斗争、相互融合，不仅开阔了人们的视野，提高了人们的思维水平，而且共同形成了隋唐时期光辉灿烂的文化。

（4）**影响**。

①**在教育制度上**，隋唐封建教育的核心是经学教育体系，同时出现了具有宗教色彩的学校，如道教的崇玄馆。

②**在教学形式和方法上**，各成体系，儒学吸收道教、佛教的教学内容、形式和方法，为书院的产生奠定了基础。

③**在教育思想上**，统治者兼重儒、佛、道，不独尊一家，隋唐的教育思想也就出现了三者杂糅的特点。

考点 2　教育管理：中央政府教育管理机构确立　⭐⭐⭐6min搞定　（名：23集美；简：21北京联合）

（1）**政府教育管理机构的确立**。

①隋唐以前中央政府没有专门主管教育的机构和官员。为了适应教育事业发展的需要，加强了对教育的领导与管理。

②**隋文帝时设立了国子寺，内设国子祭酒一人总管教育事业**。国子寺与国子祭酒的设立使我国历史上首次有了由中央政府设立的教育行政机构和首长，标志着教育发展成为独立的部门，这在中国教育史上有重大的意义。后来又将国子寺改称国子监，名称一直沿用到清朝。

③**唐代国子监统辖下属的各学校，加强对学校的领导和管理，主要管理"六学一馆"**。"六学一馆"指国子学、太学、四门学、律学、书学、算学、广文馆。另有"六学二馆"的说法，其中"二馆"指的是弘文馆、崇文馆。总之，以经学教育为主体的学校发展形成高潮。

（2）**教育管理体制的确立**。隋唐在教育管理体制上确立了两种模式：①**中央和地方分级管理的教育行政体制**。中央官学由国子祭酒负责；地方官学由地方行政长官长史负责。②**统一管理与对口管理并举，以统一管理为主**。国子监统一管理教育事业；一些专科学校由对口部门去管理，比如医学由太医署管理，音乐学由太乐署管理。突出专科性学校的专业特点，有利于专业教育的实施。

考点 3　育士制度：中央和地方官学体系的完备　⭐⭐⭐25min搞定

1. 中央官学 ⭐⭐⭐

唐代中央官学包括儒学与专门学校两类。

---
① 关于隋唐教育的特点和科举制度的影响，参考了孙培青的《中国教育史》(第一版)，此书虽是旧版，但是介绍十分详尽，非常符合答题需要，请考生放心使用。

(1) **以儒学体系为主的"六学一馆"**。国子监管理的"六学一馆"是中央官学的主干。

(2) **专门学校**。由中央的一些事业和行政事务部门结合自己的需要所办，且归他们部门管理的专门学校，如太医署的医学、东宫的崇文馆等。其中，门下省的弘文馆和东宫的崇文馆为收藏书籍、校理书籍和研究教授儒家经典三位一体的场所。

评价：总的来说，唐代中央官学较为发达，种类繁多、人数众多、等级森严、内容丰富，远远超过以往任何一个朝代。

2. 地方官学 （选：22南京师大）

(1) **内容**：唐代的地方官学也有比较完备的制度。唐代的主要行政单位是州、县，各级单位都根据其大小设立相应规模的地方官学，实行州县二级制，类型有三种——经学、医学、崇玄学，但主要还是学习儒家经典。地方学校归地方政府的行政长官长史负责，其中也包括主持考试。

(2) **评价**：唐代的地方官学也很发达，州县的学生大多是庶民子弟。学生毕业后，可升入中央四门学，或者直接参加科举考试，或者做地方官吏，或者自由择业。可以说中国封建社会的地方官学制度到唐代已得到充分的实施。

凯程助记

唐代学校教育系统	中央官学	儒学	弘文馆	门下省主办	
			崇文馆	东宫主办	
			广文馆	国子监主办	合称"六学一馆"
			国子学		
			太学		
			四门学		
		专门学校	律学		
			算学		
			书学		
		其他专门学校	医学	太医署主办	
			天文学	司天台主办	
			音乐学	太乐署主办	
			兽医学	太仆寺主办	
			崇玄学	尚书省祠部主办	
			……		
	地方官学	州学；府学；县学；乡里学校			

凯程提示

在汉代，太学是最高教育机构，而到了唐代，国子学的地位超过太学，成为最高教育机构，这一点考生要记清楚。此外，中央所属的"六学一馆"具体指什么，考生也要记清楚。注意崇文馆是东宫所属，不是中央所属。书学、律学和算学是专门学校。

3. 学校教学管理制度齐备 （简：18辽宁师大；论：15福建师大，18河北）

(1) **入学制度**。唐代中央官学实行等级入学制度，对申请入国子监的学生有一定的年龄限制。

(2) **学礼制度**。定期的礼仪活动能使学生受到崇儒尊师、登科从政的教育，对学生进行思想熏陶。例如，束脩之礼、国学释奠礼、贡士谒见及使者观礼等。

(3) **教学制度**。学校教学内容具有具体性和专业性，学校类型不同，教学内容不同。例如，国子学、太学、四门学主要学习儒家经典，律学主要学习唐律令。各类学校都规定了各门课程的修业年限。

(4) **考核制度**。考试主要有旬试、月试、季试、岁试和毕业试。

(5) **督责与惩戒制度**。国子监主簿负责执行学规，督促学生勤学，保证国子监的教学和生活秩序。

(6) **休假制度**。常规的休假包括旬假（每10日一休沐日）、田假（15天）和授衣假（15天）。

凯程助记 入学有限制，学礼需定期，教学很专业，考核较频繁，督责惩戒必须有，休假不可少。

4. 私学发展 （论：19福建师大）

(1) **隋唐私学兴盛的原因**：①唐代明文鼓励私人办学；②在太平年代，人们渴求文化；③科举考试刺激了私学的发展；④私学本身灵活多样，富有活力；⑤隋唐经济的繁荣，是民间私学发展的基础。

(2) **隋唐私学的分类**：隋唐私学的特点是层次不同、办学灵活、机构简单、形式多样、内容丰富、覆盖面广，有很强的自由性和自治性。私学是唐代教育制度中不可或缺的组成部分。私学在教学程度上分为初级私学和高级私学。

①**初级私学**：进行启蒙识字教育和一般的生活、伦理常识教育，而且没有成文的规定。

②**高级私学**：以有一定文化基础的青年为教育对象，要求其进一步接受专业的教育；以教师为中心，自由设置。开办私学的人主要是学有专长且具有一定学术素养的人。这种高级私学到了唐代后期，逐渐成为书院的萌芽。

(3) **唐代书院的萌芽**。

①**简介**：书院是中国封建社会自唐末以后的一种重要的教育组织形式。它以私人创办和组织为主，将图书收藏、教学、研究合为一体，是相对独立于官学之外的民间性学术研究和教育机构。书院产生于唐代，发展于五代，繁荣和完善于宋朝。

②**性质**：唐代的书院是由私人读书、藏书的场所演化为讲学授徒的场所而产生的。既有藏书，又有教学活动的书院，才是名副其实的书院。

③**典型书院**：a.由中央政府设立的主要用作收藏、校勘、整理图书的机构，如唐代的集贤殿书院、丽正修书院，其性质相当于皇家图书馆。b.民间设立的主要供个人读书治学的地方，如李秘书院、松洲书院等。

(4) **唐末出现书院萌芽的原因**：①社会动荡，官学衰落，士人失学；②我国有源远流长的私学讲学传统；③受佛教禅林制度的影响；④由于印刷术的发展，书籍大量增加。

(5) **意义**：唐代官学的发达与完备并没有妨碍私学的发展，官学与私学相互补充，共同构成了唐代的封建教育体系。

5. 学校教育制度的特点 （简：5+学校；论：18哈师大、山西）

(1) **学校体系的形成**。

唐代的中央官学作为综合的高级学府具有经科、法科、实科，附设的专科学校也较充分地发挥行政机关事务部门的作用，培养多种专门人才。地方官学向中央官学选送学生，使地方官学与中央官学衔接。官学以私学为基础，吸纳私学输送优秀学生。私学与官学并存，私学承担基础教育与专业教育两层次教育任务。在教育行政上，官学是教育的主干，私学是官学的重要补充。这一古代学校教育体系的形成，对中国封建社会后期的教育产生了重要影响。

(2) 教育行政体制分级管理的确立。

隋代开始加强对教育事业发展的管理，中央官学由附属机构转为独立机构，从太常寺分离，国子学改称国子监。国子监既是国家最高学府，也是中央政府教育行政机构。从此国家实行分级管理的教育行政体制，中央官学由国子监祭酒负责管理，地方官学由州县长官负责管理。而专科性学校则归对口的行政部门管理，以利于专业教育的实施。简而言之，中央和地方分级管理；统一管理与对口管理并举，以统一管理为主。

(3) 学校内部教学管理制度及法规的完善。

隋唐时期对过去学校教学的规定和惯例加以梳理，按现实的需要，做了新的规定与修订，使入学资格、学校礼仪、专业教学、成绩考核、违规惩罚、休假处理等方面都纳入法制轨道，此后可依法制对学校教学进行管理。

(4) 专业教育的重视。

由于统一的中央集权国家需要大量人才，才能满足行政管理和事业发展的需要，所以在国子监添设算学专科，以培养算学的专门人才，在太医署附设医药专科，以培养医药专门人才，还有其他一些专科教育。从教育制度发展过程来考察，这是实科教育的首创。

(5) 学校教育与行政机构及事务部门的结合。

一些事务部门，如司天台、太医署、太仆寺等，负起双重任务，既为政府进行专业服务，又担负起培养专业人才的任务，事务部门提供培养这类人才所需要的师资、设备、实习的场所，学生在这种条件下学习，可以更好地把专业知识学习与专业实践密切结合起来。

(6) 学校制度表现出明显的等级性（补充知识点）。

唐代政府明文规定了各级各类学校招生的身份标准，将教育的等级以法令形式加以制度化。如中央官学中的"六学一馆"实行较严格的等级入学制度，由学生出身门第的高低、父祖辈官位的品级决定进入相应的学校。四门学接受文武官七品以上及侯伯子男子之为生者，或庶人子有文化知识经考试选拔为俊士者；律学、书学、算学接受文武官八品以下子及庶人子之通其学者为生；广文馆接受将应进士科考试者申请附监读书备考。

凯程助记

学校教育体系（形成）；教育行政体制（分级）；学校教学管理（完善）；重视专业教育（人才）；教育行政事务（结合）；学校制度表现（等级）。

经典真题

》名词解释　国子监（23 集美）

》简答题

1. 简述隋唐时期的学校教学管理制度。（18 辽宁师大）
2. 简述隋唐时期学校教育制度的特点。（11 云南师大，14 聊城，16 安徽师大，20 浙江师大，22 西北师大、河南科技学院，23 湖州师范学院）
3. 简述中国古代学校发展到唐朝日趋完备的主要表现。（23 新疆师大）

>> **论述题**

1. 论述隋唐私学的发展。（19 福建师大）
2. 论述唐代学校教育管理制度的特点。（15 福建师大，18 河北）
3. 论述唐代教育制度的特点。（18 哈师大、山西）

考点 4　选士制度：科举制度的建立　★★★★★　23min搞定　（名、简、论：50+ 学校）

1. 科举制度的产生与发展 ★★★

科举制度产生于隋代，发展于唐宋，是我国封建社会中持续时间最长、影响范围最广的选士制度。科举制度是以考试为主，举荐为辅的选拔人才的制度。科举制度是隋代的一大创举，经唐、宋、明、清各朝代的发展逐渐完备，于清末1905年废除，共存在了1300年，对封建社会产生了重大影响。隋朝进士科的设置，标志着科举制度正式产生。

（1）隋朝科举制度产生的原因。（论：21 闽南师大）

①隋朝统一封建国家后，为了巩固政权，迫切需要大量德才兼备的人充任官吏。

②在改朝换代的过程中，豪门士族的势力日益衰落，庶族地主的经济力量得到巩固和发展，庶族地主希望参与政治、分享权力，科举制度为此提供了通道。

③九品中正制仅凭门第取士，不适应隋朝社会发展的要求，淘汰九品中正制势在必行。

④曹魏时已经有了不全凭门第的考试选士方法，隋朝时将此方法加以改造并扩大其规模，逐步向科举制度迈进，科举制度应运而生。

（2）唐朝科举制度的发展。

①唐太宗时实行偃武修文的国策，一方面扩建校舍，振兴教育，保证科举取士的质量与数量；另一方面开科取士，网罗人才，控制人们的思想，巩固统治。这一时期学校教育和科举考试都得到了较快的发展。

②唐高宗规定，科举考试者必学《孝经》与《论语》。

③武则天轻视学校教育，重视科举，开创了科举考试中殿试的形式，开武举选军事人才的先例，实行糊名考试的办法。

④唐玄宗时，科举制度以儒家经典为主，考试形式、科目业已定型，发展成为一种完备的选士制度。

2. 考试的程序、科目和方法 ★★★

（1）科举考试的程序。

①**考生来源：** 唐代参加科举考试的考生主要有两个来源，一是生徒，二是乡贡。

②**考试程序：** 乡试—尚书省礼部举办的省试—吏部试。

（2）科举考试的科目。 唐代科举分文科举和武科举两大类，文科举又分常科和制科两种；武科举由武则天设立，兵部主考。

①**常科每年定期举行，常设科目有秀才、明经、进士、明法、明字、明算六科**。经常举行的又受士人重视的，仅明经、进士两科，这两科考试以儒家经典为核心内容，以《五经正义》为标准。

a. 秀才科注重筛选博识高才、出类拔萃的人物，隋唐皆以此科为最高、最难的科目，但后来此科被废除。b. 明经科注重考核儒家经典，考试形式有帖经、口试、时务策，最重视的是帖经，主要考查记忆能力。c. 进士科注重诗赋，主要考查写作能力和应变能力，考试要求比明经科高，待遇比明经科好。d. 明法科主要考查关于法令的知识。如考律令、朝廷刑法和国家组织制度等。e.明字科主要考查关于书学的知识。如考核文字、训诂知识和书法等。f.明算科主要考查关于数学的知识。如考核算术，要求详明术理等。

②**制科不定期举行，由皇帝亲自主持，生源不受等级限制，但地位不如常科。**

（3）**科举考试的方法**。唐代科举考试的方法有帖经、墨义、口试、策问、诗赋五种。

①**帖经**。各科考试中普遍应用的方法，类似于如今的填空考试，侧重考查考生的记诵能力。

②**墨义**。一种简单的对经义的笔试问答，主要考查记忆能力。

③**口试**。一种简单的对经义的口头问答。

④**策问**。考查一个人治国安邦的才能，题目的范围是人事政治，也称方略策、时务策。

⑤**诗赋**。要求考生当场写作诗、赋各一篇，主要考查学生的文学修养和文学创作能力。

3. 科举制度与学校教育的关系 ★★★★★（简、论：10+ 学校）

科举制度是选拔人才的制度，学校教育是培养人才的方式。在科举制度产生以前，选士制度和育士制度基本上是脱节的，科举制度的产生将二者紧密地结合在一起。

（1）**科举制度促进学校教育的发展**。

①**科举制度刺激了人们学习的积极性，促进了学校教育的发展**。学校根据科举考试的要求来组织教学活动，科举考试又是学生做官的必由之路。

②**学校教育培育人才参加科举选拔**。学校为科举制度输送了考生，促进了科举制度的发展。

（2）**科举制度与学校教育也相互制约彼此的发展**。

①**学校教育是科举制度的基础**。学校教育的兴衰直接影响科举取士的质量和数量。

②**科举考试是学校教育的指挥棒**。科举取士的标准和方法影响着学校教育的培养目标、教学内容和教学方法以及学校的地位等。

a.**科举考试影响学校教育的培养目标**。读书做官成为士人的普遍追求，办学者为了适应学生的需要，也必然以科举考试为办学的重要目标，以学生能登科及第为办学成功的标准。

b.**科举考试影响学校的教学内容和教学方法**。科举考试的出题习惯和方式影响着学校的教学方法，科举考什么学校就教什么。除唐代算学科外，科举考试基本排斥了所有自然科学方面的知识，这导致中国轻视科学知识，阻碍了社会的发展。

c.**科举考试影响学校的地位**。封建社会后期，学校教育逐渐成为科举制度的附庸。在科举制度的影响下，学校成为"声利之场"，逐渐丧失作为教育机构的独立性。

（3）**分析学校教育成为科举制度附庸的根本原因**。

决定封建学校教育发展的终极因素是封建社会的政治、经济、文化，科举制度只是一个辅助因素，并非科举制度的产生导致学校教育的衰落。当统治者偏重科举制度时，就用科举制度来操纵学校教育的发展，使学校成为科举制度的附庸。当统治者采用合理的方式去平衡二者，则二者相互促进，共同巩固封建统治。

4. 科举制度的影响 ★★★★★（简、论：35+ 学校）

科举制度是中国封建社会的选士制度，在历史上存在了 1 300 年，对我国后世产生了深远的影响。虽最终被废除，但其存在有一定的合理性。

（1）**积极作用**。

①**有利于加强中央集权**。a.中央政府掌握选士大权，有利于加强中央集权。b.官吏经考试选拔，提

高了官吏的文化修养，有利于国家长治久安。c.士子通过科举获得参政机会，扩大了统治基础。d.科举制度统一思想，笼络人心，缓和阶级矛盾，维护了国家的稳定与发展。

②**使选士与育士紧密结合**。a.促使社会形成良好的学习风气。b.促进人们的思想统一于儒学，结束思想混乱的局面。c.刺激学校教育的发展，有利于教育的普及。d.种类繁多的考试科目扭转了人们重文轻武的思想。

③**使选拔人才较为公正客观**。a.重视人的知识才能，而非门第。b.考核策问与诗赋，有利于检验人的能力。c.我国是世界上最早实行文官考试制的国家。

（2）**消极作用**：从整个发展历程看，科举制度从隋唐到宋朝，积极作用大于消极作用；到了明清时期，消极作用日趋明显，最终被社会所淘汰。

①**国家只重科举取士，忽略了学校教育**。学校成为科举考试的预备机构，失去了相对独立的地位和作用，成为科举制度的附庸。

②**科举制度具有很大的欺骗性**。a.主观随意因素会影响评分的客观性。b.考官受贿和考试作弊现象严重。c.诱骗知识分子为功名利禄而学习，大部分考生将终生时间浪费在科场上。

③**科举制度束缚思想，败坏学风**。a.导致学校形成教条主义、形式主义的学习风气。b.影响中国知识分子的性格，使他们重权威轻创新、重经书轻科学、重书本轻实践、重记忆轻思考，形成了独立性弱、依赖性强的性格特征。c.形成了功利色彩浓重的畸形读书观、学习观，如"万般皆下品，唯有读书高""书中自有黄金屋，书中自有颜如玉"等，这些思想长期束缚人心。

凯程助记

科举制度的影响

积极作用	加强中央集权；选士与育士紧密结合；选拔人才较为公正客观
消极作用	忽略学校教育；欺骗性；束缚思想，败坏学风

凯程提示

我国古代选士制度的演变：察举制—九品中止制—科举制。

经典真题

›› 名词解释

科举制（12 天津师大、浙江师大、湖南师大，13 延安，14 河南师大，14、15、19 湖北，15 湖南科技，15、16、17 南京航空航天，16 西南，17 沈阳师大，21 湖北、云南，22 重庆师大，23 吉林师大、西华师大、齐齐哈尔）

›› 简答题

1.简述科举制与学校教育的关系/简述科举制度对学校教育的影响。（11 江苏师大、北京航空航天，15 温州，15、18 重庆师大，18 青海师大、宁波、合肥师范学院，21 东北师大，22 洛阳师范学院、宝鸡文理学院）

2.简述（隋唐/唐代）科举制的影响和作用。（10 杭州师大，12、14、16、18 华南师大，13 辽宁师大，16 江苏师大、贵州师大，19 四川师大，21 海南师大、新疆师大）

3. 简述科举制。（20 湖北）

>> 论述题

1. 论述科举制度的演变、影响及对高考改革的启示（利弊及对高考的启示）。（19 西北师大，20 贵州师大，23 杭州师大、延安）
2. 试论述科举制的作用及其影响（积极意义及局限性）。（10 南京师大，11 曲阜师大，11、16 鲁东，12 华东师大，14 上海师大，15 宁波、中国海洋、中央民族，16 北华、延安，17 扬州、延边，19 华中师大，20 石河子、温州、中央民族，23 广东技术师大）
3. 试论隋唐科举制与学校教育的关系，并分析其在历史上的影响。（10 苏州，14 内蒙古师大、江苏师大）
4. 论述科举制产生的原因和影响。（21 闽南师大）
5. 阐释科举考试方法的价值。（22 中央民族）

第三节　魏晋南北朝与隋唐时期的教育思想

考点 1　颜之推的教育思想　12min搞定　（简：19 贵州师大）

1. 颜之推与《颜氏家训》　（名、简、论：20+ 学校）

颜之推，字介，梁朝金陵（今江苏南京）人。颜之推根据自己的经历和体验，写出了我国封建社会第一部系统完整的家庭教科书——《颜氏家训》，用以训诫其子孙。这部著作是我们了解颜之推的教育思想的主要依据。它不仅有助于我们研究颜之推在儿童教育、学习方法等方面的某些真知灼见，也向我们展示了封建士族教育腐败的一面。

2. 论士大夫教育

（1）士大夫必须重视教育。

①**在教育作用上，颜之推有"性三品"说，认为性的品级与教育有直接关系**。他说："上智不教而成，下愚虽教无益，中庸之人，不教不知也。"这种观点在理论上并没有什么进步性，但这是他强调士大夫教育作用的理论依据。

②**接受教育是维护士大夫原有社会地位的必要手段**。在接受教育与个人前途的利害关系上，颜之推说明了士大夫接受知识教育的必要性。

③**接受教育也是人民谋生的手段**。颜之推从"利"的角度，从知识也是一种谋生手段等方面论述了知识教育的重要性。

（2）教育的目标在于培养治国人才。

颜之推主张要抓好士大夫教育，培养对国家有实际效用的各方面人才。各种专门人才的培养，要依靠各种专才的教育。颜之推的这个观点，冲破了儒家培养较抽象的君子、圣人的教育目标，不再局限于道德修养和"化民成俗"的方面，更重要的在于对各种人才的培养。

（3）"德"与"艺"是教育的主要内容。

士大夫教育的目的，就是要培养统治人才，而统治人才必须"德艺周厚"，因此，士大夫教育的主要内容，也应包括德、艺两个方面。

---
① 关于韩愈的人性论同时参考了王炳照的《简明中国教育史》（第四版）第五章相关内容。

①在"德"方面，颜之推认为树立仁义的信念是德育的重要任务，而实践仁义则是德育的最终目的。

②在"艺"方面，颜之推主张以广博的知识为教育内容，以读书为主要教育途径。"艺"的内容除了经史百家等书本知识，还应包括士大夫在社会生活中所需要的"杂艺"，即琴、棋、书、画、数、医、射、投壶等，这些技艺在生活中有实用意义。值得一提的是，颜之推提出士大夫应重视农业生产知识，但仅限于对这一知识的认识，而不是要求去亲自耕作。

③"德"与"艺"的关系：**相互联系**。道德教育是根本，知识教育是道德教育的基础，为道德教育服务。

3. 论家庭教育 ★★★★★ （简、论：10+ 学校）

颜之推非常重视儿童教育，尤其注重儿童的早期教育。他认为应该及早对幼儿进行教育，而且越早越好。

(1) 重视儿童早期教育的原因。

①儿童年幼，心理纯净，各种思想观念还未形成，可塑性大，容易受教育和环境影响。

②儿童年幼，受外界干扰少，精神专注，记忆力好。

(2) 儿童教育的原则与方法。

①（严慈相济不溺爱，树立威严可体罚。）严慈相济，又有威严的教育才能使子女成器。

②（切忌偏宠不偏爱，同样爱护与标准。）对所有子女给予相同的爱和教育标准。

③（通用语言不方言，语言教育有规范。）重视规范地使用通用语言，而不应强调方言。

④（道德教育重风化，示范孝悌和立志。）父母要以示范的方式潜移默化地进行道德教育。

⑤（勤学切磋重交流，读书实践靠眼学。）"眼学"主要强调亲自阅读和亲自实践。

⑥（及早施教重环境，家庭教育不可少。）人们应该及早对幼儿进行教育，而且越早越好。

⑦（学习态度要端正，不为做官和阔论。）他要求学习者必须端正学习动机。

> **凯程助记**
>
> 助记1：不论答颜之推的家庭教育，还是儿童教育，还是士大夫教育，考生都需要作答颜之推的所有教育思想，因为他的家庭教育（儿童教育）特指士大夫教育。
>
> 助记2：
>
> 颜之推的士大夫教育、家庭（儿童）教育
> - 士大夫教育
>   - 重要性："性三品"说 + 维护地位 + 谋生手段
>   - 教育目标：培养治国人才
>   - 教育内容："德艺周厚"
> - 家庭（儿童）教育
>   - 原因：可塑性大，记忆力好
>   - 原则与方法（助记口诀已在正文第一句呈现）

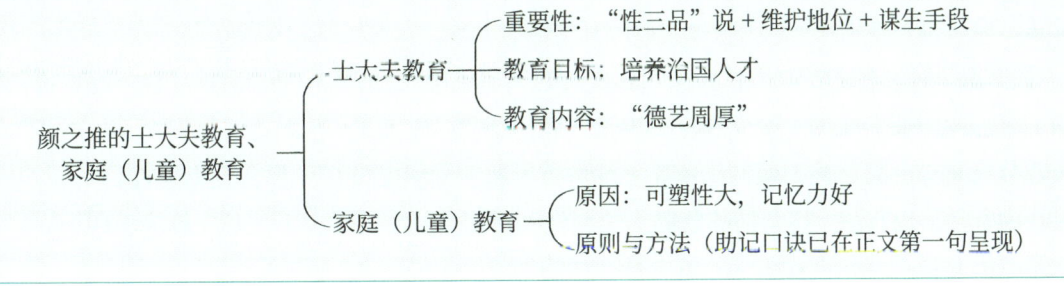

4. 评价

(1) 意义： 颜之推的教育思想是当时社会现实的反映与他自己治学治家经验的结晶。他揭露了士大夫教育的腐朽，强调培养对国家有实际效用的各方面的专门人才。在家庭教育上提出了许多有益的思想，如高度重视早期教育的重要意义，爱子与教子相结合的思想，直到今天仍有一定的借鉴意义。

(2) 局限： 颜之推不放弃棍棒教育的主张，使其家教理论具有明显的封建专制主义的色彩，体现了其历史局限性。

经典真题

▸▸ 名词解释

《颜氏家训》(11 福建师大，12 中南、闽南师大，13、20 中央民族，14 浙江师大、苏州，15 天津师大，17、21 中国海洋，19 北师大，20 湖南、中央民族，22 吉林师大，23 安徽师大)

▸▸ 简答题

简述颜之推的家庭教育思想（儿童教育思想）。(13 哈师大，17 内蒙古师大、延安，19 安徽师大、贵州师大，20 西安外国语，21 青海师大、山西师大、沈阳师大，22 中国海洋、鲁东，23 江西师大)

▸▸ 论述题 论述颜之推的家庭教育思想。(18 中央民族，23 温州)

考点 2 韩愈的教育思想 18min搞定 （简：20 青海师大；论：21 郑州）

韩愈，字退之，自称"郡望昌黎"，世称"韩昌黎""昌黎先生"，唐代中期官员，著名的文学家、思想家、教育家。韩愈站在维护皇权的立场上，极力维护儒家的道统及其独尊地位，可以说是"重振儒学的卫道者"。

1. 道统说

（1）**在思想文化方面，韩愈主张复兴儒学**。他认为要维护国家统一，反对藩镇割据，就必须以孔孟之道为思想支柱，发出"尊孔孟、排异端"的号召，尤其反对佛教。他认为，儒学纲领是仁义道德，这既是先王之道，也是先王之教。

（2）**在道德规范方面，他把仁义与道德并提，基本内容是仁义**。他把仁义道德说成历代圣人相互传授的传统，排出儒家圣人的序列，以表示儒道的源远流长，有传承的系统，在中国历史上居于正统地位。他特别推崇孔子和孟子，认为孟子之后，圣人之道无人继传。他鼓起任道的勇气，想要挽救先王之道，再兴而传。

综上，故称韩愈为"重振儒学的卫道者"。其道统学说的建立，加强了儒学在民族文化中居主导地位的意识。

2. "性三品"说与教育作用 （名：15 南昌）

（1）**"性三品"说**。韩愈的《原性》从唯心主义的天命论出发，继承了董仲舒的"性三品"说，提出"性三品"的主张，为宋朝朱熹的"明天理、灭人欲"做了铺垫。

① **人性分三品**。上品之性为善性；中品之性可善可恶，尚未定型；下品之性为恶性。

② **人性中有性，也有情，性是情的基础**。情与性相对应分为上、中、下三品，具体表现为喜、怒、哀、惧、爱、恶、欲七种。有什么样的性，就有什么样的情。

③ **性可移，但性的品级不可移**。三品之人，都固定在天生的"品"的界限内，是"不可移"的。

（2）**教育作用**。

① **人性决定教育所起的作用**。a. 上品之人，教育帮助他们的仁义天性得到发扬。b. 中品之人，教育帮助他们的品性向上品靠拢。c. 下品之人，教育对他们的作用甚小，刑罚却能保证他们遵守社会秩序。可见，人性是决定教育发展的主要因素，教育只能在人性品位内发生作用。

② **人性规定了教育的权利**。"上者可教，而下者可制也"，这一思想论证了只有统治阶级才有享受学校教育的权利，教育的作用是有限的，没有必要普及教育。

③**人性决定教育的主要内容**。人性以仁、义、礼、智、信为内容，教育要发挥人内在的善性，就要以五常道德教育为主，儒家经典是最好的教育内容。这种主张和他捍卫儒学、反对佛老的思想路线是一致的。

（3）评价。

①**韩愈的人性论把封建的仁、义、礼、智、信等道德原则说成人的本性**，并作为区分善恶的标准，使人们遵从道德原则的制约，从而达到维护封建社会秩序的目的。

②**韩愈对教育作用的论述具有唯心主义色彩**。韩愈认为教育只能在人的品位内发挥作用，一方面为封建教育的等级性做出合理论证，另一方面也体现教育的作用是有限的，这是一种倒退的思想，也是一种唯心主义的人性论。

③**韩愈也为多数人可以接受教育提供了理论依据**。韩愈认为绝大多数人都是中品之性，应该接受教育，为广大的普通人接受教育提供了理论依据。

3. 论人才的培养与选拔 ★★★ （论：23湖南科技）

（1）**用德礼而重学校**。韩愈继承儒家德治的思想，把教育作为首要的政治工具。要实行德治，必先德礼而后刑法。强调德礼，必然重视以学校教育为重要政治工具。

（2）**学校的任务在训练官吏**。学校是宣扬封建道德的中心，又是训练封建官吏的机构。中央官学是补充官员的重要来源，应选拔最优异的人才来加以训练。

（3）**整顿国学**。

①**在调整招生制度方面，稍微放宽入学的等级限制**。太学由文武五品之子放宽为八品之子可入学，四门学由七品之子改为有才能艺业者也可以入学。入学的等级虽然放宽了，但等级制还在，依旧保留贵族官僚的教育特权。

②**在选任学官方面，主张以实际才学为标准选任学官**。新学官一概拔用儒生，经过考试合格，才能正式委任。

③**在转变学风方面，以恢复教学秩序为首要**。原来国子监纪律松弛，教学几乎停顿。韩愈上任后，恢复定时的教学活动，还有经常性的会讲，开展师生研讨，提高学生学习的积极性，形成学习新风尚。

（4）**恢复发展地方学校**。韩愈注意到州学荒废，礼教未行，要求恢复地方官学，恢复州学，并聘请学官，帮助筹集经费。

4. 师道观 ★★★★★ （名、简、论：10+学校）

韩愈的《师说》是中国古代第一篇集中论述教师问题的文章，提倡尊师重道，既肯定教师的主导作用，又强调师生相互尊重与学习，提倡建立平等的师生观。

（1）**教师的地位**：韩愈得出了"人非生而知之者"的论点，强调后天学习的重要性，认为后天学习一定要有教师的指导，教师是社会所必需的。

①**学生方面，学生要学知识，就应该尊师重道**。因为教育的过程是一个先觉传后觉、先知传后知的过程，教师闻道在先，在教学活动中起主导作用，所以学生求教，首先就要尊重教师。

②**政治方面，"天地君亲师"，师道体现君道，能尊敬师长，就能效忠皇帝**。这是他提倡师道的深层原因。

③**社会方面，儒家道统衰落，需要教师守卫儒家道统**。安史之乱后，国运转衰，儒学失去了宣传阵地，佛、道二教势力膨胀，其重要性超过儒学，韩愈提出通过尊师重道来维护儒家的道统，重振儒道，抵制佛教和道教的思想。总之，尊师即卫道，"道"是封建道德的最高境界。

(2) 教师的任务。

①**任务：**"传道、授业、解惑"。"传道"指传授儒家仁义之道，"授业"指讲授儒家"六艺"经传和古文，"解惑"指解答学生的疑问。"传道"是首要任务，"授业"和"解惑"是过程与手段。

②**影响：**韩愈在历史上首次提出教师的基本任务，强调了教师的主导作用，其影响延续到现代。

(3) 教师的标准。

①**标准：**以"道"为求师的标准，主张"学无常师"。韩愈认为，求师的目的是学"道"，办法是"学无常师"。"道之所存，师之所存。"

②**影响：**韩愈提出的学无常师、有道为师的观点，对促进思想文化的交流有积极意义。

(4) 师生关系。

①**内涵：**韩愈提倡"相师"，建立民主性的师生关系。"是故弟子不必不如师，师不必贤于弟子。闻道有先后，术业有专攻，如是而已。"也就是说，师生的关系是相对的，在一定条件下可以互相转化。

②**影响：**这种含有辩证法因素和民主色彩的师生观，极大地丰富了我国古代的教育理论。

总之，韩愈是唐代后期儒学教育思想的主要代表。他在反对佛道、反对轻视教育、反对旧的社会习俗的斗争中，形成了具有一定进步性的教育思想，并产生了广泛的影响，对其进行评价时不能忽视历史条件和实际影响。

凯程提示

《师说》是中国历史上第一本集中论述师道的专论。韩愈认为，仅仅传授章句之类，算不得为"师"，只有传授"道"，才是教师应尽的职责。

凯程助记

论师道	教师地位	教师是社会所必需的，应尊师重道
	教师任务	传道、授业、解惑
	教师标准	以"道"为求师的标准
	师生关系	民主性的师生关系

经典真题

›› 名词解释　《师说》（15 华东师大，23 鲁东）

›› 简答题

1. 简述韩愈的师道观及其现实价值。（10 渤海，11 山西师大，15、18 扬州，17 东北师大、安徽师大、宁波、沈阳师大，18 信阳师范学院、北师大、湖南农业，20 西北师大、鲁东，23 苏州、天津师大、河南师大）

2. 简述韩愈的教育思想。（20 青海师大）

3. 简述韩愈的学习观。（19 北华）

4. 简述韩愈的"性三品"说和教育作用。（22 江西师大）

5. 从教育思想发展史来看，韩愈的《师说》在当时是具有新意的，具体表现在哪些方面？（22 内蒙古师大）

6. 简述韩愈《师说》的教育思想在历史发展中的理论意义。(23 云南师大)

7. 简述韩愈关于人才培养与选拔的教育思想。(23 中国海洋)

▶▶ 论述题

1. 试论述孔子和韩愈的教师观。(10 沈阳师大)

2. 论述韩愈的师道观及其现实价值。(13 中南,16 中国海洋,20 湖南科技)

3. 论述韩愈人才观对教育的启示。(23 湖南科技)

4. 论述韩愈的教育思想。(23 天水师范学院)

第五章 宋元时期的教育
——理学教育思想和学校的改革与发展[1]

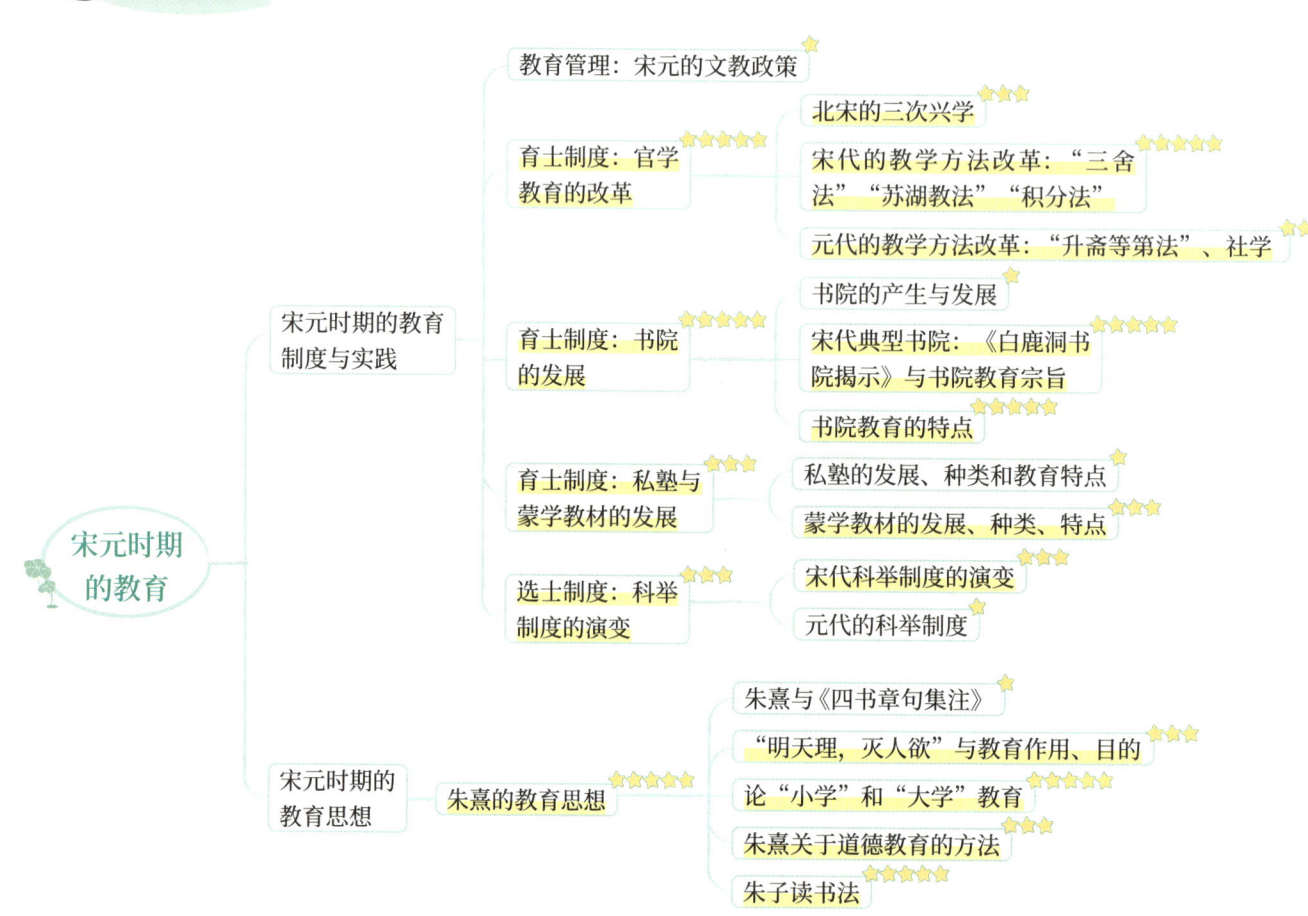

考情分析

第一节 宋元时期的教育制度与实践

考点1 教育管理：宋元的文教政策

考点2 育士制度：官学教育的改革

考点3 育士制度：书院的发展

考点4 育士制度：私塾与蒙学教材的发展

考点5 选士制度：科举制度的演变

第二节 宋元时期的教育思想

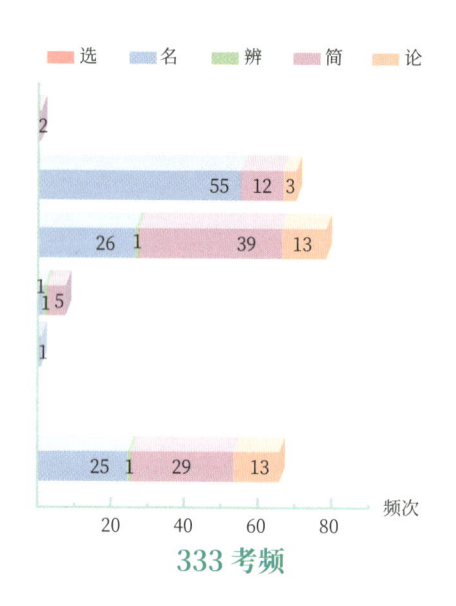

考点1 朱熹的教育思想

知识框架

宋元时期的教育
- 宋元时期的教育制度与实践
  - 教育管理：宋元的文教政策
  - 育士制度：官学教育的改革
    - 北宋的三次兴学
    - 宋代的教学方法改革："三舍法""苏湖教法""积分法"
    - 元代的教学方法改革："升斋等第法"、社学
  - 育士制度：书院的发展
    - 书院的产生与发展
    - 宋代典型书院：《白鹿洞书院揭示》与书院教育宗旨
    - 书院教育的特点
  - 育士制度：私塾与蒙学教材的发展
    - 私塾的发展、种类和教育特点
    - 蒙学教材的发展、种类、特点
  - 选士制度：科举制度的演变
    - 宋代科举制度的演变
    - 元代的科举制度
- 宋元时期的教育思想
  - 朱熹的教育思想
    - 朱熹与《四书章句集注》
    - "明天理，灭人欲"与教育作用、目的
    - 论"小学"和"大学"教育
    - 朱熹关于道德教育的方法
    - 朱子读书法

---

[1] 本章全部参考孙培青的《中国教育史》（第四版）第七章。

第一节　宋元时期的教育制度与实践

考点 1　教育管理：宋元的文教政策　5min搞定

1. 宋朝的文教政策与官学体制　（简：15 南京航空航天，23 湖南师大）

宋初推行了"兴文教，抑武事"的政策，具体表现在以下四个方面：

(1) **重视科举，重用士人**。北宋统治者为巩固政权，一方面迫使将帅交出兵权；另一方面重用文人，让他们充任全国各级政权的官吏。因为政治上迫切需要文人，所以利用科举考试大量取士。

(2) **"三次兴学"，广设学校**。宋初通过科举考试选拔人才，但忽视了兴建学校以培育人才，一些有识之士意识到需要广设学校培育人才。因此，自庆历四年起，宋朝历史上先后出现三次著名的兴学运动。

(3) **尊孔崇儒，辅以佛道**。宋朝统治者尊孔崇儒，提倡佛道，在其积极倡导下，儒、佛、道逐渐走上了融合的道路，最终孕育出以儒家思想为主体，糅合佛、道思想的新思想体系——理学思想。

(4) **理学兴盛，书院兴盛**。北宋初年由于官学停顿，书院有很大的发展。

2. 元朝的文教政策与官学体制

元朝采用"遵用汉法"的文教政策。元朝政府一方面采用武力镇压和民族歧视的政策；另一方面极力笼络汉族地主阶级及知识分子，重视政治思想和文化教育方面的控制，以巩固政权。具体措施主要有：①笼络汉族士人；②尊孔；③尊崇理学。

考点 2　育士制度：官学教育的改革　★★★★　35min搞定

1. 北宋的三次兴学　★★★　（名：22 集美；简：5+ 学校；论：10 福建师大，20 浙江海洋）

北宋实行崇文政策，重视通过科举制度网罗人士，但忽视了兴学育才，学校教育受到很大冲击，国家深感人才匮乏。所以"兴文教"的政策在宋初80多年的时间里，主要表现为重视科举选拔人才，之后这个政策的侧重点转移到兴学育才。宋朝历史上先后出现了三次兴学运动，意在改革科举，强化学校教育。

(1) **第一次兴学：由范仲淹在宋仁宗庆历四年主持，史称"庆历兴学"**。

①普遍设立地方官学。规定应试科举的士人须在学校习业三百日方许应举，以此保障学校正常教学秩序。

②改革科举考试。停帖经和墨义，着重策论、诗赋和经学。明法科试断案，重视实践能力。

③创建太学。将胡瑗的"苏湖教学法"引进太学，创立分科教学和学科的必修、选修制度，体现对当时教育空疏、流于形式的批判。

结果：庆历新政实施不过一年多，便在旧官僚权贵集团的强烈反对下宣告失败，兴学也宣告夭折。但它促成了宋朝学校教育的兴起，且其余波荡漾不息。

(2) **第二次兴学：由王安石在宋神宗熙宁年间主持，史称"熙宁兴学"**。

①改革太学，创立"三舍法"。"三舍法"将太学分为外舍、内舍和上舍，学生依据成绩依次升舍的制度。

②恢复和发展州县地方学校。一是设置学官全权负责管理当地教育，地方当局不得随意干预学校事务；

二是朝廷为地方学校拨充学田，从而在物质条件上为州县学校的维持提供了保障。

③**恢复与创立武学、律学、医学等专门学校，以培养具有一技之长的人才。**

④**编撰《三经新义》，作为统一教材。**为了统一经学，熙宁六年设经义局，王安石主持修撰《诗经》《尚书》《周礼》，合称《三经新义》。《三经新义》由朝廷正式颁行，成为官方考试、讲经所依据的标准教材。

结果："熙宁兴学"也同样因为王安石被逐出朝廷而半途夭折，但是它将北宋教育事业向前推进了一大步，并对后来的兴学运动产生了深刻影响。

（3）**第三次兴学：**由蔡京在宋徽宗崇宁年间主持，史称"崇宁兴学"。

①**全国普遍设立地方官学。**至此，形成了遍布全国州县的学校网络，无论是在数量、规模上，还是在分布的范围上，都远远地超过了以往任何一次兴学。

②**建立县学、州学、太学三级相联系的学制系统。**县学生考试升入州学，州学生每三年根据考试成绩升入太学的不同斋舍，成绩上等者升上舍，中等者升下等上舍，下等者升内舍，其余升外舍。这种学制系统对元、明、清的学校教育影响深远。

③**新建辟雍，发展太学。**崇宁元年营建辟雍，也叫"外学"，作为太学的外舍。同时在太学实行"三舍法"和积分法，增加了学生的数量。

④**恢复设立医学，创立算学、书学、画学等专科学校。**崇宁年间的画学是中国古代唯一举办过的专门美术学校。

⑤**罢科举，改由学校取士。**这是对取士制度的重大改革。

评价：北宋的三次兴学，虽然前两次均未取得预期的效果，但都不同程度地将宋朝的教育事业向前推进了一大步。第三次兴学对宋朝教育事业发展的促进作用更是超过前两次。因此，这三次兴学都是北宋文教政策最直接、最重要的体现。

凯程助记

内容	庆历兴学	熙宁兴学	崇宁兴学
太学	创建太学，苏湖教学法	改革太学，三舍法	新建辟雍，积分法
地方官学	普遍设立	普遍设立	普遍设立
科举制度	改革科举，停帖经、墨义	改革科举，《三经新义》	停止科举，学校取士
专科学校	—	创立武学、律学、医学等	创立算学、书学、医学、画学等
学制系统	—	—	县学、州学、太学三级相联系

规律：①三次兴学都有前三条，都是有关太学、官学、科举制度的改革，且不断演进，结合时代背景推理演进的过程，就会方便记忆；②后两次兴学都有第四条，都是学校多样化；③第三次兴学较前两次多了第五条，改革学制系统

2. 宋代的教学方法改革："三舍法""苏湖教法""积分法" ★★★★★

（1）**"三舍法"。** ★★★★★（名、简：20+学校）

"三舍法"是王安石在"熙宁兴学"期间创立的一种改革太学的措施。

①**主要内容：**将太学分为外舍、内舍、上舍三个程度不同且依次递升的等级，太学生相应地分为三部分，学员依学业程度，通过考核，依次升舍。**a. 新生先入外舍。**初入学为外舍生，平时有品行（"行"）和学业（"艺"）的考查记录，每月由任课教师举行"私试"，每年由学校举行"公试"。**b. 升入内舍。**外舍生

学习一年后，考试和平时行艺合格者可依次升入内舍。**c. 升入上舍**。内舍生学习两年后，考试和平时行艺合格者可依次升入上舍。**d. 取代科举**。上舍生学习两年后，学行优异者，可由太学主判直接推荐做官，等于科举及第。其他人根据学业成绩可分别得到免发解、免省试的待遇，等于减少了部分科举考试的程序。王安石的长远目标是逐渐让"三舍法"取代科举考试。

②**意义**：a. "三舍法"有利于调动学生学习的积极性，提高太学的教学质量。"三舍法"是在太学内部建立起来的严格的升舍考试制度，对学生的考查和选拔力求做到将平时行艺与考试成绩相结合，学行优劣与对他们的任职使用相结合。b. "三舍法"提高了太学的地位。"三舍法"把升舍考试与科举考试结合起来，融养士与取士于太学，无疑提高了太学的地位。c. "三舍法"是中国古代大学管理制度上的一项创新。它不仅对宋朝的学校教育产生了积极作用，而且对后来元、明、清的教育也有深远的影响。

(2) "苏湖教学法"（"苏湖教法"）。★★★★★（名：20+学校）

"苏湖教学法"即"分斋教学法"，是胡瑗在主持湖州州学时创立的一种新的教学制度，在"庆历兴学"时被用于太学的教学。胡瑗一反当时盛行的重视诗赋声律的学风，提倡经世致用的实学，主张"明体达用"，在学校内设立经义斋和治事斋，创立"分斋教学法"。

①**主要内容**。

a. 教学内容：经义斋主要学习儒家经义，属于"明体"之学，以培养高级统治人才为目标；治事斋又称治道斋，分为治兵、治民、水利、算数等科，属于"达用"之学，旨在培养具有专长技术和管理的人才，并且在治事斋中，学生可以主治一科，兼学其他科。

b. 教学目标：培养经世致用的人才。

c. 教学方法：不同于传统的死记硬背，胡瑗讲习解经，能联系实际，提倡实地考察，使学生获得感性认识。

②**意义**：a. 在中国教学制度发展史上，第一次按照实际需要，在同一学校中分设经义斋和治事斋。b. 把一些实用科目纳入官学教学体系之中，取得了与儒家经学同等的地位。c. 这不仅是我国历史上最早的分科教学制度，还开创了主修和辅修的先河。

(3) "积分法"。★★★（名：18新疆师大，21湖南师大、江苏师大）

①**简介**："积分法"是元朝国子学的重要特点之一，是累积计算学生全年学业成绩来升级的方法。它始于宋朝太学，至元朝国子学趋于完善，明清继承和发展了该方法。

②**方法**：每月考试一次，依据成绩来积分，积到一定分数可升级，不及格者继续学习。成绩优异者，只要达到计分标准，也可以不受学习年限的制约。

③**意义**：由于积分法汇总学生的平时成绩，故具有督促学生平时认真学习的积极作用。

3. 元代的教学方法改革："升斋等第法"、社学 ★★★

(1) "升斋等第法"（补充知识点）。★

①**简介**："升斋等第法"是元朝国子学的重要特点之一，就是把国子学分为上、中、下三个等级六个斋舍，学生按学习程度分别进入不同斋舍学习不同内容，依据其学业成绩和品德行为，依次递升的方法，这是宋朝"三舍法"的延续与发展。

②**关系**："积分法"与"升斋等第法"相联系，根据学生的积分和品行依次升舍。汉人学生升至日新、时习两斋，蒙古、色目学生升至志道、据德两斋，则实行"积分法"。

(2) 社学。 (名: 20 华中师大)

①**简介**: 社学创办于元朝,是设在农村地区,利用农闲时间,以8～15岁的农家子弟为对象的初等教育形式,并带有某种强制性;明朝继承发展了社学,社学制度更趋完善,社学得到普遍设立,成为对民间儿童进行初步文化知识和伦理道德教育的重要形式;清朝各省的州县都设立社学,普及面更广。

②**意义**: 社学对于发展农村地区的文化教育事业具有一定的意义。这是元朝在教育组织形式上的一种创新,对后世产生了深远的影响。

> **凯程助记**

朝代	文教政策	官学发展	教学方法改革
宋朝	"兴文教,抑武事"	三次兴学	"苏湖教法""三舍法""积分法"
元朝	"遵用汉法"	—	"升斋等第法"、社学

注: 元朝也有官学与私学,但333大纲未提及,因此无须学习。

> **经典真题**

》 名词解释

1. 熙宁兴学(18 福建师大,23 杭州师大)
2. "三舍法"(10、12、19 四川师大,13、23 北师大,14 湖南师大,14、19 湖南,15 山东师大、华东师大、温州,16 陕西师大,17 江苏,19 中央民族、西北师大、苏州,20 江西科技师大、佛山科学技术学院,21 天水师范学院,22 河南师大、济南,23 河北师大)
3. "苏湖教法"("分斋教学法")(10、12 湖南师大,11、18 四川师大,11、19 河南师大,12 辽宁师大,12、16 湖南,13 鲁东、中南,13、18、23 陕西师大,14 北师大,14、23 福建师大,15 湖南师大、渤海、西北师大,16 华东师大、天津师大、浙江师大,17 山东师大,18 西华、江苏,19 湖南科技,21 华中师大、赣南师大、陕西科技,22 渤海)

》 简答题

1. 简述北宋三次兴学。(10 天津师大,13 山东师大,14 辽宁师大,19 南京师大,23 山西师大)
2. 简述王安石的教育改革措施。/ 简述熙宁兴学的内容和特点。(16 西北师大,19 北师大)
3. 简述崇宁兴学的改革政策。(21 苏州)
4. 简述王安石的崇实尚用的思想。(21 云南师大)
5. 简述王安石的"三舍法"。(11 中南,17 集美)
6. 简述宋代地方官学的特点。(23 浙江海洋)

》 论述题 评述北宋的三次兴学。(10 福建师大,20 浙江海洋,23 海南师大)

考点3 育士制度: 书院的发展(高级私学) 24min搞定 (名、简、论: 10+ 学校)

1. 书院的产生与发展 (简、论: 5+ 学校)

(1) **唐朝末期出现了书院**。在第四章我们已经详细介绍过唐末出现了书院。它以私人创办和组织为主,将图书收藏、教学、研究合为一体,是相对独立于官学之外的民间性学术研究和教育机构。

(2) **宋朝书院制度化**。书院作为一种教育制度形成和兴盛于宋朝。①北宋初期,书院开始兴起,其规模和数量大幅度扩展，成为宋初教育的重要组成部分。②南宋时期，书院作为一种教育制度得以确立，并达到极盛。书院促进了南宋理学的发展和学术文化的繁荣，但官学化倾向已经出现。③宋朝形成了六所著名书院：白鹿洞书院、岳麓书院、应天府书院、嵩阳书院、石鼓书院、茅山书院。

宋朝书院兴盛的原因：①国家统一，士心向学，北宋科举取士规模日益扩大，但忽视官学，官学长期处于低迷不振的状态。②朝廷崇尚儒术，鼓励民间办学。③受佛教禅林制度的影响。④印刷术的应用使书籍的传播极为便利。

（3）元朝书院遭到政府控制。元朝书院比前朝在数量上大大增加，元朝政府采用"遵用汉法"的文教政策，鼓励民众创办书院，一些士人隐居起来，创办书院，传播自己的思想，书院也一度兴盛。但元朝书院的官学化倾向已经很明显，政府对书院的管控力度很大，许多书院甚至完全纳入地方官学系统，成为科举的附庸。

（4）明朝书院讽刺朝政。明朝书院经历了一段时间的沉寂后兴盛起来，明朝以东林书院最有名气。东林书院讽刺朝政，议论学术，促使在野士大夫设立书院，效仿东林书院。但明朝也有不少书院以科举考试为宗旨，造成书院的官学化。

（5）清朝书院官学化倾向严重。清朝鼓励民间创办书院，但同时又加强对书院的管控，导致书院官学化的倾向更加严重，书院几乎完全沦为科举的附庸。

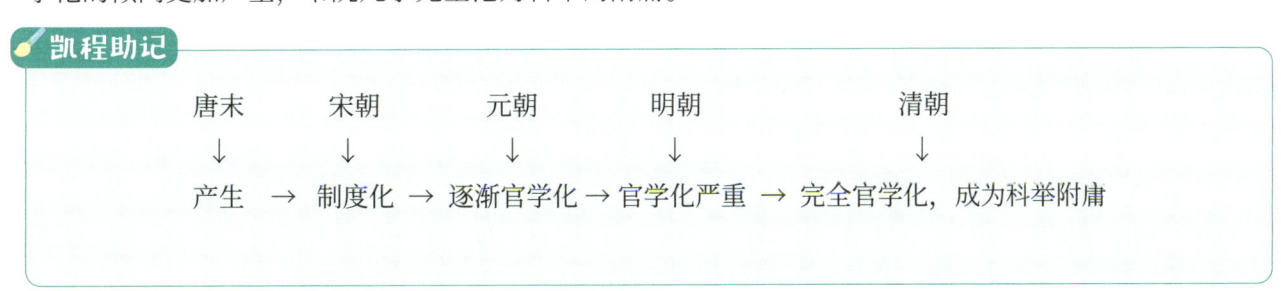

凯程助记

唐末	宋朝	元朝	明朝	清朝
↓	↓	↓	↓	↓
产生 →	制度化 →	逐渐官学化 →	官学化严重 →	完全官学化，成为科举附庸

2. 宋代典型书院：《白鹿洞书院揭示》与书院教育宗旨 ★★★★★（名：5+学校；简：14华东师大，17上海师大、杭州师大；论：13华东师大）

白鹿洞书院在江西庐山五老峰下，原为唐朝后期李渤、李涉兄弟隐居读书处。南宋时期朱熹修复，征集图书，筹措经费，并任洞主，亲自掌教，聘教师，筹资金，费尽心血，亲自制定《白鹿洞书院揭示》。

（1）《白鹿洞书院揭示》的内容。

《白鹿洞书院揭示》，也叫《白鹿洞书院学规》《白鹿洞书院教条》。它作为书院的学规和教育宗旨，明确了教育目的，阐明了教育过程，提出修身、处事、接物等基本要求，并且作为实际生活和思想教育的准绳，把世界观和政治要求、教育方向，以及学习修养的途径结合起来。其内容有：

①"父子有亲，君臣有义，夫妇有别，长幼有序，朋友有信"为教育目的。（《孟子》）
②"博学之，审问之，慎思之，明辨之，笃行之"为治学顺序。（《中庸》）
③"言忠信,行笃敬,惩忿窒欲,迁善改过"为修身之要。（前两句出自《论语》,后两句出自周敦颐《通书》）
④"正其义，不谋其利，明其道，不计其功"为处事之要。（《汉书·董仲舒传》）
⑤"己所不欲,勿施于人,行有不得,反求诸己"为接物之要。（前两句出自《论语》,后两句出自《孟子》）

（2）意义。

①**白鹿洞书院促使书院走上制度化发展的道路。**《白鹿洞书院揭示》中的这些思想都出自儒家典籍，朱熹把这些思想汇集起来，用学规的形式固定下来，形成较完整的书院教育理论体系，成为后世一般学

校的学规范本和办学准则。

②**白鹿洞书院是后世书院发展的典范**。《白鹿洞书院揭示》集中体现了书院的精神，不仅对当时及以后的书院教育，而且对官学教育都产生了重大的影响，其贡献不可低估。

3. 书院教育的特点 ★★★★★ （辨、简、论：30+ 学校）

书院分两种，一种是中央政府设立的主要用于收藏、校勘和整理图书的机构，另一种是民间设立的主要供个人读书治学的地方，最早出现在唐代，发展于宋代。朱熹建立了书院教育制度。书院增加了中国古代学校教育的类型，民间设立的书院提倡自由讲学，注重讨论和辩论，注重对学生人格修养的培养，崇尚平等的师生关系，有浓厚的学术风气。书院既具有藏书、教育和组织学术活动的功能，又是学者学习讨论的场所，具有广泛的社会文化教育功能。

(1) **书院精神**：自由讲学。书院注重讨论，学术风气浓厚，开辟了新的学风，推动了教育和学术的发展。

(2) **书院功能**：育才功能、研究功能、藏书功能。

(3) **书院组织**：有私办、公办和私办公助等多种形式。

(4) **书院教学**：讲学活动是书院的主要内容，也是书院作为教育机构的主要标志。①教学与研究相结合。书院既是教学的场地，也是研究场所，书院将教学和研究的功能结合在一起，促进师生不断进步。②教学形式多样。有学生自学、教师讲授、师生质疑问难、学友相互切磋等。③讲会制度盛行，百家争鸣，促进学术交流。④实行门户开放的制度。书院教学不受地域和学派的限制，允许不同书院、不同学派的师生互相讲学、互相听课。⑤注重讲明义理，躬亲实践。采用问难论辩式，启发思维，重视学生兴趣等。

(5) **学生学习**：学生以个人钻研为主，强调学生读书自学，重视对学生自学的指导。

(6) **书院制度**：书院作为一种教育制度得以确立，在教育目标、教学方法、教学顺序等方面用学规的形式加以阐明，最著名的是《白鹿洞书院揭示》。它的出现说明南宋后书院已经制度化。

(7) **师生关系**：中国教育尊师爱生的优良传统在书院中尤为突出。师生关系融洽，以道相交，感情深厚。

(8) **书院发展倾向**：自南宋起，书院已经出现了官学化的倾向，最后成为科举考试的附庸。

(9) **书院作用**：①书院促进了理学的发展和学术文化的繁荣。②书院的出现丰富了中国古代学校教育的类型，弥补了官学的不足。③书院提倡自由讲学，成为推动教育和学术发展的重要动力，是中国封建社会中后期一种重要的教育组织形式。④书院是中国独有的教育机构，其浓厚的学术氛围和深厚的师生情谊都值得后世学习，是我国教育史上一笔宝贵的遗产。

凯程助记

精神功能和组织，教学学生与师生，制度倾向和作用。按照此维度及书院的时代背景进行推论，进而记住要点。

经典真题

>> **名词解释**

1. 书院（14 淮北师大，15 南京师大，16 曲阜师大，17 东北师大、天津，17、20 扬州，20 鲁东，21 长江、重庆三峡学院，22 山东师大、宁夏、贵州师大、山西师大，23 湖南、中国海洋）

2.《白鹿洞书院揭示》(13 西北师大，14 山西，17 中国海洋，22 北师大，23 合肥师范学院)
3. 积分法（18 新疆师大，21 湖南师大、江苏师大）
4. 书院官学化（21 陕西师大）
5. 社学（20 华中师大）

>> **辨析题**　书院是古代最高级的教育形式，其办学主体是国家。（21 西南）

>> **简答题**
1. 简述书院的发展过程及特点。（10、11 西南，16 闽南师大，22 辽宁师大）
2. 简述宋代书院教育的特点。（11 杭州师大，12 安徽师大，13 延安、闽南师大、宁波，14、16、18 赣南师大，15 温州，16 河南师大，16、20 广西师大，17 闽南师大，17、19 渤海，18 吉林师大，19 海南师大、浙江师大，20 深圳、江苏师大、沈阳师大、四川师大，21 华中师大，18、22 哈师大，23 宁夏）
3. 简述白鹿洞书院的教育宗旨。（14 华东师大，17 杭州师大）
4. 列举中国古代最著名的五大书院。（17 上海师大）
5. 简述书院讲学、研究以及组织结构特点。（16 哈师大）
6. 简述古代书院的萌芽及其原因。（17 宁波）
7. 简述宋代书院的教学管理特点。（22 浙江海洋）
8. 简述宋朝著名的六大书院。（23 内蒙古师大）

>> **论述题**
1. 试以白鹿洞书院为例，分析我国书院教育的宗旨、特点与意义。（13 华东师大，17 辽宁师大）
2. 论述中国古代书院的特点及影响（特色及其对当前教育改革的借鉴意义）。（12 华南师大，13 中山，15 扬州，16 赣南师大，17 鲁东，23 华南师大）
3. 试述书院的产生(原因)与发展及其特点。（15 内蒙古师大，17 华中师大，21 天津师大，23 西北师大、信阳师范学院）

考点 4　育士制度：私塾与蒙学教材的发展（低级私学） ★★★ 16min搞定

中国封建社会时期，一般将 8～15 岁儿童的"小学"教育阶段称为"蒙养"教育阶段，对儿童进行启蒙教育的学校称为"蒙学"，所用的教材叫"蒙养书"或"小儿书"。

1. 私塾的发展、种类和教育特点 （名：21 集美）

（1）**私塾的发展**。私塾是民间私人所办的蒙学的统称，是对儿童和青少年进行启蒙和基础教育的教育组织，主要承担识字、写字、阅读、作文和封建道德教育的任务。它也是中国古代社会中后期国家基础教育的主要承担者。

（2）**私塾的种类**。蒙学有各种各样的称呼，主要分为：

①家塾，官宦和殷实人家聘教师在家中教子弟，如《红楼梦》里的家塾。
②学馆，也叫散馆，是生员（秀才）或其他有文化的人在自家兴办的私塾，如"三味书屋"。
③义塾，私人或社会团体所办的具有公益性质的学校，也叫义学，是私塾中规模最大的学校。
④专馆，由一家或数家、一村或几个村子单独或联合聘教师教子弟的村学，以学习儒家经典为主，也叫村塾、族塾、经馆。

> **凯程提示**
>
> 私塾是民间所办蒙学的统称。蒙学是指实施小学阶段教育的学校。蒙学在各朝代的名称：西周称小学，两汉称书馆，魏晋南北朝和隋唐时期称蒙馆和家学，宋、元、明、清时期称私塾和社学。

（3）私塾教育的特点。

①**在教育宗旨上，强调严格要求，打好基础**。蒙学教育是基础教育，在私塾教育中，十分强调对儿童进行严格的基本训练，培养其良好的生活、学习习惯。

②**在行为培养上，重视用《须知》《学则》的形式培养儿童的行为习惯**。

③**在学习动机上，注意根据儿童的心理特点，因势利导，激发他们的学习兴趣**。

④**在教学内容上**，文化知识与伦理道德并重。按照教授内容，大致可分为五类：a.识字类，如《三字经》《千字文》等；b.历史知识类，如《五字鉴》《历代蒙求》等；c.生活常识类，如《名物蒙求》；d.为诗作文类，如《神童诗》；e.伦理道德类，如《小学诗礼》。

⑤**在教学方法上，识记与领悟并重**。熟读并会背诵是最低要求，然后由塾师逐句讲解，采取"点化"和启发的方式，靠学生自己领悟。注重学生自学，将识记与领悟完美结合。

⑥**在教学组织形式上，采取个别教学**。私塾一般有十几到二十人，学生的入学年龄不同，知识水平、认识能力也不同，因此学生入学后，塾师往往采取个别教学的形式，针对不同的学生采取不同的方法，教授不同的内容。

2. 蒙学教材的发展、种类、特点 ★★★（简：5+学校）

（1）蒙学教材的发展。

第一阶段——周朝至唐代：这一阶段的蒙学教材多为综合性读物，以识字为主，也进行品德修养的教育，包含各方面知识。①西周时期的《史籀篇》是中国最早的蒙学教材。②秦代蒙学识字读本《仓颉篇》是秦始皇统一文字的范本。③西汉时，史游作的《急就篇》流传最广、影响最大。④南朝梁周兴嗣的《千字文》。⑤唐代的《开蒙要训》等。

第二阶段——宋元时期：这一阶段是蒙学教材繁荣发展的时期，开始出现按专题分类编写的现象。

（2）**蒙学教材的种类**。宋元时期的蒙学教材，按内容的不同侧重点大致分为以下五类：

①**识字教学类**。如"三、百、千"（南宋王应麟的《三字经》、宋初的《百家姓》、南朝梁周兴嗣的《千字文》），主要目的是教儿童识字、掌握文字工具，同时也综合介绍一些基础知识。"三、百、千"流传最广。

②**伦理道德类**。如吕本中的《童蒙训》、吕祖谦的《少仪外传》、程端蒙的《性理字训》、朱熹的《小学》《童蒙须知》等，主要向儿童传授伦理道德知识，以及为人处世、待人接物的准则。

③**历史教学类**。如王令的《十七史蒙求》、胡寅的《叙古千文》、黄继善的《史学提要》、吴化龙的《左氏蒙求》等，既向儿童传授历史知识，又对其进行思想教育。

④**诗歌教学类**。如《千家诗》《唐诗三百首》、朱熹的《训蒙诗》、陈淳的《小学诗礼》（也属于伦理道德类）等，对儿童进行文辞和美感教育。

⑤**名物制度和自然常识教学类**。如方逢辰的《名物蒙求》等。

（3）蒙学教材的特点。

①**宋元时期的蒙学教材开始出现按专题分类编写的现象**。蒙学教材在内容和形式上呈现多样化的特点。

②**注重儿童的心理特点**。采用韵语形式，文字简练，通俗易懂，多用故事，配有插图，穿插常识和

做人做事的道理。

③一些学者亲自编写教材，提高了蒙学教材的质量。

④注意与日常生活的联系。

⑤重视汉字的特点。传统启蒙教材编写最为成功之处就是符合中国语言文字的规律和儿童、少年学习本国语言文字的规律，文字浅显通俗，字句讲究韵律，内容生动丰富，包含多种教育功能，儿童易读、易诵、易记。

⑥力求将识字教育、基本知识教育和伦理道德教育有机结合起来。

凯程助记

维度	发展	种类	特点
私塾	民间私人所办的蒙学的统称	①家塾。②学馆。③义塾。④专馆。	①在教育宗旨上，严格要求，打好基础。②在行为培养上，重视《须知》《学则》。③在学习动机上，注意儿童的心理特点。④在教学内容上，文化知识与伦理道德并重。⑤在教学方法上，识记与领悟并重。⑥在教学组织形式上，采取个别教学
蒙学教材	第一阶段——周朝至唐代：综合性读物，以识字为主。第二阶段——宋元时期：按专题分类编写	①识字教学类。②伦理道德类。③历史教学类。④诗歌教学类。⑤名物制度和自然常识教学类	①出现按专题分类编写的现象。②注重儿童的心理特点。③学者亲自编写，提高教材质量。④注意与日常生活的联系。⑤重视汉字的特点。⑥力求将识字、知识和道德教育相结合

经典真题

>> **名词解释** 私塾（21 集美）

>> **辨析题** 我国最早的蒙学教材是《三字经》。（18 陕西师大）

>> **简答题** 简述蒙学教材及其特点（种类、特点、意义）。（16 杭州师大、东北师大，20 宁波、天津师大、山西师大）

考点 5　选士制度：科举制度的演变

1. 宋代科举制度的演变

宋代科举制度基本沿袭唐代，但是也根据实际情况做了改革，使科举的规模和制度进一步得到发展。

（1）特点。

①科举地位提高，视科举为取士正途。

②考试规模扩大，录取人数增多。

③考试内容改革，改试经义，专用《三经新义》。

④考试周期改为三年一试。

⑤确定殿试为定制，实行三级考试制度，即州试（地方考试）—省试（尚书省礼部主持）—殿试（由

皇帝主持）。

⑥建立新制，防止科场作弊。

a. 设置锁院制。主考官一旦受命，立即住进贡院，与外界隔离，防止主考官漏题。（名：22湖南师大）

b. 别头试。宋代规定食禄之家的子弟参加科举考试时必须加试复试，主考官的子弟、亲戚参加考试应该另立考场，别派考官。

c. 糊名制。将试卷上的姓名、籍贯密封起来，防止考官徇私舞弊，也叫作"弥封"或"封弥"。

d. 誊录制。考生试卷先经誊抄，后接受批改，誊抄后的试卷叫"朱卷"，原来的试卷叫"墨卷"。

（2）评价：宋代科举制度适应了宋初对于人才的需求，有利于政权的巩固和统治。但是科举制度也给学校教育带来了消极影响，使学校教育受到冷落，并助长了士人的名利之心。

2. 元代的科举制度

（1）特点：元代科举制度进入中落时期。其特点有：①民族歧视明显；②规定从《四书》中出题，以《四书章句集注》为答题标准；③科举制度日趋严密。

（2）评价：①元代科举制度人为地造成了各民族之间的不平等和矛盾，并严重限制了士人的思想。②在提高官僚阶层文化素质、促进学校教育发展等方面起到了一定作用。

第二节 宋元时期的教育思想

考点1 朱熹的教育思想 25min搞定 （论：16延边）

1. 朱熹与《四书章句集注》

（1）简介：朱熹，南宋著名的理学家，其影响最广、最深的著作是《四书章句集注》（简称《四书集注》或《四书》），包括《大学章句》《中庸章句》《论语集注》《孟子集注》。

（2）影响：《四书章句集注》成为科举考试的标准答案和各级学校必读的教材，其地位甚至高于"五经"，影响中国封建社会后期的教育长达数百年。

2. "明天理，灭人欲"与教育作用、目的

（1）朱熹教育思想的理学思想基础。

①从客观唯心主义思想出发，朱熹认为宇宙万物是由"理"和"气"两种因素构成的。a. "理"是精神性的范畴，是创造万物的本源，也是万物运行的目的，是第一性的。b. "气"是物质性的范畴，是构成万物的材料，也是"理"的载体，是第二性的。

②朱熹认为人和万物一样，是"理"与"气"结合而成的。a. 人性的主流，禀受于"理"的部分，就是"天命之性"。"天命之性"是纯然至善的，是超越个体而普遍存在的。b. "理"和"气"结合在一起，就体现为"气质之性"。"气质之性"有善有恶，有清有浊，清明至善即为"天理"，浑浊不善则为"人欲"，而每一个人所禀受的"气质之性"各不相同。

（2）教育的作用："变化气质"，发挥"气质之性"中的善性。

（3）教育的目的："明人伦"。朱熹认为，"天理"就是以"三纲五常"为核心的封建伦理道德，"人欲"就是违背封建道德的言行，必须禁止和根除。"明天理，灭人欲"不仅是朱熹对教育作用、目的的表述，而且是其道德教育的根本任务。

第五章 宋元时期的教育

3. 论"小学"和"大学"教育 ★★★★★ (论：16 中国海洋)

朱熹认为，尽管小学和大学是两个相互独立的教育阶段，但这两个阶段是有内在联系的，它们的根本目标是一致的，区别只在于因为教育对象的不同所做的教育阶段的划分。

(1) **小学教育**：学生8岁入小学，是打基础的阶段，必须抓紧、抓好。 (辨：19 山东师大)

①**教育任务**：培养"圣贤坯璞"。

②**教育内容**：以"学事"为主，知识力求浅近和具体。从具体的行为训练着手，使学生懂得基本的伦理道德规范，形成良好的生活习惯，学到初步的文化知识技能，教育与生长发育融为一体，在实践中得到锻炼。

③**教育方法**：a. 主张先入为主，及早施教。b. 要求形象生动，激发兴趣。c. 首创《须知》《学则》的形式培养儿童的道德行为习惯。朱熹编写《小学》一书，内容包括名儒的格言和前人的典范事例，对儿童进行生动形象的教育；又撰有《童蒙须知》，对儿童日常生活中应该遵守的礼仪、行为做了具体规范；还强调读书要"心到、口到、眼到"，其中，"心到"最重要。

(2) **大学教育**：学生15岁入大学，是在小学基础之上的深造。

①**教育任务**：在"坯璞"的基础上"加光饰"，培养对国家有用的人。

②**教育内容**：以"教理"为主，即重在探究"事物之所以然"。

③**教育方法**：a. 注重自学。b. 提倡不同学术之间的交流。c. 用"四书""五经"教育学生。朱熹认为"四书"是大学的基本读物，人人必须学好，至于进一步学习"五经"，那是专门研究的事了。所以，"四书"是基础性的，地位实际上超过了"五经"。

评价：朱熹关于"小学"和"大学"教育的见解，反映了人才培养的某些客观规律，为中国古代教育理论的发展增添了新鲜内容。

凯程助记

"小学"和"大学"教育

阶段	年龄	教育任务	教育内容	教育方法（打油诗）
小学	8～15岁	"圣贤坯璞"	以"学事"为主	及早施教两手抓，一手抓兴趣，一手抓规范，一手软来一手硬，软硬兼施效果好
大学	15岁以后	"加光饰"	以"教理"为主	捧起"四书""五经"，除了自学还交流

4. 朱熹关于道德教育的方法（补充知识点） ★★★

(1) **立志**。朱熹认为，志是心之所向，对人的成长至关重要。因此，他要求学者首先应该树立远大的志向。"问为学功夫，以何为先？曰：亦不过如前所说，专在人自立志。"

(2) **居敬**。朱熹认为，"居敬"的修养功夫要从两方面努力："内无妄思"，即自觉抑制人欲的诱惑，自觉执守封建伦理道德；"外无妄动"，即在服饰、动作、言语、态度等外貌方面整齐、严肃，符合封建伦理道德规范。

(3) **存养**。"存养"就是"存心养性"的简称。需要用"存养"的功夫来发扬善性，发明本心。朱熹"存养"的思想，是从理学的角度对孟轲"存其心，养其性"和"求放心"思想的继承和发展。

(4) **省察**。"省察"即经常进行自我反省和检查的意思。朱熹认为，在两种情况下应该加强"省察"：一是"省察于将发之际"；二是"省察于已发之后"。朱熹的这一见解，表明他在道德教育中既强调防微杜渐，又重视纠失于后。

(5) **力行**。朱熹所说的"力行"，是要求将学到的伦理道德知识付之于自己的实际行动，转化为道德行为。朱熹把"知"看作"行"的前提,"行"是"知"的目的和检验标准,强调身体力行,反对言行脱节。

5. 朱子读书法 (名、简、论：50+ 学校)

朱熹酷爱读书,他的弟子将朱熹有关读书的经验和见解整理归纳,成为"朱子读书法"六条,在教育史上具有重要影响。

(1) 内容。

①**循序渐进**。首先,读书要按照首尾篇章的顺序,不要颠倒;其次,要根据自己的实际情况和能力,量力而行,制订的读书计划要切实遵守;最后,读书强调扎扎实实,一步一步前进,不可囫囵吞枣、急于求成。

②**熟读精思**。读书必须反复阅读,不仅要能够背熟,而且要对书中的内容了如指掌。熟读是精思的基础,在此基础上,要进一步深刻理解文章的精义及其思想真谛。

③**虚心涵泳**。"虚心"指读书时要虚怀若谷、静心思虑,仔细体会书中的意思,来不得半点主观臆断或随意发挥;"涵泳"指读书时要反复咀嚼,细心玩味。 (名：22 南京师大)

④**切己体察**。读书不能仅仅停留在书本上,而要见之于具体行动。

⑤**着紧用力**。读书学习一定要抓紧时间,发愤忘食,必须精神抖擞、勇猛奋发,绝不放松。

⑥**居敬持志**。读书的关键还在于学者的志向及良好的心态。"居敬"指读书时精神专一,注意力集中;"持志"指有坚定的志向,用顽强的毅力坚持下去。

(2) 历史影响。

①朱子读书法是朱熹自己长期的读书经验,以及他对前人的读书经验的概括和总结,比较集中地反映了我国古代对读书方法研究的成果。

②朱子读书法反映了读书学习的基本规律和要求,在今天仍具有一定的参考价值,如：a."循序渐进"包含着量力而行和打好基础的思想。b."熟读精思"包含着重视思考的思想。c."虚心涵泳"包含着客观揣摩的思想。d."切己体察"包含着身体力行的思想。e."着紧用力"包含着积极奋发的思想。f."居敬持志"包含着精神专一、持之以恒的思想等。

(3) 局限。

①朱熹提倡读的书主要是宣扬封建伦理道德的"圣贤之书"。

②朱熹的读书法主要强调如何学习书本知识,未曾注意到知识与实际之间的联系。这不仅使读书的范围受到限制,而且造成了"万般皆下品,唯有读书高""两耳不闻窗外事,一心只读圣贤书"的不良学风。

> **凯程助记**
>
> 朱子读书法的六条是：心、志、体、力、渐、熟。
> 心（虚心涵泳）、志（居敬持志）、体（切己体察）、力（着紧用力）、渐（循序渐进）、熟（熟读精思）。

6. 评价

(1) **从总体上看,** 朱熹的教育思想影响至今。其编写的《四书章句集注》成为元、明、清时期科举考试的答题标准,对中国封建社会后期的思想发展产生重要影响。《白鹿洞书院揭示》成为书院教育的宗旨,是中国书院发展史上第一个纲领性学规,它的出现标志着书院制度化。

(2) **从教育作用上看,** 朱熹的教育思想确立了中国封建社会中后期的德育原则,但是在一定程度上忽视了人的本性。

(3) **从教学阶段上看,** 朱熹的教育思想弥补了小学和大学在历史上相互割裂的不足,确立了小学和大学相互衔接的关系。

(4) **从朱子读书法上看**，朱熹的教育思想集中反映了中国古代的读书研究成果，至今仍有现实意义，但是内容局限于宣扬封建伦理道德的"圣贤之书"，缺乏与实际的联系。

凯程助记

朱熹
- 著作：《四书章句集注》
- 教育作用：变化气质
- 教育目的：明人伦
- "小学"和"大学"：分别讲教育任务、内容与方法（见前文表格总结）
- 朱子读书法：心、志、体、力、渐、熟

凯程拓展

1. "四书" （名：22 陕西师大）

(1) 含义："四书"是《论语》《孟子》《中庸》《大学》四部著作的总称。"四书"最初是作为教材在民间流传，后来成为学者治学需要攻读的课程，之后得到官方认定并加以推广。在"四书"的发展过程中，学术成就最高、影响最大、让"四书"升格而跻身经学课程贡献最大的是朱熹。

(2) 意义：作为儒家学派的经书，"四书"不仅保存了儒家先哲的思想和智慧，也体现出早期儒学的发展轨迹。它蕴含了儒家思想的核心内容，也是儒学认识论和方法论的集中体现。

2. "五经" （名：22 陕西师大）

(1) 含义："五经"指儒家的五部经典——《诗》《书》《礼》《易》《春秋》。汉代将"五经"确立为国家课程和国家教材，并形成了经学教育体系，"五经"之称自此始。后"五经"成为中国封建社会长期使用的教科书。

(2) 意义："五经"是后世文章的源头和典范。这五部书是我国保存至今的最古老的文献，也是我国古代儒家的主要经典。"五经"蕴含的文化资源，具有无限挖掘和探索的可能。

经典真题

▶▶ 名词解释

1. 朱子读书法 （11 云南师大，11、12 西南，11、14 天津师大，12 西北师大，13 山东师大、福建师大，14 河北，15 东北师大、江西师大，15、19 西华，16 渤海、延安、辽宁师大，17 陕西师大，20 西安外国语，21 山西师大、天津师大，22 上海师大、海南师大，23 华中师大、西华师大）

2.《四书章句集注》（14 云南师大）

3. 虚心涵泳 （22 南京师大）

4. 四书五经 （22 陕西师大）

▶▶ 辨析题

朱熹关于小学教育的目的是培养"圣贤坯璞"。（19 山东师大）

▶▶ 简答题

1. 简述朱子读书法。（11、19 辽宁师大，12 沈阳师大，13 华中师大、中南，14 浙江师大、华南师大，15 安徽师大，16、17 华东师大，17 湖南师大，18 江苏师大、广西师大、宁波，19 云南师大、新疆、石河子，20 闽南师大、江西科技师大、济南，21 杭州师大、上海师大、西北师大、中国海洋、聊城，22 宁夏、内蒙古师大，23 信阳师范学院）

2. 简述朱熹的道德教育方法。(11 陕西师大, 14 苏州)

3. 简述朱熹的教育思想。(22 山西师大)

▶▶ 论述题

1. 朱子读书法的内容和思想是什么？朱子读书法是否具有活力？联系"快餐文化"的产生与"朱子读书法"，你的思考是什么？(19 陕西师大)

2. 论述朱子读书法及其当代意义。(10 华中师大, 11 扬州, 15 辽宁师大、江苏师大, 16 中央民族、西华师大, 17 集美, 20 宝鸡文理学院、华南师大、曲阜师大)

3. 论朱熹的"大学"与"小学"教育。(16 中国海洋)

4. 评价朱熹的道德教育思想。(23 河北师大)

第六章　明清时期的教育
——早期启蒙教育思想[①]

考情分析

第一节　明清时期的教育制度与实践
- 考点1　教育管理：明清的文教政策
- 考点2　育士制度：官学教育的改革
- 考点3　育士制度：书院的发展
- 考点4　选士制度：科举制度的演变

第二节　明清时期的教育思想
- 考点1　王守仁的教育思想
- 考点2　理学教育思想的批判
- 考点3　黄宗羲的教育思想
- 考点4　王夫之的教育思想
- 考点5　颜元的教育思想

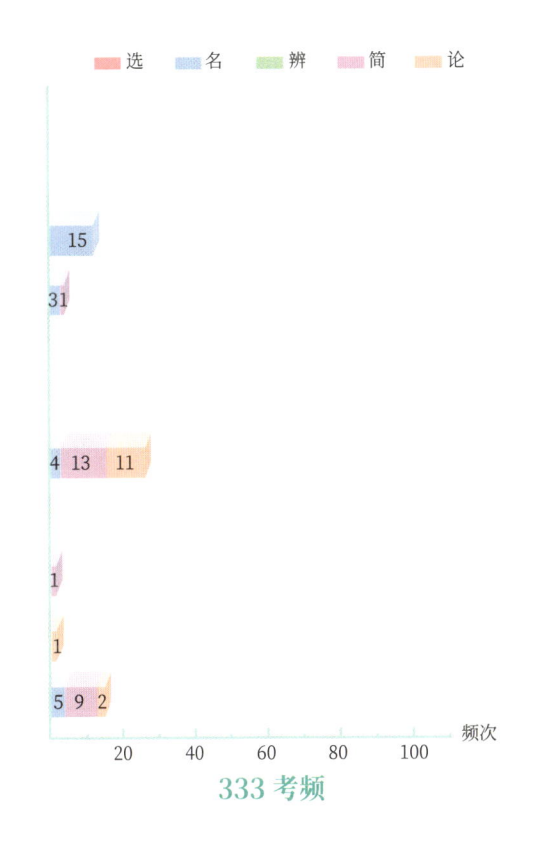

图例：选　名　辨　简　论

考点2：15
考点3：31
考点1（第二节）：4　13　11
考点3（第二节）：1
考点4（第二节）：1
考点5：5　9　2

横轴：20　40　60　80　100　频次

333考频

[①] 本章全部参考孙培青的《中国教育史》(第四版)第八、九章。

知识框架

- 明清时期的教育
  - 明清时期的教育制度与实践
    - 教育管理：明清的文教政策
      - 明朝的文教政策："治国以教化为先，教化以学校为本"
      - 清朝的文教政策："兴文教，崇经术，以开太平"
    - 育士制度
      - 官学教育的改革——教学方法的改革
        - 明朝："监生历事"
        - 清朝："六等黜陟法"
      - 书院的发展
        - 明朝：东林书院与书院讲会
        - 清朝：诂经精舍、学海堂与书院学术研究
    - 选士制度：科举制度的演变
      - 明清科举制度的演变
      - 科举对学校教育的制约
  - 明清时期的教育思想
    - 王守仁的教育思想
      - "致良知"与教育作用
      - "随人分限所及"的教育原则
      - 论教学
      - 论儿童教育
    - 理学教育思想的批判
    - 黄宗羲的教育思想
      - "公其非是于学校"
    - 王夫之的教育思想
      - "日生日成"的人性论与教育
    - 颜元的教育思想
      - 颜元与漳南书院
      - 义利合一观
      - "实才实德"的培养目标
      - "六斋"与"真学""实学"的教育内容
      - "习行"的教学方法

考点解析

第一节　明清时期的教育制度与实践

考点 1　教育管理：明清的文教政策　3min搞定　（简：15南京航空航天）

1. 明朝的文教政策

明朝以"治国以教化为先，教化以学校为本"为文教政策。具体措施有：①广设学校，培育人才；②重视科举，选拔人才；③加强思想控制，实行文化专制。文化专制表现为推崇程朱理学，删节《孟子》；严格管理学校，禁止学生议政；屡兴文字狱。

2. 清朝的文教政策

清朝以"兴文教，崇经术，以开太平"为文教政策。具体措施有：①崇尚儒学经术，提倡程朱理学；②广兴学校，严订学规；③软硬兼施，加强文化控制，大兴文字狱。

考点 2　育士制度：官学教育的改革 ★★★ 5min搞定

(1) 明朝教学方法的改革："监生历事"。 (名：51学校)

①**性质**："监生历事"又称"历练政事"或"实习历事"，是明朝国子监监生的实习制度。

②**内容**："历事"指到监外历练政事，规定国子监生学习到一定年限，分拨于在京各衙门，历练事务，锻炼和考察政务才能。有时监生也被送到县州清理粮田或兴修水利。"历事"后进行考核，上等送吏部附选，可授予官职，中等再令历练，下等送回国子监读书。

③**影响**：a."监生历事"是中国古代大学里最早的教学实习制度，对后世的大学教育有深刻的启发意义；b.该制度使学校培养人才与业务部门使用人才直接挂钩，有利于促进学校的教学，提高人才素质。

(2) 清朝教学方法的改革："六等黜陟法"。 (名：16西北师大，18江苏师大，23四川师大)

①**简介**："六等黜陟法"是清朝实施的一种地方官学对生员定级的考试制度，并有相应的奖惩措施。学生考试成绩被分为六等：一等补廪膳生，二等补增广生，三等无奖无罚，四等罚责，五等降级，六等除名。

②**意义**：a."六等黜陟法"对学生进行动态管理，其等级不是固定的，而是根据学业成绩来升降，有利于调动学生学习的积极性，提高学校的教育质量；b.该制度是在明朝"六等试诸生优劣"方法的基础上发展、完善而来的，是清朝在地方官学管理上的一个重要创新。

经典真题

>> **名词解释**

1. 六等黜陟法（16西北师大，18江苏师大，23四川师大）
2. 监生历事制度（10、23西北师大，10、11、13、17浙江师大，11曲阜师大，19湖南师大，21新疆师大，22华中师大、浙江海洋，23闽南师大）

考点 3　育士制度：书院的发展（高级私学）★★★★ 10min搞定

1.明朝书院的发展——东林书院与书院讲会 ★★★★★ (名：15河南师大，17河北，21闽南师大；简：16福建师大)

明朝一些失意官僚和在野士人纷纷设立书院讲学，讽刺时政，使书院有了明显的政治色彩。其中具有代表性的书院为东林书院。东林书院在江苏无锡城东南，原为北宋理学家杨时的讲学之所，也叫龟山书院，后由明朝顾宪成、顾允成等人复创，是明朝影响最大的书院，并在此形成了著名的东林学派。

(1) 东林书院的特点。

①**东林书院的基本思想**：推行程朱，反对王学。

②**制定《东林会约》，完善讲会制度**。书院讲会活动产生于南宋，至明朝逐渐制度化。东林书院的讲会制度是明朝讲会制度的突出代表，集中反映在《东林会约》的"会约仪式"中。《东林会约》要求定期举行学术讲会。通过"讲会"，书院把其讲学活动扩展为地区性的学术活动，促进了学术的交流，推动了学术的发展。

③**学术与政治相结合，密切关注社会政治**。这一特点集中体现在顾宪成写的一副对联上："风声雨声读书声声声入耳，家事国事天下事事事关心。"他强调讲学不能脱离世道，故东林书院在讲习之余，抨击政治，评判权贵，以正义的舆论力量给朝廷施加压力。

(2) **评价**：东林书院不仅是一个重要的文化学术中心，也是一个政治活动中心，在中国古代书院发展史上有特殊地位。讲会制度使书院名声大振，但也招来忌者，最终遭到以魏忠贤为首的阉党的迫害，书院被禁毁。

2. 清朝书院的发展——诂经精舍、学海堂与书院学术研究 ★★★

(1) **简介**：清朝前期书院发展缓慢、沉寂；清朝后期政府对书院进行严密控制，使书院日益官学化，成为科举的附庸。诂经精舍和学海堂是冲破了书院官学化倾向的典型代表，它们是清朝后期学术巨子阮元在任浙江巡抚和两广总督时，先后办于杭州孤山和广州越秀山的两所书院。

(2) **特点**。

①**"以励品学，非以弋功名"**。阮元强调书院应该重品学、轻功名，不习科举应试之学；学习内容包括儒学、史学、天文、地理、算法等，学生自择一书肄业。

②**各用所长，因材施教**。对教师贯彻"各用所长"的方针，充分发挥教师的学术专长；对学生进行因材施教，根据学生已有的专长进行教育。

③**教学和研究紧密结合，刊刻师生研究成果**。两所书院从事教学活动的同时，也进行学术研究，注重自学和独立研究，推动书院教学和研究活动的开展。

(3) **影响**：①继承并发扬书院教育的优良传统，培养、造就人才。②对改变清朝腐败的官学化书院教育有重要影响。③以博习经史词章为主，促进清朝学术文化的发展。④其局限性突出表现为使学生脱离社会实际，缺少经世才能。

> **凯程拓展**
>
> 清朝有四类书院：
> 1. 以讲求理学为主的书院，如清初大儒李颙讲学的关中书院。
> 2. 以学习制艺为主的书院，所谓制艺就是八股文，这类书院就是为了应对科举考试。
> 3. 以学习"经世致用"之学为主，反对学习理学和帖括的书院，如颜元主持的漳南书院。
> 4. 以博习经史词章为主的书院，如诂经精舍和学海堂。

> **凯程提示**
>
> 同学们可以将宋元时期书院的产生与发展与此部分内容作为一个模块进行整体的学习和记忆。

> **经典真题**
>
> ›› **名词解释**　东林书院（15 河南师大，17 河北，21 闽南师大）
>
> ›› **简答题**　简述东林书院的讲会制度。（16 福建师大）

考点 4　选士制度：科举制度的演变　8min搞定

1. 明清科举制度的演变 ★

(1) **明朝科举制度进入鼎盛时期**。

①它在继承宋、元科举制度的基础上，建立了称为"永制"的科举定式。考试分为童试—乡试—会试—殿试，这一程序直到 1905 年才被废除。

②它将八股文确立为固定的考试文体。八股文的诞生和流行，预示着科举制度作为一种先进的人才选拔制度开始走向僵化和没落，也体现了封建社会开始走向衰落。

③它将学校教育纳入科举体系，主张"科举必由学校"。只有接受学校教育取得出身的学子才有资格参加科举考试。从此，学校教育与科举制度紧密结合在一起，这严重地影响和制约着学校教育的发展。

(2) 清朝的科举制度。清朝的科举制度与明朝基本相同，沿用八股取士，科举制度的弊病日益显现，徇私舞弊现象严重，科举考试日益僵化、衰落、腐朽。

> **凯程拓展**
>
> **何谓八股文？** （判断：19陕西师大）
>
> 八股文就是一种命题作文，有固定的结构，朝廷以八股文来固定考试文体。八股文的结构由破题、承题、起讲、入手、起股、中股、后股、束股八个部分组成。其中起股、中股、后股和束股四个部分是文章的主体。这四个部分中各有两股，文字繁简、声调缓急，都要对仗，合称八股。
>
> 一开始明朝使用八股文的主要目的是使考试文体标准化，促进人才选拔的公正客观，但它的负面影响很严重，禁锢了士人的思想，败坏了学风、士风和社会风气，导致学校教育走向僵化。八股文遭到了很多有识之士的猛烈抨击。

2. 科举对学校教育的制约——学校沦为科举的附庸

(1) **学校沦为科举附庸的表现**：明朝以前，进学校读书只是科举考试输送考生的途径之一；到了明朝，进学校读书却成为科举考试的必由之路，只有接受学校教育的学生，才有资格参加科举考试。在科举制度下，学生的目的就是通过科考获得做官资格，迫使学校教育的目标转向为科举服务，导致学校教育失去了独立性，学校便沦为科举的附庸。

(2) **评价**：这对教育产生了十分消极的影响，求学者读书只为追求名利、登上仕途，不为追求真理。明清后的科举制度逐渐表现出腐朽性，主要表现为科举是学校教学的目的，教学内容空疏无用，教学管理松弛，科场舞弊丛生，积重难返。

第二节　明清时期的教育思想

考点1　王守仁的教育思想　17min搞定

（简：13江苏师大、18西北师大；论：16北师大、天津师大、21曲阜师大、西安外国语）

王守仁，字伯安，世称"阳明先生"，是明朝中期著名的教育家。在思想主张上，他继承和发展了陆九渊的学说，提出"心即理""致良知""知行合一"等命题，创立了与程朱理学大相径庭的"阳明学派"（亦称"姚江学派""王学"）。

1. "致良知"与教育作用 （名：16山东师大、17华东师大、20江苏师大、22浙江）

(1) **"致良知"的含义**。王守仁从他的主观唯心主义出发，提出了"学以去其昏蔽"的思想，"学以去其昏蔽"的目的是激发本心所具有的"良知"，具体内容包含以下两个方面。

①"心即理"。他认为万事万物都靠心的认识而存在。万事万物都不在心外，而在心中。所以他不承认有客观存在的"理"，认为"心即理"。

②"良知即是天理"。他继承和发展了孟子的"良知"学说，认为"良知即是天理"，是"心之本体"。"良知"不仅是宇宙的造化者，而且也是伦理道德观念。

（2）"良知"的特点。①它与生俱来，不学自能，不教自会；②它是人人所具有的，不分圣愚；③它不会泯灭；④它有致命的缺点，即在与外物的接触中，由于受物欲的引诱，会受昏蔽。

（3）**教育的作用——"致良知"**。①教育是"致良知"或者是"学以去其昏蔽"的过程。"良知"总要受到物欲的引诱，所以人人都应该受教育；教育可以除掉物欲对"良知"的昏蔽，去"明其心"。②**王守仁认为人人都有"良知"的思想，说明人人都有受教育的天赋条件，强调人的主观能动性。**

> **凯程提示**
> 请大家回忆一下，到现在为止，我们都学了哪些思想家的人性论？其中，有谁提倡"性三品"说？他们的人性论有何差异？

2. "随人分限所及"的教育原则 ★★★

王守仁认为儿童期是一个重要的发展时期，儿童的接受能力发展到何种程度，就对这个程度进行教学，他把这种量力施教的思想概括为"随人分限所及"。

（1）**"分限"的含义。**"分限"指人的认知发展水平和限度，具体表述如下：

①**教育应该顾及儿童的实际接受能力**。但教育者往往不顾及儿童的实际能力，将大量高深的知识灌输给他们，就像一桶水浇在幼苗上，毫无益处。教育的功劳就是随时扩充，把握住"勿助勿忘"的分寸。

②**"授书不在徒多，但贵精熟。"** 教师不应该贪图读书的数量，应该重视精读，反复研读和咀嚼。学习的实质在精，而不在多。

③**教学留有余地，顺应儿童的性情**。教育应保持儿童的学习兴趣，使儿童不会因为学习艰苦而厌学。

（2）**"随人分限所及"的含义。**

①**对于不同的人来说，要因材施教**。施教的分量、内容及方法都要因人而异，起到"益精其能"的效果。

②**对于每个人而言，要循序渐进**。教学的分量要照顾到学生的实际接受能力和基础，在"分限"内恰到好处地施教。

③**对于教师而言，还要量力施教**。儿童的接受能力发展到何种程度，就对这个程度进行教学，不要揠苗助长。

（3）**评价**：这一原则承认人的个体差异，承认教育的作用，把教学和受教育者的心理特征结合起来，在那个年代生活的王守仁就能提出这样的思想是难能可贵的。

3. 论教学 ★★★

（1）**教学内容方面**：王守仁认为凡是有助于"求其心"者均可作为教学内容，读经、习礼、写字、弹琴、习射等，都要学习。读经的作用是帮助学习者明本心，但"六经"不过是人"心"展开过程的记载，其作用无非是帮助人明白和发展"心"中的"理"。所以，王守仁认为"六经"皆史而已，读书不能迷信书中的东西。

（2）**道德与修养方面**：强调事上磨炼（这里的"事"指"人事"），静处体悟，省察克治，贵于改过。

4. 论儿童教育 ★★★ （简、论：10+ 学校）

王守仁在《训蒙大意示教读刘伯颂等》一文中，集中阐发了自己的儿童教育思想。

（1）**内容**。

①**揭露和批判传统儿童教育不顾及儿童的身心特点**。他认为把儿童当作"小大人"是传统儿童教育致命的弱点，它压抑了儿童的个性发展，视儿童为囚犯，视学校为监狱。

②**主张儿童教育应顺应儿童的性情**。教育应该适应儿童的年龄特征，尊重儿童的兴趣，使他们"趋

向鼓舞"。对待儿童就应该像对待小树苗一样，给予他们春风细雨般的呵护。

③**教育方法：** 采用"诱""导""讽"的"栽培涵养之方"，即以诱导、启发、讽劝的方法代替传统的"督""责""罚"的方法。

④**教育内容：** 发挥各门课程多方面的作用，"歌诗""读书""习礼"都有各自独特的作用，应该加以综合运用。

⑤**教育程序：** 主张动静搭配、体脑并用，要精心安排课程，使儿童既得到道德熏陶，又能学到知识、锻炼身体。

⑥**教育原则：** "随人分限所及"，教学应量力而行，盈科而进，因材施教。

(2) 评价。

①**优点：** 他开始主张顺应儿童的性情，依据儿童的接受能力，使儿童在德、智、体、美方面都得到发展，反映了他的教育思想的自然主义倾向。在那个时候就有这样的思想是难能可贵的。

②**局限：** 王守仁进行儿童教育的目的是灌输封建伦理道德。

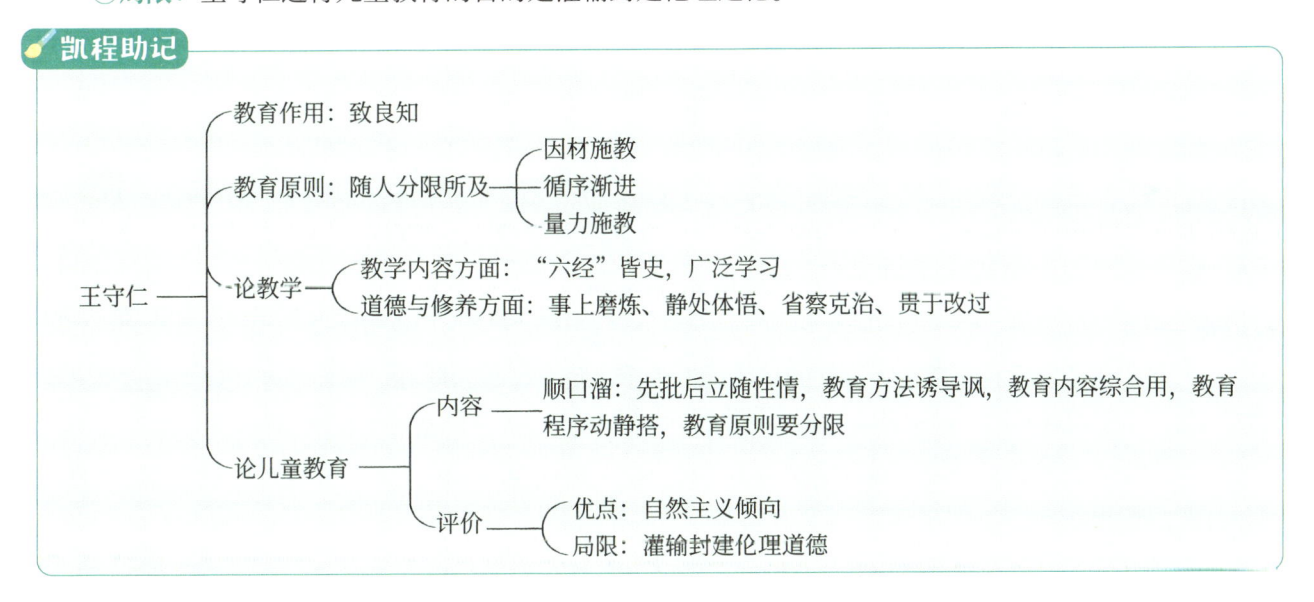

凯程助记

王守仁
- 教育作用：致良知
- 教育原则：随人分限所及
  - 因材施教
  - 循序渐进
  - 量力施教
- 论教学
  - 教学内容方面："六经"皆史，广泛学习
  - 道德与修养方面：事上磨炼、静处体悟、省察克治、贯于改过
- 论儿童教育
  - 内容——顺口溜：先批后立随性情，教育方法诱导讽，教育内容综合用，教育程序动静搭，教育原则要分限
  - 评价
    - 优点：自然主义倾向
    - 局限：灌输封建伦理道德

经典真题

>> **名词解释**

致良知（16 山东师大，17 华东师大，20 江苏师大，23 浙江）

>> **简答题**

1. 简述王守仁的儿童教育思想。（14 鲁东，15、22 西华师大，17 中国海洋、江西师大，18 安徽师大、天津师大，19 闽南师大，20 成都，22 陕西师大，23 大理、集美）

2. 简述王守仁的道德教育观。（13 江苏师大）

>> **论述题**

1. 论述王守仁的教育思想。（16 北师大、天津师大，21 曲阜师大、西安外国语）

2. 试述王守仁的儿童教育思想的内容及其意义。（18、23 西华师大、温州、山东师大，19、22 西北师大）

3. 评析王守仁的教育作用和儿童教育。（21 福建师大）

4. 论述王守仁致良知的教育思想和教育作用。(22宁波)

考点 2　理学教育思想的批判（补充知识点） 5min搞定

明清时期出现了资本主义萌芽。帝国主义的入侵使政治、经济形势日趋复杂，教育思想也相当活跃。程朱理学在教育中居于主导地位，但在实践中日益僵化、空疏、空谈，遭到进步思想家和教育家的猛烈批判。

(1) 中国明清之际的早期启蒙思想家： 黄宗羲、顾炎武、王夫之、颜元等。
(2) 早期启蒙思想的一般特征。
①批判：批判理学，反对"明天理，灭人欲"，反对空谈义理、呆板的教学方法。
②主张：主张个性自由发展，认为教育要顺应人的本能要求。
③教育目的：培养经世致用的人才，提出"实才实德"的人格理想和教育目标。
④教育内容：主张学习自然科学知识和技艺。
⑤教育方法：提倡积极实践，反对理学家主张静坐、读书穷理的治学方法。
⑥选士方面：批评传统的专制主义把学校作为宣传其思想的工具，指出科举制度束缚人性。

考点 3　黄宗羲的教育思想 5min搞定　（简：21西安外国语，22湖南师大）

黄宗羲是我国明末清初具有民主教育色彩的教育家，他认为学校不仅具有培养人才、改进社会风气的职能，而且还应该议论国家政事。"公其非是于学校"是他对中国古代教育理论的独特贡献。这一思想集中反映在《明夷待访录·学校篇》中。

1. 内容
（1）**黄宗羲主张学校应该是大家共同议论国家政事之是非标准的地方**。因为学校议政，可以使上至朝廷命官，下至里巷平民，逐渐养成普遍议政的风气，而不再以天子的是非为标准。
（2）**他主张普及教育**。把寺观庵堂改为书院和小学，实现全国城乡"人人都能接受教育，人人都能尽其才"的理想。
（3）**他还强调学校必须要将讲学和议政紧密结合**。学校集讲学和议政于一身，既是培养人才、传递学术文化的机构，又是监督政府、议论政事利弊的场所。

2. 意义
"公其非是于学校"的思想是中国古代关于学校职能的创新。它要求国家决策民主化，闪烁着民主思想，因为这种性质的学校与近代资本主义制度下的议会相近，所以这种思想也是近代议会思想的萌芽，对中国近代资产阶级反对封建教育起到了启蒙作用。

考点 4　王夫之的教育思想 3min搞定　（论：21青海师大）

王夫之是明末清初思想家，与顾炎武、黄宗羲并称"明清之际三大思想家"。他在哲学、文学和史学领域都颇有建树。其中，更为著名的是反禁欲以及"日生日成"的人性论。

"日生日成"的人性论与教育：
王夫之认为人性不是一成不变的，而是处在不断变化发展的过程中，从而提出了"日生日成"的人性论。即人性不是天生的，而是在后天不断生长变化的过程中逐渐形成的。基于此，王夫之十分重视教育对人发展的作用。这种教育作用主要表现在两个方面：①继善成性，使之为善；②改恶为善，即改变青少年时期因"失教"而形成的"恶习"。

考点 5　颜元的教育思想　16min搞定　（名：17河北，19湖南；简：14延边，18华东师大，23山西师大）

1. 颜元与漳南书院

颜元是明末清初杰出的教育家。他深刻地批判了程朱理学脱离实际的书本教育，竭力提倡"真学"和"实学"的教育内容，创立了以"实学"为特征的教育理论体系。他亲自创办漳南书院，反对理学，实行六斋教学。

2. "正其义（谊）以谋其利，明其道而计其功"的义利合一观[①]

传统教育在伦理道德教育方面把"义"和"利"、"理"和"欲"对立起来。董仲舒提出"正其义（谊）不谋其利，明其道不计其功"，理学家主张"明天理，灭人欲"。颜元针锋相对地做了批判，明确提出义利对立是违背了人性的思想。

（1）内容："正其义（谊）以谋其利，明其道而计其功"。"义"和"利"二者并非截然对立，而是能够统一起来的。①"利"是"义"的基础。"正谊""明道"的目的就是"谋利"和"计功"。②"利"不能离开"义"，而且"利"必须符合"义"。

（2）评价：颜元针对传统教育的偏见，继承和发展了南宋事功学派（该学派主张重事功、讲实际）的思想，明确提出了"正其谊以谋其利，明其道而计其功"的命题，冲破了传统的禁锢，使中国古代对于义利关系问题的认识近乎科学。

3. "实才实德"的培养目标　（名：16云南师大）

（1）含义："实才实德"，即品德高尚、有真才实学的"经世致用"之才。

（2）种类：①"上下精粗皆尽力求全"的通才；②"终身止精一艺"的专门人才。

（3）意义："实才实德之士"的培养目标显然已冲破了理学教育的桎梏，具有鲜明的"经世致用"的特性，反映了发展社会生产的新兴市民阶层对人才的新要求，这在当时无疑是具有进步意义的。

4. "六斋"与"真学""实学"的教育内容　（简：15西北师大，17、18华东师大；论：20安徽师大）

（1）"六斋"教学。颜元在漳南书院陈设"六斋"，实行"分斋教学"。

①**文事斋**：课礼、乐、书、数、天文、地理等科。

②**武备斋**：课兵法，并攻守、营阵、陆水诸战法，射御、技击等科。

③**经史斋**：课《十三经》、历代史、诰制、章奏、诗文等科。

④**艺能斋**：课水学、火学、工学、象数等科。

⑤**理学斋**：课静坐、编著、程、朱、陆、王之学。

⑥**帖括斋**：课八股举业。

评价：这"六斋"是对颜元"真学""实学"内涵最明确也是最有力的说明。

（2）"真学""实学"的教育内容。为了培养"实才实德之士"，漳南书院主张实行"实文""实行""实体"和"实用"的教学原则。具体教学内容为：

①把以"六艺"为中心的"三事""六府""三物"[②]作为教育内容，其核心是强调"六艺"教育。

②颜元基于他"富国强兵"的政治理想，提出教育要"兵农合一""文武兼备"。

③颜元反对重文轻武，提倡文武兼备；反对不劳而获，提倡劳动教育。

[①] 333大纲中本章有两个知识点，一个是"义利合一的教育价值观"，另一个是"正其义（谊）以谋其利，明其道而计其功"的义利观，这两个知识点是完全相同的，所以，凯程在颜元的教育思想里做了详细解释。

[②] "三事"指正德、利用、厚生；"六府"指水、火、金、木、土、谷；"三物"指"六德"（知、仁、圣、义、忠、和）、"六行"（孝、友、睦、姻、任、恤）和"六艺"（礼、乐、射、御、书、数）。这些细节知识出题概率很低。

(3) 意义。

①**超越"六艺"教育的范围**。颜元"真学""实学"的教育内容不仅同理学教育有着本质的区别，而且大大超越了"六艺"教育。

②**体现近代课程设置的萌芽**。他把诸多门类的自然科技知识、各种军事知识和技能正式列进教学内容，并且实行分斋设教，这在当时确实是别开生面的，已经蕴含近代课程设置的萌芽，将中国古代关于教育内容的理论推进到一个新的发展阶段。

5."习行"的教学方法 （名：18青海师大，22华中师大；简：15杭州师大，20赣南师大；论：20安徽师大）

强调"习行"的教学方法，是颜元关于教学方法的一个最基本也是最重要的主张。

(1) 含义："习行"就是强调在教学过程中要联系实际，坚持练习和躬行实践；颜元并非排斥通过读和讲来学习知识，而是主张将读书、讲学与"习行"相结合。

(2) 提倡"习行"的原因。

①**直接原因**：颜元反对传统的"静坐""闭门读书"和空谈理义。

②**教学方法**："习行"是培养"经世致用"人才的主要途径和教学方法。

③**符合规律**："习行"符合学习规律，有利于道德的修养，有利于身体健康。

(3) **评价**：颜元强调接触实际、重视练习，从躬行实践中获得知识，可以说是中国古代教学法发展史上一次手足解放的运动。这种反对脱离实际的、注入式的、背诵教条的教学方法，可以说是教学法理论和实践上的一次重大革新。

> **凯程提示**
>
> 每一个有关颜元教育思想的小知识点都可能考选择题，另外，还有可能以"简述颜元的教育思想"为题，把他所有的观点结合在一起进行考查。

> **凯程助记**
>
> 颜元
> ├─ 教育实践：漳南书院
> ├─ 教育作用：义利合一观（正其谊以谋其利，明其道而计其功）
> ├─ 教育目的：实才实德之士
> ├─ 教育内容 ┬ 分斋教学：口诀——文事武备，经史艺能，理学帖括
> │   └ 实学内容："三事""六府""三物"，超越"六艺"
> └─ 教学方法："习行"

经典真题

>> **名词解释**

1. "习行"教学法（18青海师大，22华中师大）
2. 颜元（17河北，19湖南，23渤海）
3. 经世致用（16云南师大）

>> **简答题**

1. 简述颜元的"六斋"教学及"实学"的教育内容。（17华东师大）
2. 简述颜元的"习行"教学法。（15杭州师大，20赣南师大）

3. 简述颜元的学校改革思想。（14 延安，15 西北师大，18 华东师大）

4. 简述黄宗羲的教育思想。（21 西安外国语，22 湖南师大）

5. 简述颜元的"义利合一"。（22 江苏师大）

6. 简述颜元的教育思想。（23 山西师大）

>> 论述题

1. 试论述颜元的"实学""真学"和"习行"的内容及启示。（20 安徽师大）

2. 论述王夫之的道德观及其修养方法。（21 青海师大）

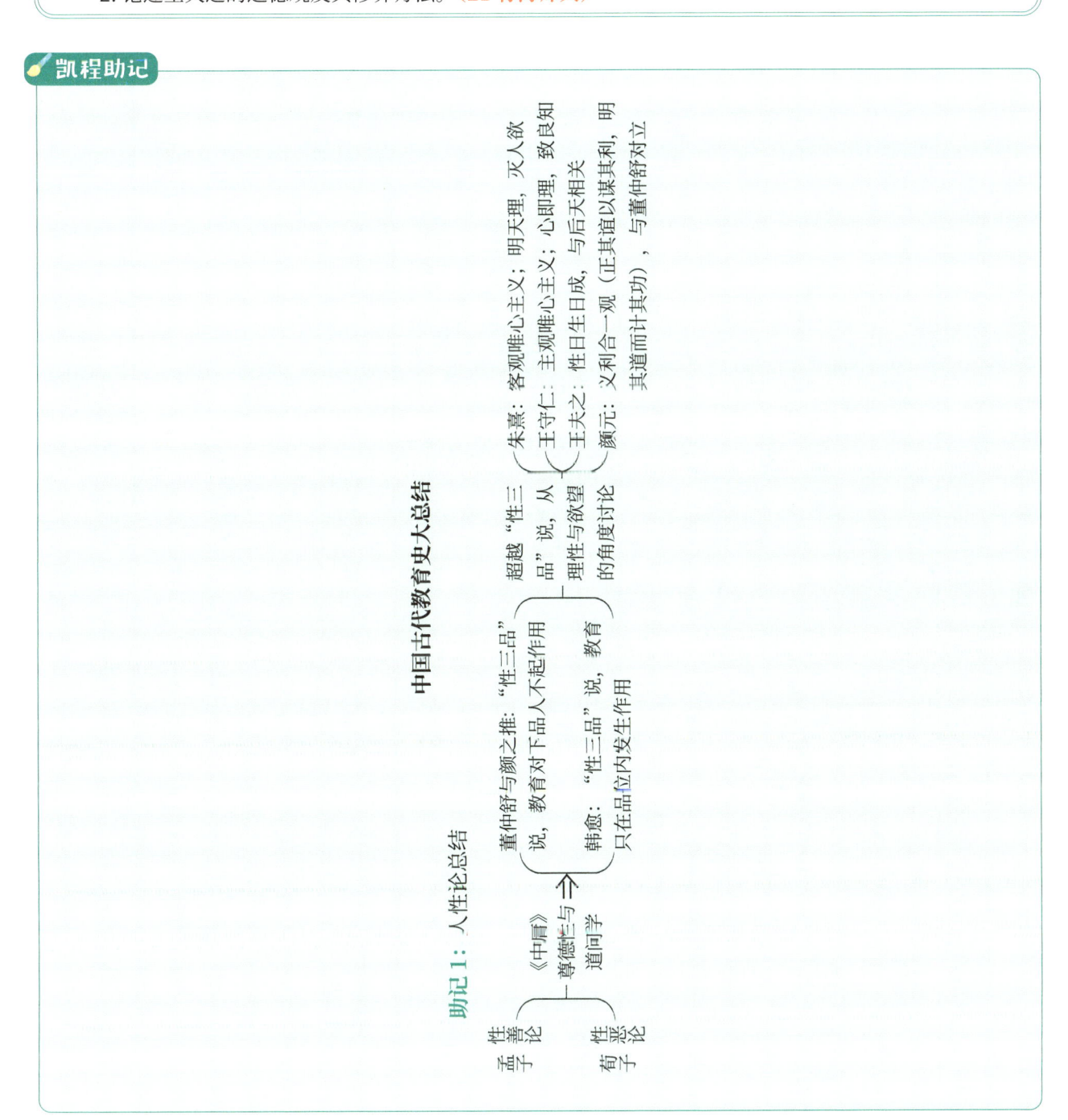

凯程助记

助记 1：人性论总结

中国古代教育史大总结

- 性善论——孟子
- 性恶论——荀子
- 《中庸》——尊德性与道问学
- 董仲舒与颜之推："性三品"说，教育对下品人不起作用
- 韩愈："性三品"说，教育只在品位内发生作用
- 超越"性三品"说，从理性与欲望的角度讨论：
  - 朱熹：客观唯心主义；明天理，灭人欲
  - 王守仁：主观唯心主义；心即理，致良知
  - 王夫之：性日生日成，与后天相关
  - 颜元：义利合一观（正其谊以谋其利，明其道而计其功），与董仲舒对立

助记2：古代教育史总表（一表汇总中国古代教育史的知识体系）

		夏商西周	春秋战国	秦朝	两汉	魏晋南北朝	隋唐	宋朝	元朝	明朝	清朝前期
文教政策/教育管理		学在官府；"六艺"为主	百家争鸣	法制统管	抑黜百家，独尊儒术	—	崇儒兴学，兼用佛道；教育机构与制度	兴文教，抑武事	遵用汉法	治国以教化为先，教化以学校为本	兴文教，崇经术，以开太平
教育制度	中央官学	国学（大学、小学）	稷下学宫（兼有官学与私学的性质）	统一文字，严禁私学，吏师制度	太学；鸿都门学	西晋：国子学；南朝宋："四馆"、总明观；北魏：略	"六学一馆"，对口专科学校	官学体系："三次兴学"；"三舍法"；"苏湖教法"；"积分法"	升斋等第法	官学体系发达；监生历事	官学体系发达
	地方官学	乡学	—	—	郡国学	—	州县二级制	提举学事司；州学与县学；学田制度	社学	—	六等黜陟法
	私学	家庭教育	私学兴起的原因与意义	—	—	—	私学兴盛：初级私学、高级私学	初级私学：私塾、蒙学；高级私学：书院——白鹿洞书院	—	东林书院	漳南书院，诂经精舍与学海堂
选士制度		世袭制，无须选士	—	—	察举制	九品中正制	科举制	科举制的进一步发展	科举制的演变：加强管制	科举制的演变：八股取士	科举制的演变：八股取士，走向僵化
教育思想		—	孔、孟、荀、墨、道、法家；《大学》《中庸》《学记》	—	董仲舒	颜之推：《颜氏家训》	韩愈	朱熹	—	王守仁	黄宗羲，颜元，王夫之

注：此图凯程申请知识产权保护，除了学生学习，其他机构或个人不得用于商业用途，请勿抄袭。

第二部分　中国近代教育史

学习方法

我们可以用一个表格汇总中国古代教育史的知识点，那么中国近代教育史的知识点也可以一表汇总吗？

答案是肯定的。凯程为大家制作了第二张表格，请考生一边学习一边自主填写。凯程会在第十二章结尾的凯程助记为大家完整地展现该表格的具体内容。考生可以将自己填好的表格与之核对，查漏补缺的同时，还可以更好地建立自己的知识体系。

派别	改革措施	指导思想	教育家	宗教教育
1840—1860年　太平天国运动（农民阶级）				
1860—1894年　洋务运动（地主阶级）				
1870—1898年　早期改良派				
维新派				
1901—1912年　新政时期（地主阶级）				
1912—1927年　民国前期（资产阶级革命派）				
民国时期之新文化运动时期				
1927—1949年　国民党的教育（南京国民政府时期）				
中国共产党的教育				

第七章 中国教育的近代转折[1]

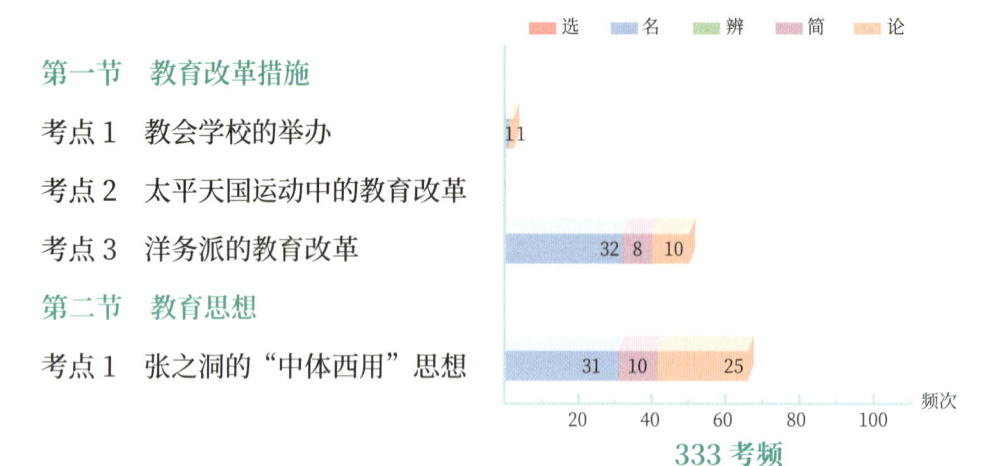

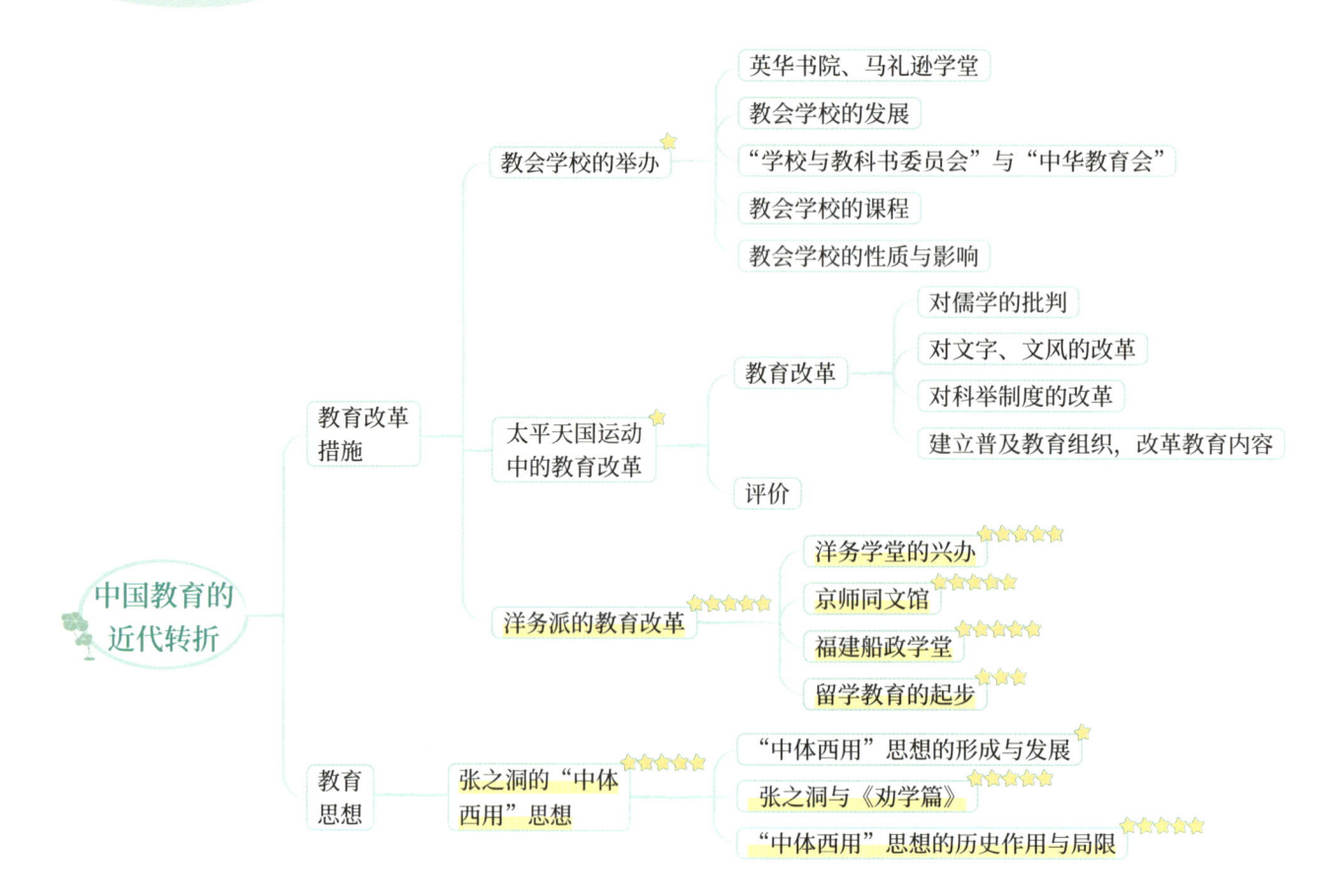

考情分析

第一节 教育改革措施
考点1 教会学校的举办
考点2 太平天国运动中的教育改革
考点3 洋务派的教育改革

第二节 教育思想
考点1 张之洞的"中体西用"思想

333考频

知识框架

中国教育的近代转折
- 教育改革措施
  - 教会学校的举办
    - 英华书院、马礼逊学堂
    - 教会学校的发展
    - "学校与教科书委员会"与"中华教育会"
    - 教会学校的课程
    - 教会学校的性质与影响
  - 太平天国运动中的教育改革
    - 教育改革
      - 对儒学的批判
      - 对文字、文风的改革
      - 对科举制度的改革
      - 建立普及教育组织，改革教育内容
    - 评价
  - 洋务派的教育改革
    - 洋务学堂的兴办
    - 京师同文馆
    - 福建船政学堂
    - 留学教育的起步
- 教育思想
  - 张之洞的"中体西用"思想
    - "中体西用"思想的形成与发展
    - 张之洞与《劝学篇》
    - "中体西用"思想的历史作用与局限

---
[1] 本章全部参考孙培青的《中国教育史》（第四版）第十章。

考点解析

第一节 教育改革措施

在1840—1860年的21年里，以英国为首的西方资本主义列强先后对中国发动了两次鸦片战争，强迫清政府签订了一系列不平等条约，对中国进行无情的经济掠夺和政治压迫，中国开始沦为半殖民地半封建国家，一些开明的官吏和知识分子关心国家命运，主张国家积极变革，奋发图强。于是，代表着中国地主阶级的洋务派率先进行改革，这段时间里，代表农民阶级的太平天国运动也在探索中国改革的方向，他们的改革都是中国人的自救自强运动，客观上反映了资本主义发展的历史要求，开启了中国早期近代化的进程。而这一时期西方的教会教育也逐渐进入中国，成为一股新的力量改变着中国近代教育的局面。

考点1 教会学校的举办 26min搞定 （简：15湖北）

早在鸦片战争以前，就有外国传教士在中国传教。鸦片战争后，西方列强打开了中国的国门，西方传教士获取了在华办学进行教育渗透的特权，拉开了教会学校登陆中国的序幕。

1. 英华书院、马礼逊学堂 （名：16云南师大）

（1）英华书院。

英华书院是英国传教士马礼逊于1818年在马六甲创办的教会学校，1843年迁往香港，后更名为英华神学院，1856年停办。英华书院尽管不是设在中国内地本土，办学目的也只是"为宣传基督教而学习英文与中文"，但它是第一所主要面向华人的新式学校，该校毕业的部分华人学生成为近代中国第一批西学的知情者。从传教士方面说，英华书院也为鸦片战争后教会学校的大量设立积累了经验，探索了路径，准备了人才。

（2）马礼逊学堂。

马礼逊学堂于1839年在澳门成立，1842年迁往香港，成为香港开埠后的第一所学校，因纪念马礼逊而得名。它是最早设立于中国本土比较正式的教会学校，是一所专门针对华人开办的学校，开创了教会在华办学的先河。它开设了丰富的西学课程，开阔了学生的知识视野，为学生形成近代社会观念打下了基础。在马礼逊学堂接受教育的学生中，日后知名的有黄宽、黄胜、容闳等人，其中容闳对中国近代教育的影响最大。

2. 教会学校的发展

1842年，中英签订《南京条约》，割让香港，开放广州、福州、厦门、宁波、上海为通商口岸。凭借不平等条约的保护，西方传教士纷纷来华传教，办学校，办医院，教会学校由此获得了发展的历史机遇。我们从以下四个阶段谈教会学校的发展概况。

（1）**第一阶段：两次鸦片战争期间的小规模发展（1840—1860年）**。两次鸦片战争时期的教会学校集中在五个开放通商的沿海城市和香港。它们的特点：

①**规模小**。教会学校人多依附于教堂，规模小，开始时一般不满十人，有的只有两到三个学生。

②**办学程度低**。绝大多数教会学校仅相当于小学程度的学塾。

③**办学目的是传教**。教会学校的创办是为了传播基督教福音，扩展传教的范围，加快宗教影响的速度。

④**招生对象一般为贫苦子弟**。一开始，教会学校招生困难，多以贫苦人家的孩子为主，甚至还有一

些孩子是无家可归的难童。为吸引学生，早期教会学校多免收学费和食宿费，甚至还提供衣物与路费等。尽管如此，教会在招收女生时还是格外困难，首要原因是受中国社会"女子无才便是德"的传统观念影响，其次，国人对西方教会学校存有猜疑，怀疑其虐童。但经过很多教会人士的一番努力，1844年，宁波女塾开办，这是传教士在中国开办的第一所女子学校。

(2) **第二阶段：教会学校数量激增但各自为政（19世纪60年代初到1876年）**。

这一时期教会学校蓬勃发展，由19世纪60年代初的不足200所发展到1876年的大约800所，学生人数达到两万人左右，女生占了相当的比例。这一时期的教会学校仍然以小学为主，但已有少量中学出现。

(3) **第三阶段：形成初等教育到高等教育的教会教育系统（1877年至20世纪20年代）**。

1877年，在华基督教传教士举行了第一次传教士大会，强调教会学校对中国基督教事业发展的重要作用。大会以后，基督教教会学校改变了过去零星分散、各自为政的状态，加强了相互之间的联系。之后，传教士们建立了"学校与教科书委员会"和"中华教育会"，商讨和解决教会教育的具体问题，如教科书、课程设置、师资培训、考试制度及教学方法等，从而加速了教会学校的制度化发展，逐渐建立了一个从初等教育到高等教育，并包括各种专门教育的相互衔接的、庞大的教会教育系统。

此时的教会教育已经涌现出新特点：

①**规模大且成体系**。教会学校演变为从初等教育到高等教育，还包括各种专门教育的相互衔接的教育体系，系统内课程、教材、教学规定等各个方面都自成一体。

②**办学程度高**。此时，很多教会学校达到了高等教育的办学层次和水平。

③**办学目的除了传教，还有渗透西方思想价值观念**。20世纪初，很多教会学校迫使学生信仰基督教，移植西方思想价值体系，企图把中国变成一个基督教国家，这已经带有文化侵略的性质。

④**招生对象已经转向富裕家庭子弟，收费高昂**。吸收新兴资产阶级家庭和其他富裕家庭的子弟，收取高昂的学费。这样不仅可以提高教会教育的影响力，还能在进行文化渗透的同时获取经济利益。

(4) **第四阶段：教会教育世俗化和中国化的变革（20世纪20年代至中华人民共和国成立）**。

20世纪20年代，随着中国人民的觉醒和国家观念、民族意识的增强以及科学主义思想的广泛传播，教会教育日益激起人们的反对，向教会收回教育权的呼声和运动已成不可避免之势。（收回教育权运动在第九章还会详细讲解。）

收回教育权运动表达了中国学生和青年知识分子反对教会教育在中国的发展，但最终并没有结束教会教育在中国的历史，这促使教会学校纷纷朝着更加世俗化和中国化的方向进行改革，收敛了他们文化侵略的野心。直到中华人民共和国建立，才取消了教会教育体系。

3. "学校与教科书委员会"与"中华教育会"

(1) **"学校与教科书委员会"**。

1877年，第一次在华基督教传教士大会在上海举行。为适应教会学校的发展，规范教会学校的教学内容，大会决定成立"学校与教科书委员会"，当时中文名称为"益智书会"。这是近代第一个在华基督教教会的联合组织。"学校与教科书委员会"成立后，推动了教会学校的教材编写工作。其所编写的教科书，不仅供教会学校使用，也赠送给各地传教区的私塾使用，以此来促进基督教的传教。

(2) **"中华教育会"**。

1890年，第二次在华基督教传教士大会在上海召开，将1877年成立的"学校与教科书委员会"改组为"中华教育会",议定每三年召开一次大会。中华教育会标榜"以提高对中国教育之兴趣,促进教学人员友好合作为宗旨",对整个在华基督教教育进行指导。中华教育会扩大了工作范围,强调工作的经常性和规范性,后来实际上成为中国基督教教会教育的最高领导机构,对当时中国教育的发展产生过较大的影响。

4. 教会学校的课程

教会学校的课程一般包括宗教、外语、西学、儒学经典等。其中,西学主要开设数学、天文、地理等课程;随着学校层次的提高,开设相当数量的数学、物理、化学课程和其他科技课程;高等级的学校也开设一定数量的人文社会学课程。

5. 教会学校的性质与影响

(1) 积极影响。

①**客观上促进了中国教育的近代化**。教会学校在中国的举办开启了中国教育接触国际的大门,也是中国传统教育向近代教育过渡的促进因素。

②**促进中西文化交流**。教会学校与洋务学堂并称为新式学堂,但教会办学的整体规模大于洋务教育的规模。教会学校的广泛设立,无疑加速了西学在中国的传播进程。可见,教会学校是近代中西文化交流的产物,它的发展变化是近代中西文化交流史的重要组成部分。

③**促进中国近代教育体系的建立**。教会学校在学校教学体制、课程规划、教学方法、考试管理等方面,都具有近代教育的特征。

④**促进中国人教育视野的逐渐开阔**。开放女子教育,设立学前教育机构,都是从教会教育开始的。

⑤**培养了大批具有西方知识的新教师和各行各业的工作者**。教会学校的毕业生至少在知识结构上符合新式教育的需要,成为洋务时期乃至维新时期、清末新政时期新式学堂教师和其他职业人才的重要来源。

(2) **消极影响(教会学校的性质)**:教会学校本质上是西方世界殖民扩张的产物,带有强烈的殖民性质。教会学校的存在,是近代中国半殖民地的国家地位在教育上的反映。

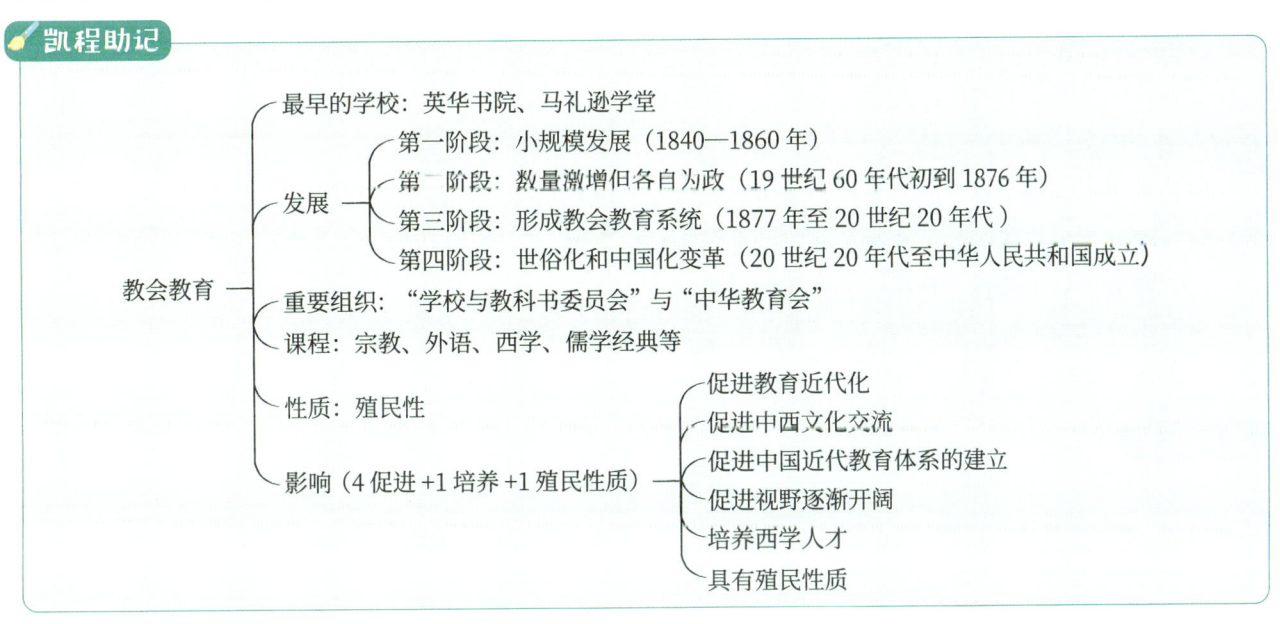

凯程助记

```
              最早的学校:英华书院、马礼逊学堂
                      第一阶段:小规模发展(1840—1860年)
              发展    第二阶段:数量激增但各自为政(19世纪60年代初到1876年)
                      第三阶段:形成教会教育系统(1877年至20世纪20年代)
                      第四阶段:世俗化和中国化变革(20世纪20年代至中华人民共和国成立)
教会教育      重要组织:"学校与教科书委员会"与"中华教育会"
              课程:宗教、外语、西学、儒学经典等
              性质:殖民性
                                              促进教育近代化
                                              促进中西文化交流
              影响(4促进+1培养+1殖民性质)    促进中国近代教育体系的建立
                                              促进视野逐渐开阔
                                              培养西学人才
                                              具有殖民性质
```

考点 2 太平天国运动中的教育改革 ⭐15min搞定

中国的传统教育受到农民革命的冲击。太平天国是中国历史上规模空前的农民革命运动，它不仅冲击了清王朝的封建统治，在文化教育领域也引起了强烈的震撼。

1. 太平天国的教育改革

（1）**对儒学的批判**。洪秀全等人创立的"拜上帝教"教义是太平天国领导者发动和组织农民的思想武器。孔子及其代表的儒家学说成为被推倒的第一尊偶像，动摇了儒学在教育内容中的核心地位。

（2）**对文字、文风的改革**。太平天国主张对文字和文风的改革应该表现出简易、通俗化的倾向。于是，实行了以下主要措施：①吸收民间常用的简体字作为官方用字，便于书写。②仿照西方的做法，在书写、印刷时引入标点符号，便于识读。③改革文风，要求文章的内容反映现实生活，做到"文以纪实"，提倡使用大众化的语言。④反对言不从心和各种阿谀奉承的文字。

（3）**对科举制度的改革**。考试的程序基本沿用明清旧制，但对考试的内容和对象做了重大改革：①在考试内容上：废除从"四书""五经"中出题的做法，突出"策论"，选拔能经邦济世的人才。②在考试对象上：废除了门第、出身、籍贯等方面的限制，扩大了考试对象的范围，特别是还曾开设女科，专门选拔女性人才，突破了中国古代科举考试对女性的限制。

（4）**建立普及教育组织，改革教育内容**。

①**普遍设立学校，主要有育才书院和义学**。太平天国颁布了《天朝田亩制度》，其内容之一是在农村地区建立一套军事、政治、宗教合一的地方政权体系。在天京城区设有"育才书院"，它是一种比较正规并主要面向将官子弟的学校。太平天国所到城市，也常设立育才馆和义学，对儿童实施教育。

②**编写教材，学习西学，把政治思想、道德教育和宗教教育融为一体**。太平天国的教育内容主要是以宗教教义的形式组织起来的，把政治思想、道德教育融汇到宗教教育与宣传中，也可达到教会民众初步读写和文化知识教育的目的。其基本教材主要分为两类：第一类是群众性宗教、政治思想教育读物，如《天条书》《新遗诏圣书》；第二类是儿童启蒙性读物，如太平天国自己编订的《三字经》（1853年）、《幼学诗》（1852年）等。

此外，熟悉西学的洪仁玕大力倡导学习西方科技知识，对西学持开放态度。

2. 对太平天国教育改革的评价

（1）太平天国运动对以儒学为核心的传统教育展开批判，提出了普及教育的组织形式。

（2）对文字、文风的改革有利于文化教育的平民化发展。

（3）开放了女子教育，允许女子参加科举考试。

（4）洪仁玕等人还提出学习西学，发展资本主义教育的主张。

这些都对传统教育体系产生了重大冲击，并具有近代教育的因素。

凯程助记

太平天国的教育改革措施
- 批判儒学
- 改革文字、文风：顺口溜——文字简体加标点，反映现实少奉承
- 改革科举：顺口溜——内容考策论，对象有女子
- 改革教育内容：顺口溜——普及学校编教材，学习西学很开放，政德宗教相结合

考点3　洋务派的教育改革 45min搞定　（名：17延安，20重庆三峡学院；简：18延边，22淮北师大；论：5+学校）

1. 洋务学堂的兴办　（名：10闽南师大，17湖北，21浙江；简：15江苏师大；论：15苏州）

19世纪60—90年代兴起的洋务运动是一场引进西方资本主义先进科学技术，以兴办近代工矿业为中心，兼及军事、文化教育等多方面内容的大规模运动。这一时期的一系列教育变革措施，被称为"洋务教育"。

洋务学堂是洋务运动的重要组成部分，其目的在于培养洋务运动所需要的翻译、外交、工程技术、水陆军事等多方面的专门人才，教学内容以"西文"与"西艺"为主。洋务学堂的开办是随着洋务运动的展开而开始的。

(1) 洋务学堂的类型。（简：13西北师大，14山西，22杭州师大）

19世纪60—90年代，洋务派创办的洋务学堂有30余所，主要类型包括：

①**外国语（"方言"）学堂**。如京师同文馆、上海广方言馆、新疆俄文馆等。

②**军事（"武备"）学堂**。如福建船政学堂、上海江南制造局操炮学堂、广东实学馆及广东水陆师学堂等。

③**技术实业学堂**。如福州电报学堂、天津电报学堂、天津西医学堂、山海关铁路学堂等。

(2) 洋务学堂的新特点。（简：13西南，14云南师大，12中央民族，22南京师大）

①**培养目标**：造就各项洋务事业需要的专门人才。

②**办学性质**：专科性学校，属于部门办学，直接根据本部门的需要培养人才。

③**教学内容**：以学习"西文"与"西艺"为主，课程多包含与各自专业相关的科学技术课程，注重学以致用。

④**教学方法**：按照知识的接受规律由浅入深、循序渐进地安排教学内容，重视理解，强调理论与实际相结合。

⑤**教学组织形式**：制订分年课程计划和学制年限，采用班级授课制。

(3) 洋务学堂的"旧因素"。洋务学堂因根植于半殖民地半封建社会的土壤，具有新旧杂糅的特点。

①**缺乏规划**。缺乏全国性的整体规划和学制系统，学校之间彼此孤立。

②**旧文化包袱重**。在"中学为体，西学为用"的总原则下，不放弃学习"四书五经"。

③**具有官僚习气**。管理上有封建官僚习气，关键管理环节受洋人挟制，影响学堂的正常办理。

(4) 洋务学堂的意义。

洋务学堂拉开了中国教育近代化的序幕。它以西方近代科技文化作为主要课程，在形式上引入了资本主义因素，初步具备近代教育的特征。它产生之初并未有意与以科举制度为核心的旧教育相对抗，但产生之后，逐渐动摇和瓦解了旧教育体系，实际上启动了近代中国教育改革的进程，历史意义重大。

凯程助记

分类	类型	新特点	"旧因素"	意义
洋务运动教育改革	①外国语学堂。②军事学堂。③技术实业学堂	①目标：洋务运动的人才。②性质：专科性学校，部门办学。③内容："西文"与"西艺"。④方法：重视理解的西式教学。⑤教学组织形式：制订分年课程计划和学制年限，采用班级授课制	①缺乏规划。②旧文化包袱重。③管理上有官僚习气	洋务学堂拉开了中国教育近代化的序幕

2. 洋务学堂典型案例：京师同文馆 ★★★★★ （选：14 重庆；名：15+ 学校；简：21 陕西师大，22 福建师大）

京师同文馆是近代中国被动开放的产物，是我国第一所洋务学堂，也是我国最早的官办新式学校。初创时只有英文馆，以外语教学为主，后来成为兼习各门西学的综合性学校，并建立了中国近代最早的化学实验室和博物馆。1900 年，八国联军攻占北京时停办，1902 年并入京师大学堂。

（1）**特点。**

①**培养目标：** 专门培养洋务人才，不再培养科举考试人才，注重学以致用。

②**课程设置：** 外语居于首位，侧重"西学"与"西艺"，汉文经学贯穿始终。

③**教学组织形式：** 最早开始了中国的班级授课制和分年课程。

④**教学方法：** 由浅入深，循序渐进，在一定程度上改变了死记硬背的学风，强调理论与实际相结合。

（2）**意义：** 京师同文馆既有封建性，又有殖民性，是清政府在教育上和外国资本主义结合的产物。它的历史地位主要表现在：

①**京师同文馆是洋务学堂的开端，也是中国近代新教育的开端。** 正是由于其"领头羊"的作用，才有了大量新式学校的涌现。

②**京师同文馆是社会关注的焦点。** 京师同文馆身处北京，它的一些重要举措，以及由此引起的争执往往能反映出各派关于教育改革的观点，所以它成了社会关注的焦点。

以上两点，决定了京师同文馆在中国近代教育史上的标志和象征意义。京师同文馆标志着我国正式迈出了教育近代化的步伐。它具有新的办学形式，且使科学教育正式列入中国教育之中，推动中国教育向前迈出重要一步。

3. 洋务学堂典型案例：福建船政学堂 ★★★★★ （名：14 渤海，19 南京师大；简：21 福建师大；论：12 福建师大）

福建船政学堂又称"求是堂艺局""福州船政学堂"，是福建船政局的组成部分。福建船政局也叫"马尾船政局""福州船政局"，由左宗棠于 1866 年奏请创办，是近代中国第一个，也是洋务运动时期最大的专门制造近代轮船的工厂。左宗棠一开始就把造船与培养人才结合起来，在《详议创设船政章程折》里确定学校的名称为"求是堂艺局"。

（1）**特点。**

①**培养目标：** "习学洋技"，主要培养造船和驾驶人才。

②**学堂有前学堂和后学堂之分：** 前学堂学习制造技术，又称造船学堂，目标是培养能够设计制造各种船用零件并能进行整船设计的人才；后学堂学习驾驶和轮机技术，一般邀请英、法的教习。

③**前学堂内添设"绘事院"和"艺圃"：** "绘事院"的目标是培养生产用图纸的制作人才；"艺圃"实际上是在职培训学校，这种通过工读结合形式有计划地培养生产和技术骨干的做法，开创了我国近代职工在职教育的先声。总之，学堂既培养军事人才，也培养军工技术人才。

④**发展过程：** 1913 年，福建船政学堂从船政局中析出，改组为三个独立的学校：前学堂改组为福州制造学校；后学堂改组为福州海军学校，直属民国政府海军部；"艺圃"改组为艺术学校。

（2）**意义。**

①**福建船政学堂是持续时间最久的洋务学堂。** 福建船政学堂从开办到改组，历时近半个世纪，是洋务学堂中持续时间最久的一所学堂。

②福建船政学堂致力于培养海军人才。它在我国近代海军事业的发展中占有重要地位，为近代中国海军输送了第一批舰战指挥和驾驶人才，是近代中国海军人才的摇篮。

③福建船政学堂促进了中国船舰制造业的发展，并为其发展写下了光辉的一页。

凯程提示
洋务学堂中开办最早、影响最大的是京师同文馆，而办得最有成效的是福建船政学堂。

凯程助记

学堂	京师同文馆	福建船政学堂
特点	①培养目标：专门培养洋务人才； ②课程设置："西学"与"西艺"，汉文经学贯穿始终； ③教学组织形式：班级授课制和分年课程； ④教学方法：引入西方教学法	①培养目标：培养造船和驾驶人才； ②学堂有前学堂和后学堂之分； ③前学堂内添设"绘事院"和"艺圃"； ④发展过程（略）
意义	①洋务学堂的开端； ②社会关注的焦点； ③标志着我国正式开始教育近代化	①持续时间最久； ②培养海军人才； ③促进我国船舰制造业发展

4. 留学教育的起步 ★★★ （论：17 福建师大）

19世纪70年代，洋务运动进行了一段时间后，逐渐认识到学习西方知识和先进技术的重要性，而国内缺乏师资，加之社会文化的限制，无法在国内开展深入学习西方的活动，于是洋务派启动了留学教育。

(1) 幼童留美。★★★

①**过程**：a. 幼童留美计划最早由容闳提出。b.1871年，曾国藩、李鸿章等人在容闳"教育计划"的基础上，上奏《选派幼童赴美肄业办理章程折》，拟选送12～16岁的幼童，每年30名，分4年共120名幼童赴美留学，15年后每年回华30名。c.1872年8月11日，第一期30名幼童经上海预备学校培训后，在监督陈兰彬的带领下赴美（容闳已先期赴美做准备工作）。d.1873年6月、1874年11月、1875年10月，第二、三、四期各30名幼童也按计划出发。e. 留美幼童在国外不仅学习英语、自然科学知识，也不忘记学习儒家经典。然而由于诸多矛盾，这些幼童并没有按计划完成学业，而是在1881年下半年分三批撤回。

②**意义**：虽然这次活动中途夭折，但是它开启了中国留学教育的先河，为近代留学教育积累了宝贵的经验。这批留美学生接触了西方资产阶级文明，学到了近代自然科学和生产技术知识，成为一批新型的知识分子。

(2) 派遣留欧。★

①**过程**：a. 留欧学生的派遣始于船政大臣沈葆桢的建议，并以船政学堂的学生为主。b.1877年，李鸿章等人奏请派遣福建船政学堂学生留欧，主要学习造船和航海技术。c.1877年3月31日，中国近代第一批正式派遣的留欧学生出发赴欧。第一届留欧学生经过三年的学习，于1880年左右先后回国。d. 在他们即将回国之前，沈葆桢领衔奏请续派，于是第二、三届学生相继出发，赴英、法、德三国学习。这三届学生从1879年陆续学成回国。

②**影响**：a. 留欧学生成为近代中国第一代海军的重要将领。b. 留欧学生将中国近代军舰制造技术推到了一个新的水平。c. 留欧学生为近代中国海军教育事业做出了贡献。d. 留欧学生的影响不局限于海军事业，在外交、实业等其他领域均有建树，成为中国近代第一批实业人才。

(3) 留学教育的意义。★★★

洋务时期的留学教育是中国教育走向世界过程中最名副其实的一步，就引进西学而言，没有比留学更好的途径。留学教育的主要意义有以下三点：

①**使传统教育再次受到冲击**。京师同文馆的建立是对传统教育的第一次冲击，派遣留学是对传统教育的第二次冲击。

②**培养了一批新式人才**。留学教育虽未完全成功，但留学归国学生都成为中国近代第一批新式人才，处在中国各行各业的重要职位上，做出了重大贡献。留欧学生不仅对造船和驾驶做出贡献，更有学生将西方政治学说等带回中国，呼吁国内改革。

③**将西方政治学说、哲学等社会科学介绍到中国，促进了近代中国的思想解放**。洋务运动的改革主要是基于器物层面的改革，并没有深入。留学生归国后积极宣传西方社会政治、哲学学说，大力弘扬启蒙运动中的新式思想，促使之后中国的改革逐渐深入到制度层面。总之，洋务运动中的留学教育对中国教育近代化的推进功不可没。

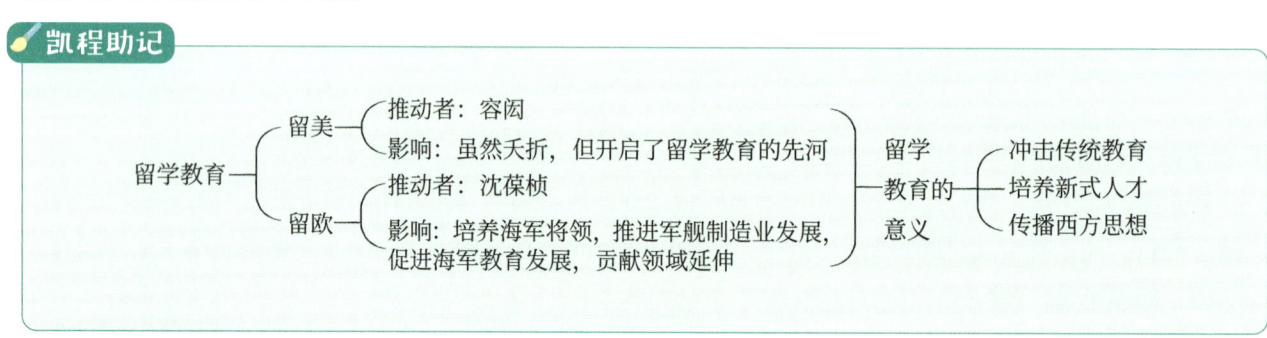

凯程助记

留学教育
- 留美
  - 推动者：容闳
  - 影响：虽然夭折，但开启了留学教育的先河
- 留欧
  - 推动者：沈葆桢
  - 影响：培养海军将领，推进军舰制造业发展，促进海军教育发展，贡献领域延伸

留学教育的意义
- 冲击传统教育
- 培养新式人才
- 传播西方思想

经典真题

›› 名词解释

1. 京师同文馆（10 华东师大，11 江西师大，12 云南师大、北师大，13 山东师大，14 天津师大，14、17、18、19 上海师大，15 东北师大，16 南京航空航天，18 南京师大、宁波，19 安庆师大、河南师大，20 四川师大，21 哈师大、华中师大、山西、新疆师大、江苏、江汉，23 合肥师范学院）

2. 洋务学堂（10 闽南师大，17 湖北，18 青海师大，21 浙江）

3. 福建船政学堂（14 渤海，19 南京师大）

›› 简答题

1. 简述洋务学堂（类型/特点/兴起背景及在近代教育中的作用）。（13 西北师大、西南，14 山西、云南师大，15 江苏师大，18 中央民族，22 南京师大、杭州师大、淮北师大）

2. 简述福建船政学堂的课程设置。（21 福建师大）

3. 简述京师同文馆的办学特点。（21 陕西师大）

›› 论述题

1. 谈谈洋务运动中的教育革新。（12 浙江师大，13 湖南，15 鲁东，19 中央民族）

2. 论述洋务运动的特点、洋务教育兴起的背景及在近代教育中的作用。（15 苏州）

3. 论述幼童留美的历史影响。（17 福建师大）

4. 试述福建船政学堂及其意义。（12 福建师大）

5. 请先对洋务教育的主要代表人物及其思想进行说明，再谈谈洋务教育对中国教育现代化的影响。（17 重庆三峡学院）

6. 论述清朝洋务运动和日本明治维新实践指导思想和具体实施的差别。（20 江苏师大）

7. 论述京师同文馆的创办及其在中国近代变迁中的意义。（22 福建师大）

第二节　教育思想

考点 1　张之洞的"中体西用"思想 12min搞定（名、简、论：50+ 学校）

1."中体西用"思想的形成与发展

（1）1861 年，冯桂芬在《采西学议》中提到"以中国之伦常名教为原本，辅以诸国富强之术"。

（2）1892 年，郑观应提出："中学其本也，西学其末也。"

（3）1895—1896 年，沈寿康、孙家鼐等人提出了"中学为体，西学为用"的观点。

（4）1898 年，张之洞在《劝学篇》中，围绕"中体西用"形成完整的思想体系。

2. 张之洞与《劝学篇》（名：20+ 学校）

张之洞，清末维持封建社会的重臣，是洋务派的代表人物。他的教育活动主要有三个方面：一是整顿封建传统教育；二是兴办洋务教育；三是制定和推行新教育制度。1898 年，张之洞著成《劝学篇》，全面阐述了"中体西用"的教育观点，试图为中国改革提供理论依据。《劝学篇》分内篇和外篇，"内篇务本，以正人心；外篇务通，以开风气"，通篇主旨归于"中学为体，西学为用"。

（1）"中学"也称"旧学"，"四书五经、中国史事、政书、地图为旧学"，即封建的典章制度、伦理道德、中国的经史之学、孔孟之道。

（2）"西学"也称"新学"，"西政、西艺、西史为新学"。西政指西方有关文教制度、工商财政、军事建制和法律行政等管理层面的文化；西艺指近代西方科技。

（3）"中学"与"西学"的关系："旧学为体，新学为用，不使偏废。"①在《循序》篇中论证了中学之"体"对西学之"用"的主导和导向作用。②在《会通》篇中论证了二者的结合和共存："中学治身心，西学应世事。"③在《劝学篇》中全面阐述了"中体西用"思想，认为教育首先要传授中国传统的经史之学，这是一切学问的基础，应放在率先的地位上，然后再学西学，以补中学之不足。

（4）《劝学篇》还提出了教育改革的具体措施，如改革科举的设想、倡导留学教育、制定学制、进行职业教育和培训师资等。

（5）评价：《劝学篇》完整地阐述了"中体西用"思想，成为晚清政府推行教育改革的纲领性文件。这是洋务运动的理论总结，也是改革的理论依据，是洋务派关于中、西文化关系的核心命题，也是指导思想，体现在洋务教育活动的各个环节，并为 20 世纪初"新政"时期的教育改革确定了基调和理论基础，但后来遭到资产阶级改良派和革命派的痛批。

3."中体西用"思想的历史作用与局限（简、论：20+ 学校）

（1）历史作用。

①从整体上看，"中学为体，西学为用"思想推动了中国社会发展的近代化进程。它将"西学"作为

一个整体予以认可，给僵化的封建教育体制打开了一个缺口，使"西学"在中国的发展成为可能，为中国近代的变革注入了新的物质力量和精神力量，加速了封建制度的解体，推动了近代化的步伐。

②**在教育方面**，作为洋务教育的指导纲领，它对中国近代教育主要有如下作用：

a. **启动了中国近代教育改革的步伐，促进了新式教育的产生**。"中体西用"思想的推动者在民间兴办了一批新式学堂，教育内容增加了自然科学知识，开展了留美教育等，打破了旧学形式一统天下的传统教育格局。

b. **比较切实地引进西方近代科学、课程及制度**。这对清末教育改革既有思想层面的启发，又有实践层面的推动。洋务运动通过教育首先引进了西方物质文明层面的内容，虽然没有深入到精神文明层面，但为后续维新派、资产阶级革命派的改革以及近代教育的起步奠定了基础。

c. **极大地冲击了传统教育的价值观**。"中体西用"理论为"西学"教育的合理性进行了有效的论证，促进了资本主义文化在中国的传播，为新式教育的进一步推广扫清了障碍。

（2）局限。

①**在教育方面，"中体西用"的根本目的是维护封建统治，这是逆行倒流**。由于"中体西用"的根本目的是维护封建统治，使新式教育一直受到"忠君、尊孔"的封建信条的支配，阻碍了新式教育的发展进程。尤其是阻碍了维新思想更广泛的传播，不利于近代刚刚开始的思想启蒙运动的发展。

②**在文化理论方面，中学与西学直接嫁接必然引起二者之间的排异性反应**。"中体西用"作为中西文化接触后的初期结合方式，有其历史的合理性，但是作为文化的整合方案和教育宗旨又是粗糙的。它是在没有克服中学和西学之间固有的内在矛盾情况下的直接嫁接，必然会引起二者之间的排异性反应。

凯程助记

张之洞的"中体西用"思想	主要内容	中学——"四书五经"等中国之旧学； 西学——西政、西艺、西史； 二者关系——中学为体，西学为用
	积极影响	从整体看，推动社会近代化进程； 从教育看，促进新式教育的产生→促进教育内容变化→促进价值观变革
	消极影响	从教育看，教育目的逆行倒流； 从文化看，直接嫁接引起排异性反应

凯程提示

"中体西用"的思想对我国教育的发展影响深远。考生复习时要用一道题目来复习，即"论述'中体西用'思想的深远影响"。答题时要按照"中体西用"思想发展演变的过程来叙述，并辅之以张之洞的《劝学篇》作为例子，再详细回答其影响，还可以加上考生自己的论述，这样会使内容更加充实，更富有说服力。

经典真题

>> 名词解释

1. 中体西用/中学为体，西学为用（10 西南，10、15 浙江师大，11 北师大、江苏师大、福建师大、天津师大，11、16 南京师大、渤海，13 山东师大、湖南，14 沈阳师大、湖南师大，15 四川师大，16、20 华东师大，18 山西师大、广西民族，20 吉林师大、苏州、西华师大、天津外国语，21 广西师大，22、23 湖南科技，23 延安、聊城）

2.《劝学篇》(16 中国海洋，17 河南师大，20 湖南师大)

>> 简答题

简述"中体西用"思想的历史意义和局限性。(12 闽南师大，14 哈师大、重庆师大，15 郑州，16 安徽师大，17 浙江师大，17、20 海南，21 江西科技师大，23 淮北师大、沈阳)

>> 论述题

1. 试以张之洞的《劝学篇》为例，评述"中体西用"的教育思想。/ 论述张之洞的"中体西用"的思想。(14 华东师大，21 上海师大，22 集美)

2. 论述"中体西用"思想的历史作用和局限性。(11、15、18 华南师大，12 北京航空航天、中南，14 华东师大、河北、延边，15 中央民族，15、17 上海师大，16 陕西师大，17 北华，18 吉林师大、四川师大，19 湖北、天津、浙江，21 赣南师大、重庆三峡学院)

3. 试述"中体西用"思想的主要内容和历史作用。(21 东北师大)

4. 论述"中体西用"教育思想的历史作用和现实意义。(23 沈阳师大)

第八章 近代教育体系的建立

考情分析

第一节 教育改革措施

考点1 早期改良派的教育主张

考点2 维新派的教育实践

考点3 清末新政时期的教育改革与近代教育制度的建立

第二节 教育思想

考点1 康有为的教育思想

考点2 梁启超的教育思想

考点3 严复的教育思想

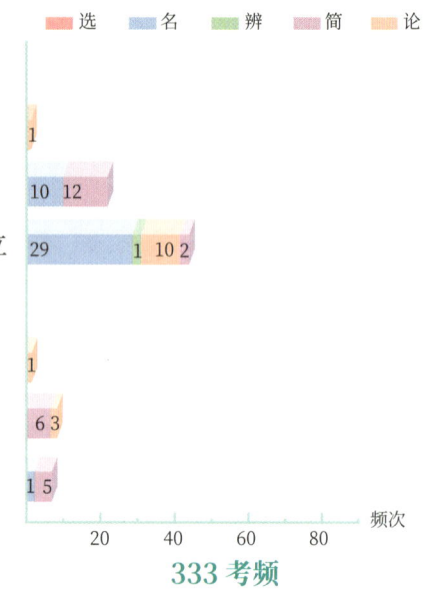

---

① 本章全部参考孙培青的《中国教育史》(第四版)第十一章。

知识框架

- 近代教育体系的建立
  - 教育改革措施
    - 早期改良派的教育主张
      - 全面学习西学
      - 改革科举制度
      - 建立近代学制
      - 倡导女子教育
    - 维新派的教育实践
      - 百日维新前的教育改革措施
        - 兴办学堂
        - 兴办学会与发行报刊
      - 百日维新中的教育改革
        - 创办京师大学堂
        - 废除八股考试，改革科举制度
        - 实力讲求西学，普遍建立新式学堂
    - 清末新政时期的教育改革与近代教育制度的建立
      - "壬寅学制"和"癸卯学制"的颁布
      - 废科举，兴学堂
      - 建立教育行政体制
      - 制定教育宗旨
      - 留日高潮与"退款兴学"
  - 教育思想
    - 康有为的教育思想
      - 康有为在维新运动中的教育改革主张
      - 《大同书》中的教育思想
    - 梁启超的教育思想
      - "开民智""兴民权"与教育作用
      - 培养"新民"的教育目的
      - 倡导师范教育、女子教育和儿童教育
      - 论述近代学校制度
    - 严复的教育思想
      - "鼓民力""开民智""新民德"的"三育论"
      - "体用一致"的文化教育观
      - 对传统教育的批判

考点解析

第一节　教育改革措施

考点 1　早期改良派的教育主张　15min搞定　（论：18江苏）

早期改良派是 19 世纪 70 年代后逐渐形成的一个思想群体，代表人物有容闳、王韬和郑观应等。他们对西方的政治、经济、文化以及中国社会的危机和洋务运动的局限有较深的认识。他们的社会观念和治国方略带有明显的资产阶级意识，批判洋务派仅仅局限于技术层面的引进学习，提倡在政治、经济、文化教育等方面进行全面改革。他们都认识到，改革的关键在于人才，人才的基础在于教育。特别是郑观应，他明确提出了"兵战不如商战，商战不如学战"的思想。

因此，早期改良派把改革封建传统教育制度、培养新型人才作为实现整体改革方案的基础。他们在文化教育上的主张可归结为如下几个方面：

1. 全面学习西学

早期改良派将近代向西方学习的思想推进一步，认为西学的内容非常丰富，要求扩大向西方学习的规模和领域，深化学习的层次。如郑观应在《盛世危言·西学》中倡导学习西学，他将西学分为天学、地学、人学三部分，内容包括西方的自然科学、工艺（技术）和社会科学等诸多学科。

评价： 在一定程度上，早期改良派是用人类整体文化的观念来考虑中学和西学的关系，这完全突破了民族文化本位观念。

2. 改革科举制度

19世纪70年代中期，科举制度开始受到早期改良派的批判。

（1）王韬认为， "时文不废，人才不生，必去时文尚实学，乃见天下之真才"，主张"以学时文之精神才力，专注于器艺学术"。

（2）郑观应认为， 最好能"选材于学校"，如不能做到，也应改革科举，在经史、时事、例案等传统学问之外另立一科，"挂牌招考西学"。

评价： 早期改良派虽然猛烈抨击科举制度，但并未彻底予以否定，仍主张保留科举制度的形态。

3. 建立近代学制

容闳作为我国最早接受美国高等教育的知识分子，希望在中国建立近代学校教育制度，但是这一主张仅仅是理想，并没有成文传世。在早期改良派中，勾画出中国近代学制轮廓的是郑观应。

（1）国家应促进教育普及化。 郑观应认为中国传统教育是"只知教学举业"，而西方教育是"无事不学，无人不学"，可谓一语道破近代教育多样化、职业化、普及化的特征。

（2）国家应建立完善的学制体系。 在此认识的基础上，郑观应提出仿照西方学制设立小学、中学、大学三级学制系统：小、中、大学均采取班级授课的形式，规定学习年限各为三年，以考试的结果为升学的标准。鉴于当时的现实，他提出将科举制的进士、举人、秀才三级科名与大、中、小三级学校相配合，并倡导改书院为学堂。郑观应是国内最早倡导改书院为学堂的人。

评价： 这种学制设想虽然显得粗糙，且明显与科举挂钩，但它反映了早期改良派要求系统地改革封建教育体制的思想，也远远超出了洋务派教育实践的水平，克服了洋务学堂孤立性、分散性和应急性的特点。

4. 倡导女子教育（补充知识点）

在近代西方男女平权观念的影响下，早期改良派最早关注女性的社会地位，如出现了郑观应的《盛世危言·女教》等集中讨论女子教育问题、倡导女子教育的专篇文章。

评价： 正是有早期改良派的教育思想启蒙，才会导致中日甲午战争后维新教育思潮的一触即发，并迅速转化为维新教育活动。

🍃 考点 2　维新派的教育实践 ★★★★★ 20min搞定

维新派主张在保留清朝皇权的前提下，用和平的方式进行自上而下的改良，建立君主立宪制。维新派普遍认为改革教育、培养新式人才是实现变法维新的基础，因此，维新教育实践活动便成为维新教育的基本内容。

1. 百日维新前的教育改革措施 ★★★★★

（1）兴办学堂。维新性质的学堂包括两类：

①**第一类是维新运动的代表人物为培养维新骨干、传播维新思想而设的学堂。**

a. **万木草堂**。由康有为创办，是维新派最早开办的学校，继承传统书院的办学方式和教学方法，教学内容除义理、考据、经世和文字之学等传统知识外，还有大量的西学知识。万木草堂也是研究、宣传维新变法理论的场所，造就了一批维新人才，梁启超是典型代表。

b. **湖南时务学堂**。1897年，维新运动趋向高潮，湖南巡抚陈宝箴等人都倾向维新，在谭嗣同的推动下于长沙创办了湖南时务学堂。聘梁启超为中文总教习，李维格为西文总教习，梁启超以万木草堂学规为蓝本，制定了《湖南时务学堂学约》。梁启超在此讲学数月，教学中着重宣传维新变法思想，倡导民权学说，推动了维新运动在湖南的开展。

②**第二类是在办学中某个或某些方面对洋务办学观念有所突破、领风气之先的学堂。**

a. **盛宣怀创办的天津北洋西学堂与上海南洋公学**。这两所学校最早采用西方近代学校体系的形式，分初、中、高三个等级，相互衔接，并按年级逐年递升，具有近代三级学制的雏形，将早期改良派学制改革思想付诸实践。

b. **梁启超、经元善创办的经正女学**。它又称"中国女学堂"，是近代中国第一所国人自己创办的正规女子学校，起到了开风气之先的作用。

评价：这些学校反映了资产阶级对教育的要求，在教育目标、教育内容和教育方法上都有别于封建主义的旧教育，培养了一批变法人才。

> **凯程提示**
>
> 这里有三个"第一"。万木草堂是维新派开办的第一所学校；北洋西学堂和南洋公学是第一批采用西方近代学校体系的学校；经正女学是国人自己办的第一所女学。请考生记清楚，不要混淆。

（2）兴办学会与发行报刊。维新派还通过创办各种学会和发行报刊来宣传维新思想。

①**学会**。康有为在北京和上海组织"强学会"，开办学会风气之先，更重要的是通过学会联络和组织维新人才，形成维新变法的政治团体。

②**报刊**。康有为在北京创办的《万国公报》（后更名为《中外纪闻》）、在上海创办的《强学报》；梁启超在上海创办的《时务报》；严复在天津创办的《国闻报》；上海的蒙学会和《蒙学报》；等等。

评价：维新派以学会为阵地，以报刊为宣传工具，传播西学，宣传变法主张，与维新学堂互为补充，起到了扩大教育面，开民智、新民德的作用，扩大了维新变法运动的社会基础。

2. 百日维新中的教育改革 ★★★★★ （简、论：10+ 学校）

（1）创办京师大学堂。（名：5+ 学校）

①**简介**：早期改良派人物郑观应已有在京师设立大学堂的思想；1896年，刑部侍郎李端棻首次正式提出设立京师大学堂的建议。1898年，在光绪帝的严令督促下，总理衙门委托梁启超起草了《京师大学堂章程》，光绪帝当即批准，并派吏部尚书孙家鼐为管学大臣，管理京师大学堂。1898年9月，百日维新虽然失败，但京师大学堂并未封闭，只是逐渐有名无实。1900年，京师大学堂毁于八国联军战火。1902年恢复开办，纳入清末学制系统。民国初年，京师大学堂改为北京大学。

②**《京师大学堂章程》的主要内容**。a. 办学性质：不仅是全国最高学府，也是全国最高教育行政机关。

b. 办学宗旨："中学为体，西学为用"。c. 课程设置：西学比重高于中学。d. 封建等级性非常浓厚。

③**评价**：改革中创办的京师大学堂是维新变法失败后唯一保留下来的一项措施。它标志着中国近代国立高等教育的开端。京师大学堂是当时国家最高学府，最初也是国家最高教育行政机关，行使管理职能，统辖全国教育。京师大学堂后来更名为北京大学，之后冠"国立"二字，是中国历史上第一所冠名"国立"的大学。

（2）**废除八股考试，改革科举制度**。1898年6月，光绪帝下诏废除八股，催立经济特科，议设法律、财政、外交等专门之课科，以选拔维新人才，并宣布以后的取士以"实学实政"为主，这样科举考试和现实的联系更加紧密了。百日维新失败后，虽然恢复了八股取士，罢经济特科，但人们开始向往富有朝气的新式教育，科举应试人数大大减少。

（3）**实力讲求西学，普遍建立新式学堂**。维新派主张各地大小书院一律改为兼习中学、西学的新式学堂，还计划设立铁路、茶物、桑蚕等实业学堂，广派人员出国游学，设立译书局与编译学堂，奖励开设报馆，开放言论，书籍、报纸实行免税，等等。

评价：百日维新中的教育改革措施反映了资产阶级维新派的教育主张和愿望，对封建传统教育产生了强大冲击，但因为时间短且触及一些封建官僚的切身利益，因此很多措施还未实施就被守旧派宣布废止。不过，百日维新中那种"人人谈时务，家家言西学"的局面确实激荡起一股思想解放的潮流。

> **凯程提示**
>
> 有两道题，考生总是混淆答案：
> （1）简述维新派的改革措施。（应答百日维新前+百日维新时的所有改革内容）
> （2）简述百日维新中的改革措施。（只需要答百日维新时的改革内容）

> **经典真题**
>
> ›› **名词解释**
> 1. 京师大学堂（12上海师大，13北师大、天津，16深圳、湖北、中南民族，21齐齐哈尔、南京信息工程，22湖南师大）
> 2. 南洋公学（22齐齐哈尔）
>
> ›› **简答题**
> 简述"百日维新"中的教育改革措施。（10、11、12、14西北师大，11哈师大，13山西，14上海师大、陕西师大，16集美、湖南、北华，22扬州）
>
> ›› **论述题** 述评我国近代早期改良派的教育主张。（18江苏）

考点3 清末新政时期的教育改革与近代教育制度的建立

★★★★★ 28min搞定 （简：14山东师大，17辽宁师大，19山西；论：15哈师大）

19世纪末，美国抛出"门户开放"政策，列强将中国视为可瓜分的稳定市场。1900年，八国联军攻陷北京，慈禧携光绪帝西逃，震惊了中国朝野。清政府被迫实行新政，改革图强，教育是其中的一部分。

1. "壬寅学制"和"癸卯学制"的颁布 (辨：13延安)

1901年，中国近代最早的教育专业刊物——《教育世界》，系统地翻译介绍了日本的重要教育法规、学制等，为我国清末制定学制提供了参照蓝本。清末颁布学制始于《钦定学堂章程》，成于《奏定学堂章程》。

（1）"壬寅学制"。 (名：17温州，19贵州师大)

1902年，在管学大臣张百熙的主持下，拟定了一系列学制系统文件，统称《钦定学堂章程》，因该年为壬寅年，又称"壬寅学制"。这是中国近代第一个以中央政府名义制定的全国性学制系统，学制划分为三段七级，蒙学堂和寻常小学堂共7年，规划为义务教育性质。它虽然正式公布，但是没有实行。

（2）"癸卯学制"。 (选：5+学校；名：15+学校)

1903年，张百熙、张之洞、荣庆拟定了《奏定学堂章程》，这是我国近代由中央政府颁布并首次得到施行的全国性法定学制系统。1904年1月颁布执行。癸卯学制把整个学程纵向分为三段七级：

第一阶段为初等教育，包括蒙养院、初等小学堂和高等小学堂。其中，将幼儿教育机构——蒙养院纳入学制系统，标志着我国学前幼儿教育已进入国家规划发展的新阶段；将初等小学堂规划为5年强迫教育阶段，儿童7岁一律入学。

第二阶段为中等教育阶段。该阶段只有一级，共五年。

第三阶段为高等教育阶段。从小学堂到大学堂学制年限长达20～21年。横向方面除主系各学堂外，另有师范教育及实业教育两个系统。

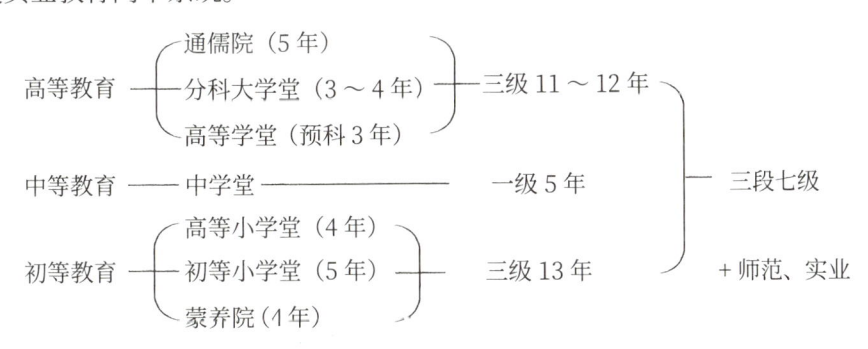

```
高等教育 ┬ 通儒院（5年）
         ├ 分科大学堂（3～4年）   三级 11～12年
         └ 高等学堂（预科3年）
中等教育 ── 中学堂 ──────────── 一级 5年          三段七级
初等教育 ┬ 高等小学堂（4年）                       +师范、实业
         ├ 初等小学堂（5年）     三级 13年
         └ 蒙养院（4年）
```

癸卯学制结构图

（3）清末学制的评价。

①**积极方面：** 清末学制具有半资本主义半封建性，是传统性和近代性综合的产物，也是学习西方教育的系统性成果，在中国教育近代化发展中有标志性意义。它直接参考日本，间接吸纳欧美，反映出近代资本主义教育的诸多特点。

a.学制整体结构仿照西方流行的三级学制系统模式，分为初等、中等、高等三级，规划义务教育阶段，反映了教育的普及性和平等性要求。b.学制各阶段，尤其是在初等教育阶段，确立了德、智、体协调发展的"三育"发展模式。c.设置实业学堂，推动了近代资本主义工商业的发展。d.重视师范教育，加强教师职业训练。e.将分年课程规划、班级授课制分别作为基本的教学管理形式和教学组织形式。f.尊重儿童个性，禁止体罚。g.课程比重上，西学占主导地位。

②**消极方面：** 清末学制具有浓厚的封建性。

a.指导思想是"中体西用"，首要任务是培养学生效忠封建王朝。b."读经讲经"课比重过大，导致学制年限偏长。c.大学堂在入学条件上仍有限制，维护教育的封建等级性。d.广大妇女被排斥在学校教育之外。e. 对教职人员和学生的许多规定旨在维护封建统治秩序，显示了较强的封建专制性。f. 根据学生的表现和学业程度奖励相应的科举功名，没有割断与旧教育的瓜葛。

> **凯程提示**
>
> 1. 第一个颁布但未施行的学制是壬寅学制（1902年）；第一个施行的学制是颁布于1904年的癸卯学制，是学习日本的产物。
> 2. 壬寅学制与癸卯学制助记见第九章内容后，中国近代教育史总结——学制总结。

2. 废科举，兴学堂 （名：14宁波）

（1）清末科举制度的弊端。

①**科举制烦琐空疏，摧残人才**。清末科举考试的步骤更加烦琐，采用八股文，愈发空洞，命题不合理，形式主义严重，很难选拔出真正的人才，并且摧残人才。

②**科举制使学校沦为附庸**。科举制度使学校完全沦为附庸的同时，导致新式学校也成了科举的附庸，科举制度一直是清末影响新式学堂发展的重大障碍。

③**科举制败坏学习风气**。科举制度的腐败司空见惯，严重败坏社会和学校的风气，毒害知识分子的精神面貌。

（2）科举制度的废除过程。

清末在制定学制的同时，开始了如何处置科举考试的讨论。清末不少官员纷纷要求递减科举取士名额。1903年，袁世凯、张之洞等人从维护清末统治的基点出发，上书疾呼废科举。时隔不到两年，袁世凯、张之洞等人奏立停科举以广学校。迫于形势，光绪帝于1905年9月2日下诏"所有乡会试一律停止，各省岁科考试亦即停止"。至此，共实行了1300年的科举考试，终告废除。总的来看，科举制度从改革到废除共经历了三个步骤：①改革科举内容；②递减科举中额；③停止科举。

（3）废除科举制度的意义。

①**促使兴办新式学校浪潮的出现**。科举制度的废除有力地配合了学制颁布后兴学政策的落实，使中国近代史上出现了难得的兴办学校的热潮。

②**为资产阶级革命派的教育改革减少了阻力，也标志着封建旧教育的结束**。科举制度对我国封建社会的发展产生过重大的作用，是中国古代选官文化和考试文化遗产的重要组成部分，并渗透到今天的文化教育中，因此我们仍要认真对待和总结。

3. 建立教育行政体制

（1）**在中央**：1905年，清廷成立学部，作为统辖全国教育的中央教育行政机关，并将原来的国子监并入学部。学部的最高长官叫尚书，其次为左、右侍郎等，并聘请谘议官作为顾问人员。首任学部尚书是荣庆。机构设置在整体上注意到教育行政与教育学术的联系，注重实业教育的地位。

（2）**在地方**：1906年，各省设提学使司，专管全省教育事务，长官为提学使。在府、厅、州、县设劝学所，作为各级教育行政机关，至此形成了一套新的从中央到地方的教育行政系统。

4. 制定教育宗旨

1906年，学部确定教育宗旨为"忠君、尊孔、尚公、尚武、尚实"。这个宗旨体现了"中体西用"的思想，是中国近代第一次正式宣布的教育宗旨。

5. 留日高潮与"退款兴学" ★★★★★ (简：11 山东师大；论：13 福建师大)

这一时期，因新政的实施，留学教育再掀热潮，以日本和美国为主，虽不是新政的内容，却是新政直接导致的结果。

（1）留日教育。

①**内容**：1901年，清廷实行新政，倡导留学，留日学生逐年增多。由于中日甲午战争的刺激，中国士大夫开始认识到要学习日本，认为应将日本作为中国派遣留学生的首选国，并通过各种途径向日本派遣留学生。1905年，清政府宣布废除科举后，士人为寻求新的出路，纷纷涌向日本，形成留日高峰。

②**评价**：清末留日归国学生虽然在输入近代西方科技方面整体层次不高，但他们充实了新式学堂的师资，壮大了实业技术人才的队伍，翻译了大量日文西学书籍，较广泛地传播了资产阶级思想。特别是以留日学生为骨干，形成了资产阶级革命派群体，促成了辛亥革命的爆发，对中国近代社会的变革产生了重大影响。

（2）"退款兴学"与留美教育。 ★★★★★ (名：5+ 学校)

①**简介**：留日高峰的形成，也格外引起了美国朝野的注目，他们认为这将不利于美国在华的长远利益。因此美国决定从1909年开始，将美国所得"庚子赔款"中的一部分以"先赔后退"的方式退还给中国，并和中国政府达成默契，将这笔钱用来发展留美教育，史称"庚款兴学"或"退款兴学"。这一举动被相关国家效仿。

②**措施**：为了实施庚款留美计划，中国政府专门拟定了《派遣留美学生办法大纲》，规定在华盛顿设立"游美学生监督处"作为管理中国留美学生的机构，并在北京设立"游美学务处"负责留美学生的考选派遣事宜。同时，着手筹建留美预备学校——清华学堂。清华学堂对提高中国留美学生的层次和系统引入西学起到了重要作用，民国成立后改称为清华学校。

③**意义**：通过这次兴学，美国把中国的留学潮引向美国，中国留学生的流向从此发生了变化。

> **凯程助记**
>
> **助记1**：新政时期的教育改革：人（壬）鬼（癸）制，废科举，建体制，定宗旨，留日美。
>
> **助记2**：留学教育总结
>
> | 洋务运动 | 新政时期 |
> |---|---|
> | 幼童留美——中途夭折；
留欧教育　福建船政学堂学员 | 留日教育小高潮——培养资产阶级革命者；
留美教育——退款兴学 |
>
> **助记3**：近代不同时期的教育改革措施
>
> | 时期 | 洋务时期 | 维新时期 | 新政时期 |
> |---|---|---|---|
> | 措施 | ①兴办学堂：京师同文馆、福建船政学堂。
②留学教育：留美与留欧 | ①兴办学堂：万木草堂、湖南时务学堂等。
②创办学会和发行报刊。
③创办京师大学堂。
④废八股，改革科举制度。
⑤建立新式学堂 | ①废科举，兴办学堂。
②留学教育：留日教育和退款兴学。
③颁布学制：壬寅学制与癸卯学制。
④建立教育行政体制。
⑤制定教育宗旨 |

经典真题

>> **名词解释**

1. 废科举（14 宁波）
2. 壬寅学制（17 温州，19 贵州师大）
3. 庚款兴学（16 苏州，18 山西、山东师大，18、21 齐齐哈尔，21 阜阳师大、河南师大，23 闽南师大）
4. 癸卯学制（11 辽宁师大，11、15 安徽师大，12、18 河南师大，14、16 聊城，15 云南师大、苏州，17、18 山西，18 东北师大，18、20 陕西师大，19 山东师大、集美，19、22 闽南师大，20 山西师大、四川轻化工，21 江西科技师大、陕西理工，23 海南师大）

>> **辨析题** 我国近代第一部由国家公布实施的学制是壬寅学制。（13 延安）

>> **简答题**

1. 简述清末新政中的教育措施。（14 山东师大，17 辽宁师大，19 山西）
2. 简述清末的四次留学。（11 山东师大）
3. 简述癸卯学制。（17 北师大，18 内蒙古师大，19 曲阜师大）
4. 简述癸卯学制的特点。（23 齐齐哈尔）

>> **论述题**

1. 论述清末学院的改革。（15 哈师大）
2. 论述清末新政时期的"庚款兴学"。（13 福建师大）

第二节 教育思想

考点1 康有为的教育思想 15min搞定

1. 康有为在维新运动中的教育改革主张

康有为，字广厦，人称南海先生，中国晚清时期重要的政治家、思想家、教育家，资产阶级改良主义的代表人物。康有为出生于封建官僚家庭，光绪五年（1879年）开始接触西方文化。光绪十四年（1888年），康有为再一次到北京参加顺天乡试，借机第一次上书光绪帝请求变法，受阻未上达。光绪十七年（1891年）后，他在广州设立万木草堂，收徒讲学。他与维新人士一起组织学会，创办报刊，广泛开展救亡图存的维新运动。光绪二十一年（1895年），他得知《马关条约》签订后，联合1 300多名举人上万言书，即"公车上书"。

（1）论教育的作用（补充知识点）。

"才智之民多则国强，才智之士少则国弱。"所以，兴学育才是维新救国的基本保障，教育是救亡图存、振兴中华的重要手段。

（2）教育改革的主要措施。

①**废八股，改策论**。等学校普遍开设后，再废科举。

②**办学校，育新人**。大力创办学校，改变传统教育内容，传授科学技术，培养新型人才。

③**派留学，译西书**。康有为重视留学教育，认为当务之急就是多派遣留学生学习西学，为国内引进

新技术。同时，在国内，翻译西学是促进国人了解世界的主要方式。

④**倡平等，重女教**。康有为主张男女都有平等的受教育权，女子应该上学，男女均可入学是新时代教育平等思想的重要标志之一。

评价： 康有为力图仿照西方建立近代中国学制，并在《请开学校折》中设计了一个学校系统。他的上述建议直接影响了百日维新的教育改革措施。

2.《大同书》中的教育理想　　（论：21哈师大）

(1) 社会愿景。《大同书》是康有为的代表作之一。书中康有为描述了一个"大同"的理想社会，即一个"无邦国，无帝王，人人平等，天下为公"的社会。大同社会根除了愚昧无知，教育昌盛，文化繁荣，主张废除私有制和等级制，也消灭了家庭，儿童是整个社会的儿童，对儿童的抚养和教育均由社会承担。

(2) 教育体系。康有为设计了一个前后衔接的完整的教育体系，包括人本院、育婴院、慈幼院、小学院、中学院、大学院。

①**人本院（出生前）：** 为怀孕妇女设立，对胎儿进行胎教。院内环境优雅，有书画、音乐等供孕妇欣赏，工作人员有女医、女傅、女师、女保。

②**育婴院（0~3岁）：** 婴儿断乳后，送入育婴院抚养。

③**慈幼院（3~6岁）：** 儿童3岁后被送入慈幼院。慈幼院主要承担幼儿教育工作，保育目标是"养儿体，乐儿魂，开儿知识"。教育内容有语言、歌曲、手工等。工作人员为女性。

④**小学院（6~11岁）：** 以德育为先，坚持"养体为主而开智次之"的原则。小学教师专用"女傅"，兼有慈母的职责。教师的言行举止、音容笑貌等应善良、规范，让儿童从小模仿，培养影响儿童终身的善良德性。

⑤**中学院（11~15岁）：** 人生的关键期，德、智、体兼重，但尤以育德为重。教师男女均可，但一定要选择"有才有德者"充任。课程要根据学生的禀赋和个性来设置。

⑥**大学院（15~20岁）：** 主要任务是"专以开智为主"。注重实验，校址的选择应结合专业实际，学生自由选择专业。教师不限男女，应选择"专学精深奥妙，实验有得者"担任。

(3) 评价。

①**批判和冲击传统教育，主张新式教育**。《大同书》重视学龄前教育，主张男女教育平等，指出对儿童应实行德、智、体、美等诸方面的教育，在当时给人以耳目一新的感觉，对传统封建教育是一个很大的冲击。

②**乌托邦色彩浓厚**。《大同书》教育理想的观念背景是中国传统的大同思想和近代空想社会主义的综合体，带有明显的未来乌托邦色彩。

考点2　梁启超的教育思想　20min搞定　（简：15华中师大，20华南师大，22天津师大；论：20渤海）

梁启超，字卓如，清朝光绪年间举人，中国近代思想家、政治家、教育家、史学家、文学家，戊戌变法（百日维新）领袖之一，中国近代维新派、新法家代表人物。幼年时从师学习，八岁学为文，九岁能缀千言，十七岁中举。后师从康有为，成为资产阶级改良派的宣传家。维新变法期间，与康有为一起联合各省举人发动"公车上书"运动，并写了大量文章宣传变法思想，在近代中国教育发展史上起了很大的推动作用。

1. "开民智""兴民权"与教育作用 ☆☆☆☆☆

（1）**内容**：梁启超认为国势的强弱随人民的受教育程度而转移，并明确地将"开民智"与"兴民权"联系起来，为"兴民权"而"开民智"，权生于智。

（2）**意义**：这在一定程度上揭示了专制与愚民、民主与科学的内在联系。他的"开民智"具有科学与民主启蒙的内涵，梁启超也明确地指出民智的开发要靠教育来实现。

2. 培养"新民"的教育目的 ☆☆☆☆☆ （简：11 苏州）

（1）**内容**：梁启超的教育目的是培养"新民"。这种"新民"是具有资产阶级政治信仰、思想观念、道德修养和适应资本主义社会生活的知识技能的新国民。这里的"新民"品质明显侧重德育方面。

（2）**评价**：这反映出他想沿着"政学"、精神文明、品德这条路线，尽快培养具有资产阶级意识的维新人才，普遍转变人民的思想观念，推动政治改革的迫切愿望。

3. 倡导师范教育、女子教育和儿童教育 ☆☆☆☆☆

（1）**师范教育**。

梁启超认为中国急需普遍设立中、西学兼习的新式学堂，根本的解决办法是设立师范学校，培养新时代的教师。

①**目的**：梁启超倡导师范教育，不仅是从教师职业的特殊性出发，强调对教师进行专门培养，更重要的是旨在培养一批在知识结构和思想观念上都符合维新要求的教师，以推动维新教育活动的全面展开。

②**意义**：梁启超于1896年在《时务报》上发表《变法通议·论师范》，这是中国近代教育史上首次以专文的形式论述师范教育问题。梁启超也是我国最早提出设立师范学校的人。

（2）**女子教育**。 （论：21 湖北）

重视女子教育也是梁启超维新教育思想的重要内容。他在《变法通议·论女学》中，系统论述了女子教育问题：

①**女性受教育的必要性**。梁启超从女子自养自立、成才成德、教育子女、实施文明胎教等方面揭示了女子教育的必要性，并进一步指出接受教育是女子的天赋权利，也是男女平等的保障。

②**女性是一种独特的人才资源**。女子有耐心、喜静、心细等特点，中国应充分开发和利用女性这一巨大的人才资源。

③**女子受教育程度反映国势强弱**。他指出中国欲救亡图存，由弱变强，就必须大力发展女子教育。

④**女子教育的出发点**。发展女子教育必须从破除女子缠足陋习、给女子行动自由开始。

⑤**梁启超亲自创办女学**。1898年，他积极参与中国第一所女学——经正女学的筹办。

评价：他的女子教育思想内容广泛，有鲜明的近代特征。

（3）**儿童教育**。梁启超在《变法通议·论幼学》中，倡导对中国儿童教育进行改革。

①**理论上，对中、西儿童教育进行比较**。他指出西方强调由浅入深、由易到难、循序渐进，而中国则与之相反。西方重视理解，而中国注重识记；西方注重直观教学、实物教学，而中国只注重言语文字；西方还重视儿童的学习兴趣。他十分赞赏西方的教学方法。

②**实践上，他主张为儿童办新式学校，采用西方教学方法**。他建议中国应从编写儿童教学用书入手对儿童教育进行改革，应编写的书包括识字书、文法书、歌诀书、问答书、说部书、门径书、名物书等。

4. 论述近代学校制度 ☆☆☆☆☆

梁启超根据当时西方心理学研究成果中的年龄与身心发展的关系理论，列出了一份《教育期区分表》。

(1) 内容。

①**划分教育阶段**。将受教育者划分为5岁以下（幼儿期——家庭教育与幼稚园期）、6～13岁（儿童期——小学校期）、14～21岁（少年期——中学校期）、22～25岁（成人期——大学校期）四个年龄阶段。

②**介绍各教育阶段学生身心发展的特征**。他分别介绍了各个年龄阶段的学生在身体、知、情、意、自观力（自我意识）等方面的发展情况和基本特征。

③**设计教育体制**。他详细介绍了日本学者根据上述分期理论设计的《教育制度表》，其中幼稚园2年、小学8年、中学8年、大学3～4年，分别对应《教育期区分表》中的四个阶段。

④**结合中国实际，提出"大办小学、缓办大学"**。考虑到当时中国基础教育薄弱，中国留日学生因缺乏必要的普通知识，不适应高等专门学校的学习等事实和经验，他还提出了"大办小学、缓办大学"的建议。

(2) **评价**：根据学生身心发展的阶段性特征来确定学制的不同阶段和年限是近代西方教育心理研究的成果，梁启超是中国近代最早系统地介绍和倡导这一理论的人。

考点3 严复的教育思想 ★★★ 25min搞定

严复是我国近代史上第一个比较系统地介绍和传播西方资产阶级自然科学和社会科学的启蒙人物，是毛泽东同志曾经称誉的近代史上向西方寻求真理的先进的中国人之一。

1. "鼓民力""开民智""新民德"的"三育论" ★★★

（名：22中国海洋；简：12、15聊城，15福建师大，16山东师大）

(1) **简介**：严复是中国近代从德、智、体三要素出发构建教育目标模式的第一人。他在《原强》中首次阐述了他的"三育论"，认为中国要改变积贫积弱的现状，就必须从提高国民这三方面的素质着手，即"鼓民力""开民智""新民德"。

(2) **具体内容**。

①**所谓"鼓民力"，就是提倡体育**。包括禁止吸鸦片和女子缠足等陋习，使国民具有强健的身体。

②**所谓"开民智"，就是智育**。要全面开发人民的智慧，提高人民的文化教育水平，其核心是改革科举制度，废除八股取士和训诂词章之学，讲求西学。

③**所谓"新民德"，就是德育**。主要是改变传统德育内容，用西方的民主、自由、平等取代封建伦理道德，培养人民忠爱国家的观念和意识，改变人民的奴隶地位。严复认为"新民德"最难。

(3) **意义**：严复提出的德、智、体"三育"兼备的教育目标体系，无论是其结构要素，还是各育的内容，都基本确立了中国教育目标体系的近代化模式。

凯程拓展

王国维的"四育论"

王国维提出以体育培养人的身体之能力，以智、德、美"三育"培养人的精神之能力，相应发展真善美之理想，以期培养"完全之人物"。这是中国近代教育史上第一次提出德、智、体、美"四育"并重的教育宗旨，对之后教育目标模式的设计产生了重大影响。

2. "体用一致"的文化教育观 （简：18浙江师大）

在确立中国未来文化教育发展的基本原则上，严复批判"中体西用"思想，主张"体用一致"的文化教育观。

（1）内容。

①**严复肯定了西方文化的先进性和优越性**，认为洋务派所学的"西学"不过是抄袭西方资本主义的皮毛，真正的"西学"包括西方的民主、政体、科学等。他倡导对西方的自然科学和社会政治学说要一体学习，此时他的"体用一致"思想表现为"全盘西化"和"西学"自成体用的倾向。

②**后来严复改变了以前"全盘西化"的倾向，提出了要构建一种"融会中西、兼备体用"的新文化体系的设想。** 严复认为本民族文化中经淘汰、选择保留下来的文化精华代表了民族的特色，也是吸纳"西学"、孕育新文化体系的母体。

③**从"体用一致"等观点出发，严复设想各阶段的教学内容和方法。** 小学阶段以十分之九的时间学习"中学"，教学法应"减其记诵之功，益以讲解之业"；中学阶段以十分之七的时间学习"西学"，以十分之三的时间学习"中学"，主要教授"西学"，并且一切功课皆用洋文授课；高等学堂先经预科后进入专业学习，只设"西学"教习，不设"中学"教习。

（2）评价。

①**严复批判"中体西用"思想的不合理性。** 严复认为，西学是一个发展的体系，运用考察、实验、归纳等方法创造新知和验证学理，要不断更新、改进和发展。据此，他批评洋务教育只是急功近利、孤立地学习西方的某些技术或仅是抄袭西方的现成结论，忽视了西学的整体性和发展性。

②**"德、智、体三育论"和"体用一致"的文化教育观具有较强的系统性，并初具理论形态。** 严复是维新巨子中绝无仅有的一位学贯中西的人物，他的经历和学识背景使他在讨论诸如废八股、兴学校、尊西学、重女学等时代主题时，不流于表面的评论、倡导或谴责，多能从中西文化比较的角度进行深入的分析，从历史演变的规律和学理上进行阐述。因此，他的"德、智、体三育论"和"体用一致"文化教育观都具有较强的系统性，并初具理论形态。

3. 对传统教育的批判（补充知识点）

（1）严复批判八股考试的三大弊端。

①**"锢智慧"。** 八股式教育不仅违反了由浅入深、由简到繁、循序渐进的学习规律，而且导致士人拒绝接受其他知识，故步自封，孤陋寡闻。

②**"坏心术"。** 科举考场作弊之风盛行。科举之士平时诵读陈篇，到考场后因袭成文，导致丧失"羞恶是非之心"。

③**"滋游手"。** 八股教育目标单一，与生产严重脱离，导致士人与农工商壁垒分明，积累了一支庞大的官僚后备军，成为衣食仰赖于社会的游民。因此，严复大声疾呼："痛除八股而大讲西学。"

（2）严复批判传统学风和近代科学精神格格不入，不利于西学的广泛传播。

①**在学风上，严复认为西方的学风比中国的学风更重思考。** 西学提倡独立思考的精神，不因循古人的见解，不盲从别人的结论。而中学注重知识的积累，崇尚述而不作。

②**在学习方法上，严复认为西方的学习方法比中国的学习方法更重质疑和验证。** 西学贵于采用观察、试验等方法来独创新知或对前人的既成之论进行验证和质疑。而中学沉湎于对古训的考释求证，演绎发微，所做的学问表面看来十分有理，但不能深究其原因。因为立论的最初根据不是来源于观察实验、实

证实测，而是想当然，陈陈相因，不究根源。

可见，中国传统学风确实不利于近代科学精神和西学的广泛传播。严复希望通过思维方式的训练来改变这一学风，他翻译《穆勒名学》和耶芳苏的《名学浅说》正是出于这一想法。

凯程助记

人物	康有为	梁启超	严复
教育作用与目的	"才智之民多则国强，才智之士少则国弱"	开民智，兴民权，培养新民	鼓民力，开民智，新民德
教育改革主张	①废八股，改策论；②办学校，育新人；③派留学，译西书；④倡平等，重女教	①改革师范教育；②改革女子教育；③改革儿童教育；④论述近代学校制度	—
教育思想	《大同书》的教育体系	—	"体用一致"的文化教育观；对传统教育的批判

经典真题

>> **名词解释**

严复的"三育论"（22 中国海洋）

>> **简答题**

1. 简述梁启超培养"新民"的教育目的观 / 梁启超的教育目的与作用。（11 苏州，23 辽宁师大、沈阳）
2. 简述梁启超的教育思想。（15 华中师大，20 华南师大，22 天津师大）
3. 简述严复教育救国的"三育论"。（12、15 聊城，15 福建师大，16 山东师大）
4. 简述严复"体用一致"的文化教育观。（18 浙江师大）

>> **论述题**

1. 试述康有为在《大同书》中的教育思想。（21 哈师大）
2. 中国近代教育家梁启超深受西方男女平等思想的影响，提出"欲强国必由女学"，试评述其女子教育思想。（21 湖北）
3. 论述梁启超的教育作用与教育宗旨的思想。（23 吉林师大）

第九章　近代教育体制的变革

考情分析

第一节　教育改革措施

考点1　民国初年的教育改革

考点2　1922年"新学制"

考点3　教会教育的扩张与收回教育权运动

第二节　教育思想

考点1　蔡元培的教育实践与教育思想

考点2　新文化运动促进教育变革

考点3　新文化运动中的教育思潮和运动

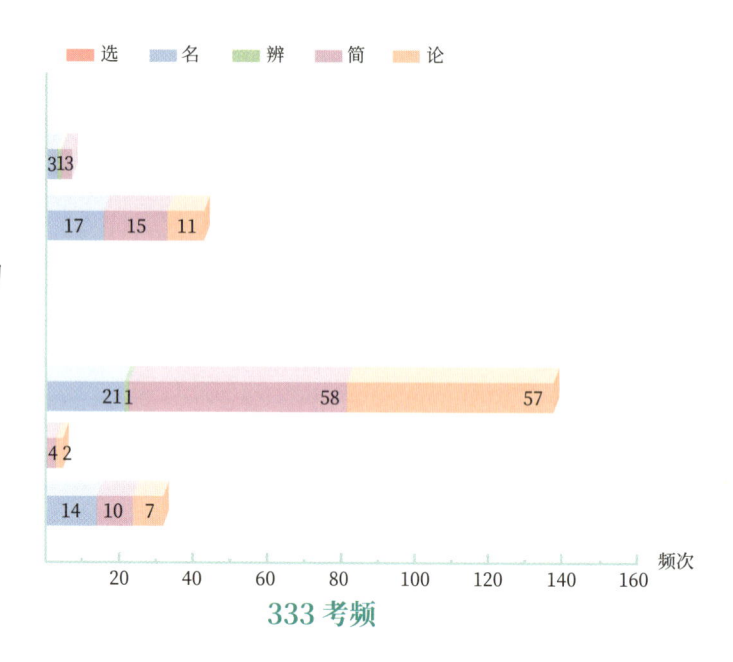

333考频

本章是非常重要的章节，内容很多，其中蔡元培的教育思想、学制改革、新文化运动，以及资产阶级革命派的改革措施都是命制简答题与论述题的重点，请考生格外认真对待。

---

① 本章主要参考孙培青的《中国教育史》（第四版）第十、十二、十三章。1922年"新学制"、蔡元培的教育思想也参考了王炳照的《简明中国教育史》（第四版）第十二章。

知识框架

近代教育体制的变革
- 教育改革措施
  - 民国初年的教育改革
    - 制定教育方针
    - 颁布"壬子癸丑学制"
    - 颁布课程标准
  - 1922年"新学制"
    - "新学制"的产生过程
    - "新学制"的七项标准
    - "新学制"的体系
    - "新学制"的特点
    - "新学制"的课程标准
    - "新学制"的评价
  - 教会教育的扩张与收回教育权运动
    - 教会教育的扩张
    - 收回教育权运动
- 教育思想
  - 蔡元培的教育实践与教育思想
    - 蔡元培与资产阶级革命教育的实践活动
    - "五育"并举的教育方针
    - 改革北京大学的教育实践
    - 教育独立思想及对收回教育权的推进
  - 新文化运动促进教育变革
    - 新文化运动促进教育观念的变革
    - 新文化运动促进教育实践的变革
  - 新文化运动中的教育思潮和运动
    - 平民教育思潮
    - 工读主义教育思潮
    - 职业教育思潮
    - 实用主义教育思潮
    - 勤工俭学运动
    - 科学教育思潮
    - 国家主义教育思潮
    - 学校教学方法的改革与实验

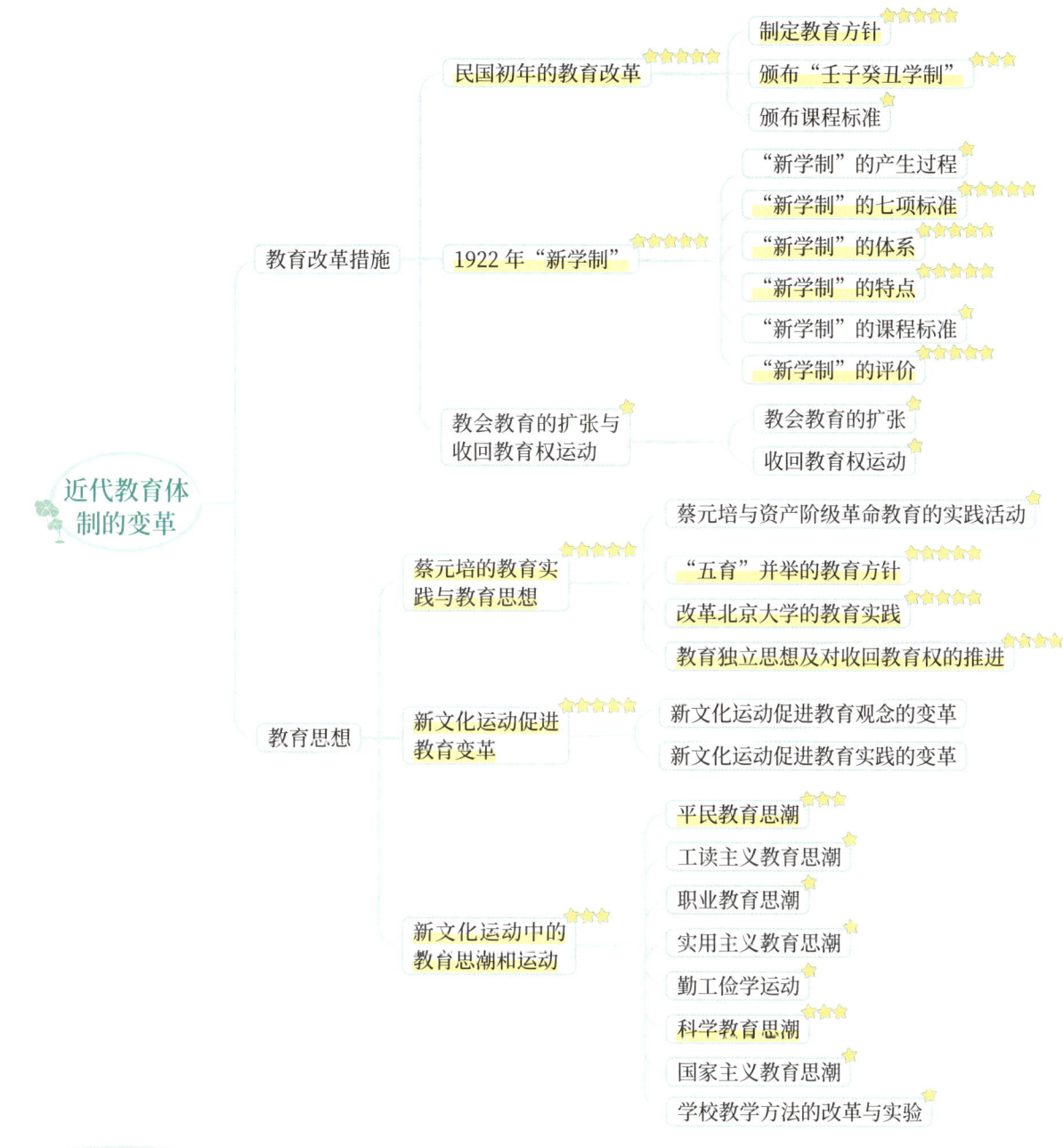

考点解析

第一节　教育改革措施

考点 1　民国初年的教育改革　18min搞定

1911年10月10日，武昌起义爆发，革命的烽火迅速燃遍全国。1912年1月，资产阶级革命党人在南京成立了中华民国临时政府。自此开始了与政治上的民主共和相对应的文化教育上的革新。

1. 制定教育方针 ★★★★★　（名：16 河南师大；论：15 杭州师大）

（1）**内容**：1912 年 1 月，孙中山任命蔡元培为教育总长，随后南京临时政府教育部正式成立。教育部依据蔡元培"五育"并举的思想提出了民国临时政府的教育方针："注重道德教育，以实利教育、军国民教育辅之，更以美感教育完成其道德。"（这一教育方针来自蔡元培的"五育"并举思想，详细阐述在后面蔡元培的"五育"并举知识点中，此处不再赘述。）

（2）**评价**。

①**这一教育方针只采纳了蔡元培"五育"并举思想中的"四育"，不包含世界观教育**。此方针基本反映了蔡元培的思想，但蔡元培提到的世界观教育因陈义过高，未被采纳作为国家的教育方针。

②**这一教育方针包含了德、智、体、美"四育"因素，体现了使受教育者身心和谐发展的思想**。从具体内容来看，以道德教育为核心，将培养受教育者具有"共和国民健全之人格"作为首要任务，以军国民教育和实利教育引导体育和智育，对清政府的封建教育宗旨进行彻底的清算，寄希望于能在捍卫国家主权、抑制武人政治、振兴民族经济方面发挥基础作用的教育。

2. 颁布"壬子癸丑学制" ★★★　（名：12 渤海、15 湖北、22 宁夏；辨：23 山东师大；简：23 青海师大、中央民族）

1912—1913 年，教育部仍然在参照日本学制的基础上，结合中国的实际经验，制定了中国近代第一个资产阶级性质的学制，即"壬子癸丑学制"，又称"1912—1913 年学制"。

（1）**学制体系**。壬子癸丑学制主系列划分为三段四级，仍保持以"小学—大学"教育为骨干，兼重师范教育和实业教育的整体结构。学制总年限为 17～18 年。小学前的蒙养园和大学本科后的大学院均不计入学制年限。此外，设立师范教育类和实业教育类学校。

①**初等教育段**：分为初等小学校和高等小学校，共 7 年，不分设男校女校，初等小学校（4 年）为义务教育，法定入学年龄为 6 周岁。

②**中等教育段**：共 4 年，不分级，但专门设立女子中学校。

③**高等教育段**：设大学，分预科、本科、大学院三个层次。

（2）**壬子癸丑学制的影响**（即"壬子癸丑学制"比"癸卯学制"的进步之处）。

①**学制总年限缩短了 3 年**。易于普及教育，向平民化发展，并规定一学年为三个学期。

②**取消对毕业生科举出身的奖励**。废除清末高等教育中的保人制度，大学不设经科，消除教育中的封建等级性。

③**女子享有与男子平等的法定教育权**。男女儿童都要接受义务教育，初等阶段开创男女同校，突破了封建礼教对女性的限制。

④**高等教育设大学预科**。不采纳清末中学文实分科的做法，取消高等学堂，只设大学预科。

⑤**课程内容和教学方法更加突出实用性**。取消"忠君、尊孔"的课程，增加自然科学课程和生产技能的训练，改进教学方法，反对体罚，使教育更加联系儿童实际，适合儿童身心发展。

⑥**局限**。最突出的缺点是中学修业年限太短，且偏重于普通教育而轻视职业教育。

3. 颁布课程标准 ★

1912 年 1 月，教育部颁布了《普通教育暂行课程之标准》，规定了初等小学、高等小学、中学和师范教育的课程，开设科目及教学时数。规定的内容体现了以下特点：

（1）**废止了癸卯学制中的"读经讲经"课**。突出近代学科和资本主义文化在教育中的地位。（2）**对中国传统文化采取批判继承的态度**。（3）**注重课程的实用性、平民性和美感教育**。提高了唱歌、图画、手工、农业等课程的地位，关注对学生美感和情感的教育，注意课程的应用性、平民化和手脑协调发展的特色。

考点2　1922年"新学制" （名、简、论：25+ 学校）

1922年11月，教育部公布了《学校系统改革案》。这就是1922年的"新学制"，或称"壬戌学制"。由于该学制采用的是美国式的"六三三"分段法，又称"六三三"学制。

1. "新学制"的产生过程

壬子癸丑学制形成以后仍存在不少问题，如小学过长、中学过短（七四制），中等教育又太偏于普通教育，以升学为主要目标；过于强调整齐划一而灵活性不够；仿照日本和德国的痕迹较深，没有从本国实际出发，课程、教法等方面也存在很多问题，已不适应日益发展的社会政治经济生活和生产的需要，因此孕育了一场新的学制改革。新学制改革的历程如下：

（1）**各省提出应该改革学制体系**。1915年，湖南省教育会在第一届全国教育会联合会上提出《改革学制系统案》，至六届大会，有部分省也提出改革学制议案。

（2）**发表新学制系统草案，向全国征求修改意见**。1921年，全国教育会联合会在第七届年会上通过了新的"学制系统草案"，并请各报馆、各教育杂志发表草案全文，向全国征求修改意见，各地教育界人士纷纷讨论新学制并撰文评论，在全国掀起了研究学制改革的高潮。

（3）**关于新学制的教育实验**。1920—1921年，舒新城、夏丏尊在湖南第一师范学校实行"选科制"与"能力分组制"。同年秋，南京高等师范学校推行选科制和学分制。1921年，江苏省立第一中学实行全面选科制，学生于三年级起可在文、理、商三科中自由选择。这些教育改革实践为学制的最终制定提供了坚实的依据。

（4）**新学制最终颁布施行**。1922年，教育部在北京专门召开了学制会议，最终以大总统令公布了《学校系统改革案》，即1922年"新学制"。

2. "新学制"的七项标准 （名：13河南师大）

受实用主义思想的影响，新学制不定教育宗旨，而以七项标准作为指导：（1）**适应社会进化之需要**；（2）**发扬平民教育精神**；（3）**谋个性之发展**；（4）**注意国民经济力**；（5）**注意生活教育**；（6）**使教育易于普及**；（7）**多留各地伸缩余地**。七项标准是"新学制"的指导思想，体现了民主与科学的精神，尤其是实用主义的教育思想，对民国之后的教育改革产生了深远影响。

> **凯程提示**
>
> 1922年"新学制"是向杜威学习实用主义教育思想的产物，杜威主张教育无目的，本次学制未定教育宗旨而以标准代之。

3. "新学制"的体系

新学制以儿童身心发展规律为依据，采用"六三三"分段标准，将学制划分为三段。

（1）**纵向看**，小学6年，其中初级小学4年（义务教育阶段）、高级小学2年；中学分为初、高中各3年；大学4～6年；小学之下有幼稚园，大学之上有大学院。

（2）**横向看**，与中学平行的有师范学校和职业学校。

（3）**两项"附则"**：注重天才教育；注重特种教育。

4. "新学制"的特点 （简：16西北师大，21安徽师大）

（1）**第一次依据我国学龄儿童的身心发展规律划分教育阶段**。学制采用美国的"六三三"学制，基本上是依据我国青少年身心发展的特点来划分的，这在中国近代学制发展史上是第一次。

(2) **初等教育缩短小学年限，更加务实合理，利于普及**。幼稚园纳入初等教育阶段，使幼儿教育与小学教育得以衔接，确立了幼儿教育在中国教育史上的地位。

(3) **中等教育是改制核心，是"新学制"中的精粹**。

①**延长中学年限**。初中和高中各3年，提高中等教育的程度，克服旧学制中中学只有4年而造成基础教育薄弱的缺点，改善中学和大学的衔接关系。

②**中学分为初、高中两级**。不仅增加了地方办学的伸缩余地，也增加了学生的选择余地。

③**中学实行分科制和选科制**。力求使学生有较大的发展余地，适应不同发展水平学生的需要。

(4) **高等教育缩短年限，取消大学预科**。这使大学不再担任普通教育的任务，有利于大学进行专业教育和科学研究。

(5) **增强职业教育，最明显的特点是兼顾升学与就业**。小学高级阶段，要求根据各地情形，增设职业准备性教育；在中学开设各种职业科，使学生既能准备升学，也能准备就业。

(6) **在师范教育方面，高级中学设师范科，并将旧制高等师范学校升格为师范大学**。这突破了师范教育自成体系的框架，使师范教育种类增多、程度提高、设置灵活。

凯程提示 合理分段初等短、中等核心高等短、增强职教改师范。

5. "新学制"的课程标准

1923年6月确定并刊布了《中小学课程标准纲要》。

(1) 内容。

①**小学课程**取消修身课，增加公民、卫生课，将手工改为公用艺术，图画改为形象艺术；又将初小的卫生、历史、公民、地理合并为社会科；设自然园艺科；将国文改为国语，体操改为体育。小学上课以分钟记。

②**初级中学课程**设社会、言文、算学、自然、艺术、体育六科。

③**高级中学课程**分普通科和职业科。a. 普通科分文学、社科和数理三类，又分为两组：第一组注重文学和社会科学；第二组注重数学和自然科学。b. 职业科分农、工、商、商船四类。课程分公共必修科目、分科专修科目、纯选修科目三种，每一种有若干门课程，以各种课程学分计算，修满150学分为毕业。

(2) **评价**：此课程纲要虽未经过政府正式颁布，只是由全国教育会联合会会议决议刊布，但由于该组织在当时具有相当的代表性和权威性，故各地都依此施行。

6. "新学制"的评价

(1) **1922年"新学制"体现了实用主义色彩**。"新学制"虽然在一定程度上借鉴了美国的"六三三"学制，但它并不是盲从美制，它只是在一定程度上受到了实用主义教育思想的影响。

(2) **1922年"新学制"适应当时资本主义工商业发展的实际情况**。这一学制加强了中等教育和职业教育的训练，并注意以选科制和学分制来适应教育对象的不同发展水平，还注意发挥地方办教育的积极性，提高师范教育水平，缩短小学教育年限，规定初中可单设等，均有利于初级中等教育的普及，再加上课程的改革等，在一定程度上处理了升学和就业的矛盾，适应了当时中国资本主义工商业发展的要求。

(3) **1922年"新学制"的内容具有先进性和合理性**。尽管受到进步主义教育思想和美国模式的影响，但有其内在的先进性和合理性，比较彻底地摆脱了封建传统教育的束缚，具有适应社会和个人需要等新的时代特点。

(4) 1922年"新学制"具有灵活性。1922年"新学制"既有比较统一的基本要求，又给地方留有充分的灵活性，反映了新文化运动以来教育领域改革创新的一些综合成果。

(5) 1922年"新学制"是我国学制史上的里程碑，标志着中国近代以来国家学制体系建设的基本完成。一直沿用到中华人民共和国成立前夕。

(6) 1922年"新学制"的局限性。此学制在具体的实施过程中也存在不少问题，如缺乏师资、教材、设备等，故不得不通过对其后所创办的综合中学增开大量的选科等做法进行调整。

> **凯程助记**
> 实用实际先进性，合理灵活里程碑，当然还有局限性。

> **凯程提示**
> 1922年"新学制"虽然在施行过程中脱离了实际，但它能够在中国的土地上诞生，本身就是一种进步。考生需要重点掌握它的优缺点，建议将此前学过的几个学制的特点和进步之处一起比较学习、记忆。

经典真题

❯❯ 名词解释

1. 1922年"新学制"/壬戌学制（10 首师大，10、11、13 渤海，12 华东师大、福建师大、辽宁师大，14 曲阜师大，16 吉林师大，19 江苏师大，21 杭州师大、淮北师大，22 四川师大，23 湖南师大、江西师大、合肥师范学校）

2. "新学制"标准（13 河南师大）

❯❯ 简答题

1. 简述1922年"新学制"（体系、特点）。（11 宁波，14 聊城，14、15 渤海，14、16、22 东北师大，15 中央民族，16 西北师大，17 重庆师大，18 天津，20 佛山科学技术学院，21 安徽师大，23 石河子、山西）

2. 简述1922年"新学制"中对中等教育的改革举措。（20 南京师大）

❯❯ 论述题

论述1922年"新学制"的特点、意义，并说明它对当前教育改革的启示。（11 福建师大，13、16、20 杭州师大，15 陕西师大、江苏，16 曲阜师大，17 河南师大，20 辽宁师大，21 西北师大，23 哈师大）

考点3　教会教育的扩张与收回教育权运动　5min搞定

1. 教会教育的扩张

20世纪20年代，在华外国教会已经建立起了一个从初等教育到高等教育，并包括各种专门教育在内的相互衔接的、庞大的教会教育系统。招生升学、课程教材、考试毕业等自成体系，侵犯了中国的教育主权。

2. 收回教育权运动

(1) 收回教育权运动的过程。

① 1922年，蔡元培在《新教育》杂志上发表《教育独立议》，极力主张教育脱离政党与宗教而独立，

率先举起反基督教教育的大旗。很多地方和组织随之公开揭露基督教的反动本质和在教会学校里进行的文化侵略。

② 1923 年，余家菊在《少年中国》月刊上发表《教会教育问题》一文，率先提出了"收回教育权"的口号，要求对教会学校"施行学校注册法"，在社会各界特别是教育界和学生界引起强烈反响。

③ 1924 年，广州学生掀起收回教育权运动。广州教会学校和非教会学校学生普遍反对教会学校"奴隶式的教育"，纷纷退学罢课，要求收回教育权，并宣告成立"广州学生收回教育权运动委员会"。

④ 1924 年，广州学生界的收回教育权运动迅速波及全国。一时间，许多社会名流、民间团体、学生组织、报纸杂志等纷纷发表通电和宣言，表明收回教育权的立场。10 月，全国教育会联合会在开封召开年会，通过了《教育实行与宗教分离》和《取缔外人在国内办理教育事业》两个议案。

⑤ 1925 年，收回教育权运动在"五卅运动"中达到高潮。全国各地学生举行了声势浩大的游行示威，教会学校的学生纷纷退学。一些知名学者也振臂呐喊，声援学生运动，捍卫中国的教育主权。

（2）收回教育权运动的结果。

1925 年 11 月，北洋政府迫于压力，颁布了《外人捐资设立学校请求认可办法》，这个文件的颁布与执行是收回教育权运动最大的实际性成果。其主要内容有：

①凡外人捐资设立各等学校，遵照教育部所颁布之各等学校法令规程办理者，得依照教育部所颁关于请求认可之各项规则，向教育部行政官厅请求认可；②学校名称上应冠以私立字样；③学校之校长，须为中国人，如校长原系外国人者，必须以中国人充任副校长，即为请求认可时之代表人；④学校设有董事会者，中国人应占董事名额之过半数；⑤学校不得以传布宗教为宗旨；⑥学校课程，须遵照部定标准，不得以宗教科目列入必修科。

（3）收回教育权运动的意义。

①收回教育权虽不彻底，但起到了遏制教会教育的作用。尽管收回教育权运动没有彻底收回教会学校的教育权，但是它使中国人民对教会学校有了清晰的认识，使教会教育的发展势头受到了遏制，淡化了教会学校的宗教色彩，使其真正的教育职能得到一定程度的强化。

②收回教育权运动是教会教育走向本土化和世俗化必不可少的前奏，具有深远的历史意义。

第二节　教育思想

考点 1　蔡元培的教育实践与教育思想 ★★★★★ 39min搞定　（名、简、论：100+ 学校）

蔡元培是中国近代著名的资产阶级革命家和民主主义教育家，担任民国第一任教育总长，坚决清除教育中的封建专制主义因素，苦心规划民国教育的未来。1917 年任北大校长后，以自由、民主的原则改革北大，为中国高等教育开辟了一片天地。

1. 蔡元培与资产阶级革命教育的实践活动（补充知识点）[①]

蔡元培的教育实践主要表现为以下五个阶段：

（1）辛亥革命前，蔡元培的教育实践。蔡元培于 1901 年被聘为南洋公学经济特科班总教习，常在课内课外向学生宣传爱国民权思想，学生的民主意识明显增强。同时，他与张元济等人创办《外交报》，又

[①] 333 大纲没有蔡元培的教育实践，但很多学校的真题——"试论蔡元培的教育实践与教育思想"，需要答教育实践，因此凯程特别加入"蔡元培的教育实践"。

与蒋智由等人发起成立"中国教育会"，组建创办爱国学社和爱国女学。

①**中国教育会**。蔡元培等人建立中国教育会，主要是教育中国青年开发其知识，增进国家观念，主张恢复国权，暗中宣传革命派。他对清末资产阶级革命起到了很大的宣传作用和组织作用。

②**爱国学社和爱国女学**。中国教育会创办了著名的革命学校，主要是爱国学社和爱国女学。1902 年，南洋公学部分学生罢课，蔡元培等人为罢课学生重新建立了学校，即爱国学社，学社强调重视精神教育、军事教育。后来，蔡元培、蒋智由等人开设了爱国女学，爱国学社的社员纷纷动员其姐妹入学，爱国女学人数增多，逐渐发展起来。这两所学校都属于革命性质的学校，民主观念深入人心。在这两所学校的影响下，各地反抗封建专制的罢学风潮不断发生，对革命的促进作用很大。

（2）**辛亥革命后，蔡元培任第一任教育总长的教育实践**。1912 年 1 月，蔡元培被任命为民国第一任教育总长。他主持制定了一系列教育政策、法规，并在全国临时教育会议上通过，确立了其法定地位，奠定了民国教育的基本规模。

（3）**再赴欧洲，推动留法勤工俭学运动**。在法国，他与李石曾、吴稚晖、吴玉章等人组织"勤工俭学会"；与法国友人一道发起"华法教育会"，任中方会长。这些组织直接推动了留法勤工俭学运动的开展。

（4）**任北大校长，改革北大**。1916 年年底，蔡元培受命担任北京大学校长。他对北京大学进行全面改革，使北京大学由一所痼弊缠绵的旧式学堂转变为生机勃勃的近代新型大学。他还积极参与推进高等教育和各项文化教育事业的改革，并在这一时期提出教育独立思想。

（5）**南京国民政府成立后的教育实践**。这一时期，蔡元培先后被推任或任命为国民政府大学院院长、中央研究院院长等要职，并提出大学区与大学院的改革思想。

2."五育"并举的教育方针 （名、简、论：50+ 学校）

蔡元培在 1912 年发表的《对于教育方针之意见》一文中，从"养成共和国民健全之人格"的观点出发，提出"五育"并举的教育思想。"五育"包括军国民教育、实利主义教育、公民道德教育、世界观教育和美感教育。文章系统地阐述了"五育"各自的内涵、作用和相互关系。

（1）**"五育"各自的内涵和作用**。

①**军国民教育（相当于体育）**：主要目的是强健体魄，蔡元培认为军国民教育不是理想社会的教育，但针对中国的现实，有寓兵于民、对抗军阀拥兵自雄、捍卫民主共和的良苦用心。

②**实利主义教育（相当于智育）**：以人民生计为普通教育之中坚，密切教育与国民经济生活的关系，加强职业技能的培训，使教育发挥改善人民生活和提高国家经济能力的作用。这是对以杜威为代表的实用主义教育思想的一种概括。

③**公民道德教育（相当于德育）**：尊重和继承中国传统文化，汲取有利于资产阶级道德建设的养分，将二者结合起来，培养国民的道德感。

④**世界观教育（一种超越现实的精神教育）**：是蔡元培独创的思想，是教育的最高境界，旨在培养人们立足于现象世界但又超脱现象世界而贴近实体世界的观念和精神境界。

⑤**美感教育（相当于美育）**：大力提倡美感教育，甚至提出"以美育代宗教"的口号。利用美感教育去陶冶、净化人的心灵，是世界观教育的主要途径。

（2）**评价**：蔡元培强调"五育"不可偏废，其中，军国民教育、实利主义教育、公民道德教育偏于现象世界之观念，隶属于政治之教育。世界观教育和美感教育以追求实体世界之观念为目的，为超轶政治之教育。上述五育中，军国民教育为体育，实利主义教育为智育，公民道德教育为德育，美感教育可以辅助德育,世界观教育将德、智、体合而为一,是教育的最高境界。学校中每种教学科目虽于"五育"各有侧重,但又同时兼通数育。

> **凯程助记** 德(公民道德教育)、智(实利主义教育)、体(军国民教育)、美(美感教育)+世界观教育。

3. 改革北京大学的教育实践 ★★★★★ （简、论:20+ 学校）

蔡元培任北大校长后,对官僚习气严重、校政腐败、制度混乱的北大进行大刀阔斧的改革,为中国高等教育的发展开辟了新天地,主要措施有以下几个方面:

(1) 抱定宗旨,改变校风。 蔡元培认为大学应该是"研究高深学问之地",但北大教师不热心学问,学生把大学当作做官发财的阶梯,这是北大"著名腐败的总因"。因此,他改革北大的第一步就是明确大学宗旨,为师生创造研究高深学问的条件和氛围。

①**改变学生的观念**。蔡元培对学生提出了三点要求:一是抱定宗旨;二是砥砺德行;三是敬爱师长。

②**整顿教师队伍,延聘积学热心的教员**。在教师聘任上,蔡元培采取"学诣"第一的原则,推崇具有真才实学、教学热心、有研究学问的兴趣和能力的学者来任教。

③**发展研究所,广积图书,引导师生的研究兴趣**。重视建设各科研究所和北大图书馆,丰富藏书,使北大图书馆成为全国高校首屈一指的图书馆。

④**砥砺德行,培养正当兴趣**。倡导成立各种学会,丰富学生生活,培养学生正当的兴趣。

(2) 贯彻"思想自由,兼容并包"的办学原则。 （名:14 吉林师大；辨:17 山东师大；简、论:5+ 学校）

①**在高校研究方面**,"大学者,'囊括大典,网罗众家'之学府也。"大学的宗旨是研究高深学问,但它不是研究某一家、某一派的学问,更不是研究被某些人指定的学问。各种学问在大学都应该被自由地研究和讲授,这也是各国大学的共同准则,这样大学才能对学术的发展起促进作用。

②**在教师的聘任方面,** 蔡元培以"学诣"为主,罗致各类学术人才,使北大教师队伍一时出现流派纷呈的局面。

③**在教育对象方面,** 北大开创了我国公立大学招收女生的先例。

④**在高等教育服务社会方面,** 北大实行旁听生制度,让教学和学术活动向社会公开,还开办了不少平民学校和夜校等,努力服务于社会。这些都有利于提升我国大学的开放性和平民化程度。

(3) 教授治校,民主管理。

①**内容:** 在蔡元培主持制定的《大学令》中,已经确定了教授治校、民主管理的大学校务管理原则。改革管理体制的目的是把推动学校发展的责任交给教授,让真正懂得学术的人来管理。

②**评价:** 新的管理体制的建立,改变了京师大学堂遗留的封建衙门作风,提高了工作效率,从而促进了学校的蓬勃发展。

(4) 学科与教学体制改革。

①**扩充文理,改变"轻学而重术"的思想**。在学科与教学体制改革上,蔡元培认为大学应该偏重于纯粹学理研究的文、理两科。在这一思想指导下,他停办北京大学工科,改商科为商业学,并入法科;同时扩充文、理两科的专业门类,加强两科的建设,即把原来的五科改为文、理、法三科,突出文、理两科,强调基础理论的地位。

②**沟通文理,废科设系**。蔡元培强调文、理两科应该相互联系、相互渗透,文科里包含理科,理科里也要包含文科。同时废科设系,设系主任。

③改年级制为选科制（学分制）。课程分为必修课、选修课两类，实行学分制，学生可以提前毕业，或者滞后毕业，大大增加了教学的灵活性。选科制体现了蔡元培"尚自然""展个性"的教育思想，同时也是落实他"沟通文理"思想的一个具体措施，其他高校纷纷效仿。

（5）评价。

①北大的改革不仅使自身改变了面貌，也是我国高等教育近代化发展过程中的一个里程碑。

②改革的灵魂是"思想自由，兼容并包"。"兼容并包"不仅包容不同的学术和学说流派、不同的人物和主张，还包容女生和旁听生。"兼容并包"也并非不偏不倚，而是有所抑扬，封建专制思想文化本已根深蒂固，所包容的主要是资产阶级思想和无产阶级的新思想、新文化和新人物。

③北大改革后也成为新文化运动和马克思主义的传播中心、五四运动的策源地，其影响远远超出教育领域。

> **凯程提示**
>
> 北大改革是重点，其中"思想自由，兼容并包"的办学原则可以命制一道简答题，考生不要轻视。后期学习外国教育史时，建议考生整体思考一下，都有哪些大学实行自治、自由的原则，并将其进行归纳总结。

> **凯程拓展** 蔡元培"尚自然、展个性"的教育思想
>
> "教育者，与其守成法，毋宁尚自然，与其求划一，毋宁展个性"，蔡元培反对注入式教学，提倡发展儿童个性，要学生自动、自学、自助，教师的责任只是在学生感到困难时，去帮助他们。

4. 教育独立思想及对收回教育权的推进（名：15 西华师大；辨：14、19 重庆师大；简：5+ 学校）

"教育独立"作为一种思潮，萌发于五四运动之前，兴盛于 20 世纪 20 年代。

（1）社会背景。当时军阀混战、经济萧条，北洋政府无暇顾及教育，国家预算中的教育经费极低，还经常被挪用。为了维持教育的正常进行，教育界发起了向北洋政府争取教育经费独立的斗争，进而形成了内容广泛的教育独立思潮。

（2）主要内容。1922 年，蔡元培在《新教育》上发表《教育独立议》一文，阐明教育独立的基本观点和方法，成为教育独立思潮的重要篇章。主要内容有：

①教育经费独立：要求政府划出教育经费，不能移用。

②教育学术和内容独立：能自由编辑、出版、选用教科书。

③教育行政独立：专管教育的机构不能附设于政府部门之下，要由懂得教育的人担任，不因政局的变动而变化。原因：a. 教育要求平衡发展人的个性与群性，而政党要求抹杀人的个性，使其服从政党。b. 教育求远效，政党求近功。c. 当时，各政党更迭频繁，影响教育的稳定发展。

④教育脱离宗教而独立：不必依行某种信仰或观念。原因：a. 教育求进步，宗教为保守。b. 教育是共同的，要求相互交流，宗教妨碍文化交流。c. 基于当时的社会现实，反对帝国主义文化侵略。

（3）教育独立思想的影响（包含对收回教育权运动的影响）。

①积极影响。

a. 反对帝国主义国家的文化侵略，推动了收回教育权运动。蔡元培提出教育独立论时恰逢中国掀起反对教会教育的运动，他的思想有助于推进收回教育权运动，抵制殖民教育。

b. 摆脱军阀政府对教育的控制，维持教育基本生存状态有其合理性。 这是蔡元培对当时政治状况的无奈反抗，反映了蔡元培反对军阀控制教育、希望按教育规律办教育的美好愿望。

②**消极影响。**

a. 教育独立在理论上行不通。 因为教育的独立性是相对的，教育由政治经济制度和生产力所决定。教育不可能完全脱离社会发展的大环境。而且教育脱离政治、脱离政党的主张是一种历史唯心主义的观点，教育不可能也不应该完全独立于政治。

b. 教育独立在实践上行不通。 政府与统治阶级也不答应教育可以独立，文化、经济与教育发展客观上存在千丝万缕的联系，教育也做不到绝对独立。

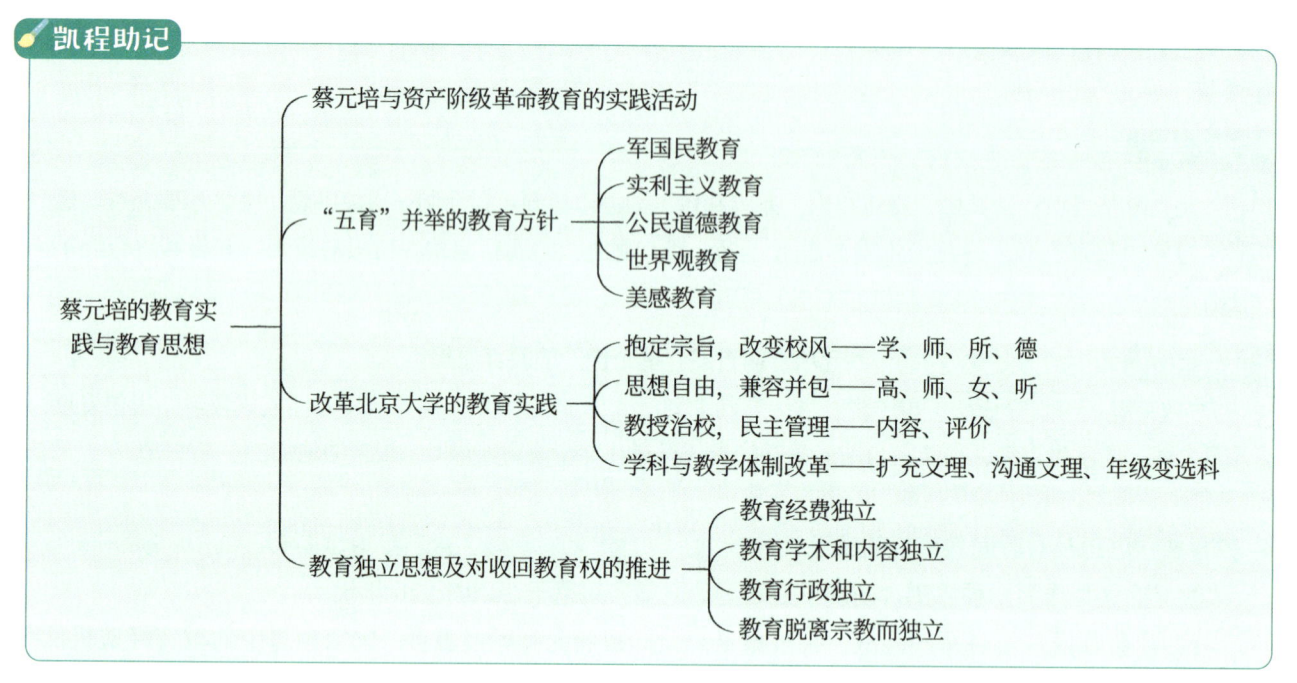

凯程助记

```
                    ┌─ 蔡元培与资产阶级革命教育的实践活动
                    │
                    │                      ┌─ 军国民教育
                    │                      ├─ 实利主义教育
                    ├─ "五育"并举的教育方针 ─┼─ 公民道德教育
                    │                      ├─ 世界观教育
                    │                      └─ 美感教育
蔡元培的教育实践    │
与教育思想          │                      ┌─ 抱定宗旨，改变校风——学、师、所、德
                    │                      ├─ 思想自由，兼容并包——高、师、女、听
                    ├─ 改革北京大学的教育实践┼─ 教授治校，民主管理——内容、评价
                    │                      └─ 学科与教学体制改革——扩充文理、沟通文理、年级变选科
                    │
                    │                              ┌─ 教育经费独立
                    │                              ├─ 教育学术和内容独立
                    └─ 教育独立思想及对收回教育权的推进┼─ 教育行政独立
                                                   └─ 教育脱离宗教而独立
```

经典真题

>> **名词解释**

1. 蔡元培（10 东北师大，18 湖北）   2. 教育独立论（15 西华师大，22 中国海洋）
3. "五育"并举（10、19、23 福建师大，11 东北师大，12 上海师大、杭州师大、聊城，12、13、18 湖南，17 重庆师大、湖南师大，18 华中师大、闽南师大，19 苏州，21 扬州）
4. "思想自由，兼容并包"（14 吉林师大）

>> **辨析题** 蔡元培的"五育"并举指的是德、智、体、美、劳全面发展的教育。（22 陕西师大）

>> **简答题**

1. 简述蔡元培的教育独立思想。（13 华南师大、江苏师大，15、16 江苏，16 北师大，20 江西师大）
2. 简述蔡元培的教育思想。（14 华中师大，15 曲阜师大）
3. 简述蔡元培改造北京大学的教育实践。（13 华东师大，16 河北，18 河南师大，19 湖南师大，21 信阳师范学院，23 新疆师大、河南师大）
4. 简述蔡元培的教育思想和教育实践。（13 江西师大，15 浙江师大，16 渤海，18 曲阜师大、山西师大，21 天津师大）

5. 简述"五育"并举的教育方针。(11 鲁东、聊城、沈阳师大，12 南京师大，12、23 内蒙古师大，14、16 浙江师大，15、20 云南师大、安徽师大，16、19、21 贵州师大，16、23 华东师大，17 宁波、吉林师大，18 集美，19 上海师大，21 辽宁师大，22 温州、海南师大，23 陕西师大、哈师大、重庆师大、湖北、延安、苏州科技、浙江海洋)

6. 请简述蔡元培为北京大学确立的"思想自由,兼容并包"的办学指导思想。(10 河南师大，16 渤海，17 湖南农业，21 湖北)

›› 论述题

1. 论述蔡元培的教育思想和实践对中国近代教育的贡献和影响。/试论蔡元培的教育实践与教育思想。/试论蔡元培的教育思想及北大改革。(10 辽宁师大、中山，10、15 天津师大，12 湖北，13 山西、北师大，14 河南师大、中央民族、苏州、西北师大、云南师大，15 吉林师大，16 重庆三峡学院、宁波、南京航空航天，17 华南师大，19 广西师大、鲁东、杭州师大，20 浙江师大、北华、山东师大、东北师大，21 中央民族、江汉、合肥师范学院，22 河南科技学院)

2. 论述蔡元培"五育"并举的教育方针。/论述蔡元培完全之人的教育思想。(12 天津师大、南京师大，12、20 哈师大，13、16、18 上海师大，14、20 沈阳师大，16 东北师大、福建师大，17 扬州、温州，18 海南师大、江汉，19 中国海洋，21 渤海、佳木斯，23 苏州)

3. 评述蔡元培改革北大的措施和意义。(11 北京航空航天，17 湖北，18 信阳师范学院)

4. 论述蔡元培的"思想自由,兼容并包"原则。/评述蔡元培"思想自由,兼容并包"的思想、教育实践及影响。(11、21 北师大，16 哈师大，17 四川师大)

5. 论述蔡元培的教育思想和意义。(12 河南师大，21 中央民族，22 济南)

考点 2　新文化运动促进教育变革 ★★★★★ 10min搞定 （简、论：5+学校）

辛亥革命后，民主共和观念深入人心，中国先进知识分子为了加强反帝反封建的双重斗争，掀起了一场崇尚科学，反对封建迷信，猛烈抨击几千年封建思想的文化启蒙运动——新文化运动。1915 年，陈独秀在上海创办《青年杂志》，并担任主编，揭开了新文化运动的序幕。新文化运动把斗争矛头直接指向封建专制的理论支柱——儒家思想，宣扬民主，反对封建专制；宣扬科学，反对封建迷信与愚昧。"民主"指民主思想和民主政治；"科学"指近代自然科学法则和科学精神。新文化运动对民主和科学思想的弘扬，动摇了封建思想的统治地位，人们的思想得到空前解放。

1. 新文化运动促进教育观念的变革

新文化运动促使中国现代教育观念发生了巨大的变化。继洋务教育在技艺层面上、维新教育在制度层面上接受西方教育后，中国在思想观念层面上开始自觉地接受西方教育。

（1）**教育的个性化**。新文化运动强调在教育上"使个人享有自由平等之机会而不为政府、社会、家庭所抑制"，要求在教育中尊重个人，尊重儿童，甚至"以儿童为中心"。尊重个性意味着不以单调划一的模型塑造个人，不能让社会淹没个性。学校教育尤忌"随便教育"。

（2）**教育的平民化**。坚持教育的"庶民"方向，打破以往社会有贵贱上下、劳心与劳力、治人与被治种种差别的阶级教育，让平民大众都能享有教育。

（3）**教育的实用化**。一方面，人们认识到教育要培养个人的生活能力和实际应用能力，教育家开始致力于解决"教育与生计关系"问题，从而在观念上解决改革教育结构、发展职业教育的问题；另一方面，人们认识到学校内部必须进行全面改革，强调从社会生活和学生生活实际出发进行教育，要求课程内容和教学组织形式须适应生产和生活发展的需要。

（4）教育的科学化。教育的科学化意味着用科学的精神分析中国教育的现状。让科学内容和方法渗入社会各项事业，改变人的态度和观念，并非只在学校进行科学教育。科学方法的运用侧重于科学知识的获得，而运用科学方法的目的是形成科学精神。

评价： 新文化运动所促发的中国现代教育观念的转变是划时代的，表明中国人对教育传统、教育现状的反思和学习西方先进的教育进入到思想文化层面和自觉主动的阶段，这直接促成新文化运动时期教育实践的变革。

2. 新文化运动促进教育实践的变革（补充知识点）

新文化运动所倡导的民主与科学思想在全社会，尤其是在教育领域引起巨大的反响，促进了这一时期的教育改革。

（1）废除读经，恢复民国初年的教育宗旨。恢复了"养成健全人格，发展共和精神"的国民教育宗旨。这个教育宗旨留下了新文化运动的鲜明烙印，明显地表现出资产阶级的要求。

（2）教育普及有所发展。在民主思想的推动下，平民教育呼声强烈，义务教育得到提倡，1919年全国小学生人数比1912年增加了一倍多。教育界人士都在为完成义务教育计划积极努力。

（3）学校教学内容的改革。①学校教育中推行白话文和国语教学，教育部也正式公布注音字母，供各地推广使用。②中等教育开始注意科学和实用，使中等教育更贴近中国民族资本主义工商业发展的趋势。

（4）师范教育和大学改革。①在师范教育方面，教育部调整全国师范教育布局，每区设立一所高等师范学校。②在大学改革方面，开大学改革风气之先的是北京大学，它以其不可替代的影响力，推动了新文化运动时期全国教育改革的进程。

> **凯程助记**
> 教育观念变革——平民有个性，科学要实用。
> 教育实践变革——教育普及不读经，养成健全之人格；中小学里改内容，白话文中讲科学；师范教育改布局，高等教育看北大。

考点3 新文化运动中的教育思潮和运动 ★★★ 21min搞定 （简、论：10+ 学校）

1. 平民教育思潮 ★★★ （名：5+ 学校）

平民教育思想旨在破除千百年来封建统治者独占教育的局面，使普通平民百姓享有教育权利，获得文化知识，改变生存状况。

（1）内容： 由于政治立场、思想倾向的不同，平民教育思潮分为两部分。

①一部分以陈独秀、李大钊、邓中夏等初步具有共产主义思想的知识分子为代表。他们主张要真正解决平民教育问题，必须先解决经济和政治制度问题，平民教育要与政治斗争结合起来。他们的实践活动有：

a.1917年，毛泽东在湖南第一师范学校读书期间举办了工人夜校。

b.1919年，邓中夏发起组织了"平民教育讲演团"及负责筹备了长辛店劳动补习学校。早期共产主义者的平民教育逐渐发展成为共产党领导下的革命工农教育。

②另一部分以资产阶级和小资产阶级知识分子为代表。在杜威民主主义教育思想的影响下，把平民

教育视为救国和改良社会的主要手段，希望通过平民教育来实现民主政治。他们的实践活动有：

a. 北京高等师范学校的师生于1919年组织了平民教育社，这是实践平民教育思想最早的团体。

b. 朱其慧、陶行知、晏阳初于1923年组织成立了中华平民教育促进总会，向全国推广平民教育。

c. 晏阳初于1922年主编出版《平民千字课》[①]。不久后，资产阶级的平民教育运动达到高潮。

(2) **评价**：这一时期的平民教育活动，使平民受到了一定程度的文化知识教育，扩大了教育对象的范围，在一定范围内普及了教育；但在城市收效不大。1927年，平民教育运动的主流地位逐渐为乡村教育运动所取代，最终融入20世纪30年代流行一时的乡村教育运动。

2. 工读主义教育思潮 （名：14安徽师大，20宝鸡文理学院；简：23江苏师大）

工读主义思想萌发于第一次世界大战期间蔡元培、吴玉章、李石曾等人对旅法华工的教育活动。其基本内涵是：以工兼学、勤工俭学、工人求学、学生做工、工学结合、工学并进，培养朴素工作和艰苦求学的精神，以求消弭体脑差别。

(1) **内容**：由于提倡者和参加者思想立场的差异，大致分为以下四种思想和实践。

① **1919年由匡互生、周予同等北高师学生发起组织工学会，倡导"工学主义"**。主张把工学作为实现民主自由、发展实业、救济中国社会的武器。工学会要将工和学并立，做工的人一定要读书，读书的人一定要做工。

② **王光祈发起组织北京工读互助团，代表着更为激进、影响也更大的工读主义派别**。将工读视为实现新组织、新生活、新社会的有效手段。

③ **以李大钊为代表的初步具有共产主义思想的知识分子**。一方面，提出了工人和农民的工读问题；另一方面，也支持青年学生的工读互助实验，初步提出了知识分子与工农结合的思想。

④ **以胡适、张东荪为代表的观点，可称为纯粹的工读主义**。这一派把工读单纯看作解决青年失学问题的好方法，将工读看作纯粹的经济问题，不承认其改造社会的功能。

(2) **评价**：各种工读主义思想虽然各有侧重，却也互相渗透，都对教育和社会改革进行了有益的探索，成为社会思潮。

3. 职业教育思潮

职业教育思潮由清末民初的实利主义和实用主义教育思想发展演变而来。蔡元培最早将实利主义教育列入资产阶级的教育方针。职业教育思潮的基本内涵包括"授人一技之长"和"促进实业发展"两个方面。

(1) **内容**。

① 早期主张实用主义教育的人士大多转而提倡职业教育，职业教育思潮逐步形成。

② 1917年，黄炎培发起组织中国近代第一个研究、倡导、实验和推行职业教育的专门机构——中华职业教育社，进一步从理论上探讨，在实践中推行职业教育，职业教育思潮达到高潮。

③ 1918年，中华职业教育社在上海创办中华职业学校，通过学校教育的形式开展职业教育实验。

(2) **评价**：职业教育思潮和运动的开展不仅产生了以黄炎培为代表人物的系统的、有中国特色的职业教育理论，而且大大促进了中国职业教育事业的发展；职业教育思潮对1922年"新学制"的影响甚大。

4. 实用主义教育思潮（补充知识点）

五四运动前后，杜威的实用主义思想经蔡元培、黄炎培、胡适、陶行知等人的介绍在中国流行起来。

[①]《平民千字课》在不同教材中书名描述略有不同，如《公民千字课》《平民千字文》等，其实都是同一本书，上述说法均可。

人们对"实用主义教育"产生兴趣，源于1913年黄炎培发表的《学校教育采用实用主义之商榷》一文。五四运动前后，尤其是杜威来华讲学后，实用主义教育思潮成为全国范围内颇具影响力的教育思潮。

（1）**内容**：实用主义教育信条有教育即生活、教育即生长、学校即社会、从做中学等。其中，教育即生活、学校即社会、儿童中心符合教育救国和改革传统教育的需要。

（2）**评价**：实用主义教育思潮传播极广，影响超过任何一种教育思潮；实用主义教育思潮的兴起，既与新文化运动后引进西方文化的开放态势有关，又与当时的教育状况有关；实用主义教育思潮说明了中国教育观念的转变，在教育理论和教育实践中都有十分显著的反映。

5. 勤工俭学运动 （名：10 西北师大）

辛亥革命前，随着大批青年自费出国留学，自费留学生中出现"俭学"之风。同时在法国的李石曾通过"兼工与学"，使来自农村的华工得到教育。勤工俭学的目的是大兴苦学之风，输世界文明于国内，以改良中国社会，造就"新社会、新国民"。

（1）**内容**：勤工俭学运动逐步发展起来，其中以留法勤工俭学为主。1919年春至1920年年底，留法勤工俭学形成高潮。早期共产主义者是此阶段留法勤工俭学运动的主要发起者、组织者和参加者，李大钊、毛泽东、吴玉章是发起组织者。至此，勤工俭学运动的内容与性质都发生了变化，从通过勤工俭学以维持学业，提高到以俭学与勤工相结合，探索改造中国出路的认识高度。

（2）**评价**。

①**勤工俭学运动是工读主义教育思潮的一次大规模实践**。广大青年和知识分子认识到劳动的重要性，认识到教育与生产劳动相结合的伟大意义，进行了一场知识分子与工人群众相结合、脑力劳动与体力劳动相结合、教育与生产劳动相结合的实践尝试。

②**留法学者表现出了很强的政治意识**。他们组织中国社会主义青年团，宣传马克思列宁主义。

6. 科学教育思潮 （名：13 云南师大，15 赣南师大，21 辽宁师大；论：14、18 福建师大）

以任鸿隽为代表的中国科学社和《科学》杂志倡导科学教育，主张将科学内容与方法渗透到各项社会事业中，重视"物质上之知识"的传授，应用科学方法于教育研究和对人的科学精神、科学态度的训练。

（1）**内容**。

①**科学的教育化**。提倡学校中的科学教育，即按照教育原理和科学方法进行教育，培养学生科学的知识、技能和态度。

②**教育的科学化**。提倡以科学的方法研究教育，包括儿童心理和教育心理的研究，各种心理和教育统计与测量的实验及量表的编制应用。

（2）**评价**。

①**以科学的方法研究教育蔚然成风**。教育及心理测量、智力测验、教育统计、学务调查等成为当时中国教育界十分流行的研究手段。②**各种新教学方法的试验广泛开展**。道尔顿制、设计教学法、蒙台梭利教学法、自学辅导主义等方法，为人们耳熟能详。③**高校开始设置培养教育学科专门人才的学科和专业**。

7. 国家主义教育思潮 （论：16 云南师大）

国家主义教育思潮是一种具有强烈资产阶级民族主义色彩的社会思潮，于20世纪20年代初在中国兴起。

（1）**内容**：①**以教育为国家的工具**。教育目的对内在于保持国家安宁和谋求国家进步，对外在于抵抗侵略、延存国脉；②**教育是国家的任务**。教育设施应完全由国家负责经营、办理，国家对教育不能采取放任态度。

(2) **实践**：①曾琦、李璜于1923年在法国发起成立"国家主义青年团"，开始有组织地宣传国家主义。②余家菊和李璜合著的《国家主义的教育》出版，标志着国家主义教育思想的重振，并引起全国教育界的注意和讨论，1924—1925年，国家主义教育思潮盛极一时。

(3) **评价**。

①**国家主义教育派促成了20世纪20年代中国的收回教育权运动**，促进了学校中军国民教育和爱国教育的加强，也促成了中华教育改进社年会一度以国家主义为教育宗旨。

②**国家主义教育思潮的目的是培养具有爱国精神和国家意识的好国民，但其本质上是一种教育救国论**。它一概而论地反对教育的政治和党派性，与教育民主观念相抵触，使之一开始就受到马克思主义者的批判。随着北伐战争的节节胜利，国民党明令严禁国家主义，国家主义教育思潮就此消沉。

8. 学校教学方法的改革与实验 （论：20福建师大）

(1) **过程**。

①清末以来，西方的教学法开始传入中国，最早的是赫尔巴特的"五段教学法"，以学生的心理过程为依据，强调教师的作用，注重课堂教学形式的组织和规范化，但是这种方法压抑学生个性的发展。

②"五四"新文化运动时，受实用主义教育和科学教育等教育思想的影响，在学制、课程、教材改革的推动下，以儿童活动为中心的各种教学法相继传入中国，如设计教学法、道尔顿制、文纳特卡制、葛雷制等，都有热衷者尝试将其引入课堂。其中，设计教学法、道尔顿制和文纳特卡制最为流行（这些新式教学法是外国教育史的重点知识，详见外国教育史第十章）。

(2) **学校教学改革和实验的主要表现**。①重视实验心理学研究。②普遍设立实验学校。③开展教学方法的试验。④实验课程趋于完备，各级各类学校都有专门的实验或观察课程。

(3) **评价**。

①**优点**：a. 突出学校的社会化功能，把教学内容与社会生活紧密结合起来。b. 突出儿童中心主义，根据儿童的潜力、兴趣和心理特点因材施教。

②**局限**：削弱了知识的系统传授，难以保证教育质量。进步主义教育运动在克服班级授课制及传统教育弊端的同时，走向了另一个极端——"以儿童或活动为中心"，因此削弱了系统知识的传授，导致教育教学质量下降。

经典真题

>> 名词解释

1. 平民教育思潮（运动）（17山东师大、南宁师大，20华东师大、浙江，21陕西理工，22扬州，23上海师大、中国海洋）
2. 工读主义教育思潮（14安徽师大，20宝鸡文理学院）
3. 勤工俭学运动（10西北师大）
4. 科学教育思潮（13云南师大，15赣南师大，21辽宁师大）

>> 简答题

1. 简述新文化运动中教育观念变革的主要表现。（18青海师大，19华中师大，20新疆师大，23三峡）

2. 简述新文化运动影响下的教育思潮。（11 天津师大，12 杭州师大，13 浙江师大，15 江西师大，20 湖南师大、淮北师大，22 河南师大）

3. 简述五四运动前后的实用主义教育思潮。（16 山西师大）

4. 简述工读主义教育运动及其教育主张。（23 江苏师大）

>> 论述题

1. 论述新文化运动影响下的科学教育发展。（18 福建师大）

2. 分析新文化运动影响下国家主义教育思潮的主要内涵。（16 云南师大）

3. 论述"五四"新文化运动对国人教育观念转变的影响。（12 华东师大，18 安徽师大）

4. 论述新文化教育思潮。（10 宁波，20 华中师大、青海师大、太原师范学院）

5. 论述五四运动中的平民教育思潮和科学教育思潮。（14 福建师大）

第三部分　中国现代教育史

学习方法

本部分内容分为两块。

第一块： 南京国民政府时期与中国共产党领导下的教育改革措施（第十、十一章）。考试考查的概率较低。

第二块： 近现代最重要的六大教育家（第十二章）。

六大教育家分别是：杨贤江、黄炎培、晏阳初、梁漱溟、陶行知、陈鹤琴。考试考查的概率很高。

第十章　南京国民政府时期的教育

考情分析

考点1　教育宗旨与教育方针的变迁
考点2　教育制度改革
考点3　学校教育发展
考点4　学校教育的管理措施

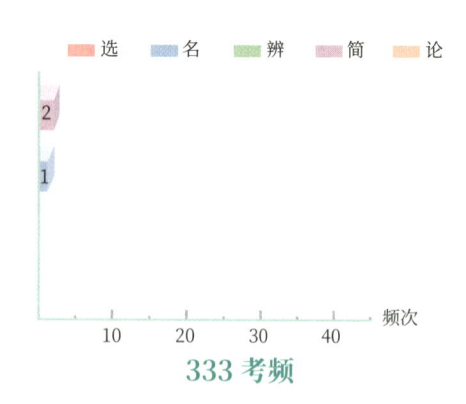

知识框架

- 南京国民政府时期的教育
  - 教育宗旨与教育方针的变迁
    - 党化教育
    - "三民主义"教育宗旨
    - "战时须作平时看"的教育方针
  - 教育制度改革
    - 大学院和大学区制的试行与终结
    - "戊辰学制"的颁布
  - 学校教育发展
    - 幼儿教育
    - 初等教育
    - 中等教育
    - 高等教育
    - 师范教育
    - 抗战时期的学校西迁
  - 学校教育的管理措施
    - 训育制度和导师制
    - 中小学校的童子军训练
    - 高中以上学生的军事训练
    - 颁布课程标准，实行教科书审查制度
    - 中学毕业会考

考点解析

考点1　教育宗旨与教育方针的变迁　（简：17西北师大）

1. 党化教育

1926年，广东国民革命政府成立教育行政委员会，明确提出"党化教育"的口号。

---
① 本章全部参考孙培青的《中国教育史》（第四版）第十四章。

(1) 内涵：所谓"党化教育"，就是在国民党指导之下，按国民党的"党义"和政策的精神重新改组学校课程，不仅要造就各种专门人才，而且要使学生在走出学校后都能做党的工作。

(2) 实质："党化教育"是为国民党一党专制服务的，目的在于强化国民党对学校教育的控制，其实质是在推行"一个党，一个主义"的专制教育，实行教育国民党化，建立起国民党的一党独裁。

(3) 结果：由于"党化教育"过于露骨，遭到进步人士的攻击。1928年，国民党用"三民主义教育"代替了"党化教育"。

2. "三民主义"教育宗旨

(1) 内容："中华民国之教育，根据三民主义，以充实人民生活，扶植社会生存，发展国民生计，延续民族生命为目的；务期民族独立，民权普遍，民生发展，以促进世界大同。"

(2) 实质：国民党借此控制了教育，使"三民主义"教育宗旨完全背离了孙中山提出的新三民主义反帝反封建的革命目标，成为反共、反对民族民主革命和为建立国民党独裁统治服务的手段。事实上，它是维护和粉饰专制统治的工具。

3. "战时须作平时看"的教育方针 （简：14哈师大）

(1) 简介：1937年，抗日战争爆发后，国民政府提出"战时须作平时看"的教育方针，颁布了"一切仍以维持正常教育"为主旨的《总动员时督导教育工作办法纲领》。他们一方面采取了一些战时的教育应急措施，另一方面强调维持正常的教育和管理秩序。

(2) 评价。

①这一方针政策是一项并不短视的重要决策。它既顾及了教育为抗战服务的近期任务，也考虑到了教育为战后国家重建和发展服务的远期目标，使得教育事业在艰苦的战争环境中仍能苦苦支撑，并在大后方西南、西北地区还有所发展。

②但也因为国民党强调"教育目的与政治目的的一贯性"，教育同样成为国民党搞反共、闹摩擦与压制民主、控制思想的工具。

经典真题

>> 简答题

1. 简述国民政府时期的教育方针。（17西北师大）
2. 抗战时期，国民政府"战时须作平时看"的政策说明了什么？（14哈师大）

考点2 教育制度改革 ★★★ 15min搞定

1. 大学院和大学区制的试行与终结 ★★★ （考：16山东师大）

1927年6月，国民党中央执行委员会通过蔡元培等人的提案，仿照法国教育行政制度，实行大学院和大学区制。

(1) 主要内容。

①**中央设中华民国大学院主管全国教育，地方试行大学区制**。取代民国以来中央政府设教育部、各省设教育厅的教育行政制度。国民政府任命蔡元培为大学院院长。

②**规定全国各地按教育、经济、交通等状况划分为若干个大学区，每区设大学1所，大学设校长**

1人负责大学区内一切学术和教育行政事务。大学区下设高等教育处、普通教育处、扩充教育处等。大学区制率先在江苏、浙江、河北三省试行，取得经验后推广到全国。

（2）评价。

①**目的**：大学区制是蔡元培教育独立思想的体现，目的是促进教育与学术的结合，实现教育行政机构的学术化，摆脱腐败官僚的支配，实现教育决策及其实施的民主化。

②**结果**：在专制独裁统治的政治形势下，在经济文化极端落后的情况下，大学院与大学区制在一年以后不了了之。大学院和大学区制的试行是一次忽略中国国情的失败的教育管理改革实践。

（3）无法实施的原因。

①**理想过高，期望学术领导行政，使教育行政学术化，反而使学术机关官僚化，效率低下**。原本是让大学区制保障教育的独立性，但事实证明，大学区的教育反而易于卷入政治漩涡。

②**忽视了中小学的实际需要**。如削减中小学教育经费，导致中小学居于附庸地位，而遭中小学界激烈反对。

2. "戊辰学制"的颁布 ⭐

1928年，中华民国大学院第一次全国会议以1922年"新学制"为基础并略加修改，提出"戊辰学制"。

（1）**"戊辰学制"分原则和组织系统两部分**。

第一部分提出了七项原则：①根据本国实情。②适应民生需要。③增高教育效率。④提高学科标准。⑤谋个性之发展。⑥使教育易于普及。⑦留地方伸缩之可能。第二部分为学校系统，基本框架与1922年"新学制"没有太大的变化。

（2）**突出特点**。①使占人口80%以上的不识字儿童和成年人受到一定的教育，较为重视义务教育和成人补习教育。②为提高民族文化程度，中等教育和高等教育的工作重心定为整理充实，求质量的提高，不求数量的增加。③适应20世纪30年代经济的增长，政府的教育决策明显倾向于职业教育，使职业教育得到一定发展。

> **凯程提示**
>
> 截至目前，我们已将学制学习完毕（共五个学制），现在需要各位考生回忆每个学制的名字和内容，并将学制作为一个专题进行总结与归纳。

考点3 学校教育发展 24min搞定

1. 幼儿教育

（1）**名称更改**。1904年颁布实施的"癸卯学制"规定幼儿教育机构为蒙养院，1912年"壬子癸丑学制"改称蒙养园，1922年"新学制"又改称幼稚园。1925年以后是中国人自办幼儿园的高峰期。南京国民政府颁布《幼稚园课程标准》和《幼稚园设置办法》，使得各级政府管理幼稚园有据可依、有章可循。

（2）**发展弊端**。在中国幼儿教育的起步阶段，多是模仿国外的做法，如幼稚园多采用西方的设计教学法，办园形式以半日制为主，但很少有符合本国国情的。陶行知形象地批判中国的幼儿教育害了三种病：外国病、花钱病、富贵病。他提倡创办中国的、省钱的、平民的幼稚园。

（3）**学者引领**。新文化运动时期，私立幼稚园多于公立幼稚园，知名人士起到巨大作用。尤其是陈鹤琴于1923年，在南京创设了我国第一所实验幼稚园——鼓楼幼稚园。此外，陶行知的南京燕子矶幼稚园、陈嘉庚的厦门集美幼稚园、熊希龄的北京香山慈幼院等都很出名。

2. 初等教育

南京国民政府时期，提出"普及国民教育"，提高民众知识，以"养成健全之国民"。初等教育的发展可以分为三个阶段：(1) 1927—1937年是初等教育的稳定发展时期。(2) 抗日战争时期，由于国民党提出"抗战建国"口号，实施国民教育制度，初等教育在时局动荡中仍能维持一定的发展。(3) 抗战胜利后，国民党悍然发动全面内战，普及国民教育的实施受到扼杀，初等教育也同样走向衰败。

3. 中等教育

（1）抗战前。

①国民政府的中学体制仍袭用1922年"新学制"的初、高中三三分段的综合中学制，将普通教育、师范教育、职业教育在同一学校中并设。

② 1932年，教育部整顿全国教育，认为中学系统混杂，目标分歧，导致中学的普通教育无从发展，师范教育和职业教育难以保证，遂废止综合中学，将普通中学、师范学校、职业学校分别设立，而高中不分文理科等。可见，这一变革使中学教育的目标、结构和线索更为清晰，更有利于发挥各种教育的功能，适应中国教育发展的实际需要。

（2）抗战时。

国民政府在部分地区实行中学分区制，即划分若干中学区，各区内调整公私立学校配置，还试行六年一贯制，以提高学科程度为试行原则，以求办出一批高质量的、能起表率作用的学校。这些措施从不同方面促进了中学教育的发展。

4. 高等教育

抗战前，高等教育稳步发展。(1) 国民政府规定了大学的办学目标是"研究高深学术，养成专门人才"，强调研究性和学术性。(2) 大专的办学目标是"教授应用科学，养成技术人才"，侧重应用性。(3) 全国大专院校分为国立、省立、市立和私立四种，以提高高等教育的质量和办学效率。抗战时期，为了保存教育实力，教育部提出统一课程标准，统一大学院系名称，进行学校西迁等措施。抗战胜利后，大学数量和学生数量都达到了最高点。

5. 师范教育

1932年，因中等教育废止综合中学，要将普通中学、师范学校、职业学校分别设立，之后我国进入了师范教育体系和职业教育体系的建立中，师范教育体系主要分为中等和高等师范学校。陶行知创办的南京晓庄学校和黄质夫创办的栖霞师范学校都很出名。职业教育体系分为初级职业学校和高级职业学校，黄炎培在职业教育的发展中做出了巨大贡献。

6. 抗战时期的学校西迁 ★★★

抗日战争时期，为保存国家教育实力，国民政府将沿海地区不少著名大学西迁，高等教育的基础不仅得以保存，还获得了一定发展。

（1）一些原有著名大学经过合并组合，使各自的优良传统和学科优势得以发扬和互补，形成新的特色。 如由北京大学、清华大学、南开大学合并成立的西南联合大学，是中国高等教育史上的奇迹，它有极高的学术水平，大师云集，充分体现了思想自由的现代大学精神；国立北平大学、国立北平师范大学和北洋工学院迁往陕西汉中，成立西北联合大学；国立中央大学迁往重庆，国立中央大学和国立浙江大学成为享有盛名的大学。

（2）在西南、西北新设和改制了一些大学。 如新设了江西中正大学、贵州大学等，由省立改为国立的云南大学、广西大学等，由私立改为国立的厦门大学、复旦大学等。

考点4　学校教育的管理措施 12min搞定

1. 训育制度和导师制

（1）**训育制度**。这是国民政府在学校进行常规政治思想教育和实行管理的基本组织形式。① 1929 年实行《中小学训育主任办法》，普遍设立训育主任与训育人员，在全国中小学推行训育制度。② 1939 年，教育部颁布《训育纲要》成为集中反映国民党训育思想的纲领性文件。

（2）**强化训育——导师制度**。为了强化训育效果，各级学校还设立了导师制度，将学生分成小组，由导师进行思想、行为和学业的考察与记录，并作为毕业的证明。1938 年，教育部公布《中等以上学校导师制纲要》，规定在中等以上学校中推行导师制度。

2. 中小学校的童子军训练

童子军于民国初年传入中国，是一种使儿童少年接受军事化教育、训练的组织形式。其目的是养成儿童和青少年的服从意识、整齐划一的习惯，培养青少年的团体主义精神和军事技能。它与高中以上学生的军事训练都是对学生训育的组成部分。

3. 高中以上学生的军事训练

（1）**内容**：1929 年，教育部颁发《高中以上学校军事教育方案》，规定高中以上学校军事科为必修科目，每年度每周 3 课时，每年暑假连续三星期的集中训练。1933 年，蒋介石下令国民政府军政部、教育部、训练总监部："凡高中以上学校学生军训不合格者，不得补考、投考大学。"这就将军训作为完成学业和升学的必要条件。

（2）**评价**：在国难当头之时，出于抗战的需要，对大中学生进行国防教育和一定的军事训练，确有其必要性，而且能够增强学生的爱国情感和民族责任心。然而，国民党却使其逐步变为控制学校和学生的手段，使其变成为专制独裁统治服务的工具。

4. 颁布课程标准，实行教科书审查制度

为了从教育内容方面管理和控制学校，南京国民政府通过教育部制定和颁发了一系列有关法令，严格规范和统一全国学校的课程与教科书。

（1）**颁布课程标准**。1928 年，国民政府教育部着手制定中小学校的课程科目、课程目标、教授时间、教学方法和学分标准等要点。1929 年 8 月，国民政府教育部公布幼儿园、小学、中学三个课程暂行标准。试行三年后，于 1932 年 10 月正式由教育部颁发《小学课程标准》，国民政府要求将"党义"课教材融于国语、自然、社会等科目中，另设"公民训练"课以实施训育。国民政府教育部十分强调课程的统一性和规范性，不允许学校有自主权。将公民、党义、"三民主义"、童子军训练、军训等硬性规定为必修科目，就是为了加强对学校的控制。

（2）**实行教科书审查制度**。1929 年，国民政府教育部先后公布了《教科图书审查规程》和《审查教科图书共同标准》，明确规定所有教科书都须经过教育部审查。随着国民党对教育的控制日益加强，对教科书的审查也日趋严格。抗战胜利后，除继续由国立编译馆编纂教育部部编教材外，国民政府还通过选择各书局、出版社的优秀课本等形式来确定教育部部编教科书，这些都在国民政府严格的控制之下。当然，教科书编审制度的建立，也对全国教科书的编写、出版起到规范作用，提供了不少教材编纂经验。

5. 中学毕业会考 ⭐

（1）步骤： ①1932年，教育部开始整顿全国教育，重点在中等教育，中学毕业会考是整顿的重要措施与内容之一。②1932年，国民政府教育部公布了《中小学毕业会考暂行规定》，开始实行民国时期中小学生的毕业会考制度。③中学实行毕业会考制度后，国民政府又将这种做法推广到其他教育领域，要求师范学生必须通过会考，才授予毕业证书，获得正式服务教职之资格，会考成了师范学生求职的关卡。④从1941年起，专科以上学校将毕业考试改为"总考制"，这也成为大专学生的一道关卡。

（2）评价： ①客观上对统一各地各校的教学水平和教学质量有一定的作用。②这徒增了学生的负担，受到不少高校毕业生反对，以西南联大最为强烈。③出于政治意图，对学校和学生进行严格管理、有效控制，使之成为学生的羁绊而令其无暇旁顾，这是政府对学生求职就业的操纵和控制。

> **凯程助记** 1育1考2训练，颁布课标审教材。

第十一章 中国共产党领导下的革命根据地教育

考情分析

考点1 新民主主义教育的发端
考点2 新民主主义教育方针的形成
考点3 革命根据地的干部教育
考点4 革命根据地和解放区的群众教育和普通教育
考点5 革命根据地教育的基本经验

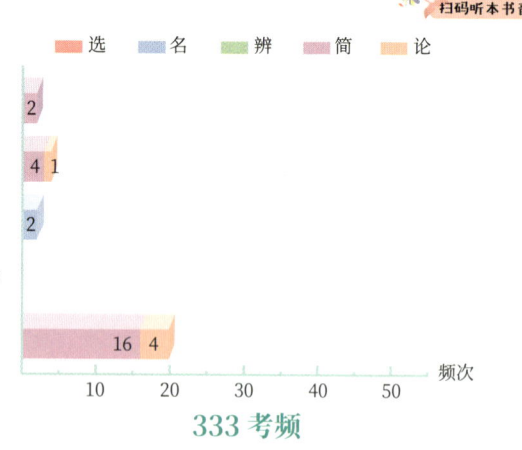

333考频

知识框架

中国共产党领导下的革命根据地教育
- 新民主主义教育的发端
  - 中国共产党领导下的工农教育
  - 中国共产党领导下的青年教育
  - 中国共产党领导下的干部学校
    - 湖南自修大学
    - 上海大学
    - 农民运动讲习所
  - 国共合作时期的黄埔军校
  - 李大钊的教育思想
  - 恽代英的教育思想
- 新民主主义教育方针的形成
  - 苏维埃文化教育总方针
  - 抗日战争时期中国共产党的教育方针政策
  - "民族的、科学的、大众的"文化教育方针
- 革命根据地的干部教育
  - 在职干部教育
  - 干部学校教育
  - 干部教育的影响
  - "抗大"
- 革命根据地和解放区的群众教育和普通教育
  - 群众教育
  - 普通教育
    - 根据地的小学教育
    - 解放区中小学教育的正规化
    - 解放区高等教育的整顿与建设
- 革命根据地教育的基本经验
  - 教育为政治服务
  - 教育与生产劳动相结合
  - 依靠群众办学
  - 新型的教育体制
  - 教学制度和方式的改革

① 本章全部参考孙培青的《中国教育史》(第四版)第十三、十五章。

考点解析

考点1　新民主主义教育的发端　24min搞定

新民主主义教育是在新民主主义革命时期，由中国共产党领导的，以马克思主义为指导的，人民大众反对帝国主义、封建主义和官僚资本主义的教育，即民族的、科学的、大众的教育。

新民主主义教育伴随着新民主主义革命的发展而发展，先后经历了新文化运动到大革命时期、土地革命时期、抗日战争时期、解放战争时期和中华人民共和国建国初期五个时期，而新文化运动到大革命时期是其发端期。

1. 中国共产党领导下的工农教育

（1）**工人教育**。中国共产党领导的各级工会纷纷设立工人补习学校、子弟学校、俱乐部、图书馆和读书阅报处，进行多种形式的教育活动。北方最早创办的工人教育机构是长辛店劳动补习学校。在各地的工人教育中，湖南地区最具有代表性。

（2）**农民教育**。中国共产党深入农村，以宣传教育的手段，组织农民、建立农会、开展斗争。广东海陆丰地区最早兴起农民学校，具体实施了彭湃提出的"农民教育"。农民学校有日班与夜校，一是教授记数、识字和生产、生活的日用知识，使农民"不为地主所骗"；二是传授革命道理，使农民"出来办农会"。

2. 中国共产党领导下的青年教育（补充知识点）

（1）**关于青年教育的政策**。在1922年7月中国共产党的"二大"召开之前，中国共产党领导下的中国社会主义青年团召开了第一次全国代表大会，通过了青年团教育工作的行动纲领《关于教育运动的决议案》（简称《决议案》），提出青年教育工作的任务包括社会教育、政治教育和学校教育三方面：

①**社会教育：** 要求提高社会青年的知识，提高其社会觉悟，并使年长失学的青年得到普通文化教育。

②**政治教育：** 要求对多数无产阶级青年宣传社会主义，启发并培养他们的政治觉悟及批判能力。

③**学校教育：** 发动改革学校制度，使一般贫苦青年得到初步的科学教育，并发动实施普通的义务教育，发动学生参加校务管理，发动取消基于宗教关系和其他方面关系的一切不平等待遇。

（2）**评价**：青年团"一大"《决议案》的上述要求反映了党的基本教育精神，并成为之后在中共"二大"提出的新民主主义教育纲领的先导。

3. 中国共产党领导下的干部学校

（1）**湖南自修大学**。

1921年，毛泽东、何叔衡等人在长沙办起了湖南自修大学，为中国共产党培养了许多干部。它的办学宗旨是办成一所"平民主义的大学"，实现平民读大学的理想。其目的是为"改造社会"做准备。采用"自动的方法"即自定课表，就所选学科进行自学。关于课程设置，湖南自修大学规定设文、法两科，强调劳动教育。

（2）**上海大学**。

中国共产党领导的又一类型的高等学校，创办于1922年春。它的办学目的是培养研究社会实际问题和建设新文艺的革命人才；教学采取教师授课与学生自学相结合的方式，尤其重视学生开展研讨活动。此外，上海大学鼓励学生投身于社会活动，积极参加当时的革命斗争。

(3) 农民运动讲习所。

农民运动讲习所是在国共合作时期，由彭湃等共产党人倡议，以国民党名义开办的，培养农民运动干部的学校，也是全国农民运动研究中心。从1924年7月至1926年9月，在广州共举办了六届农讲所，前后培养了760多名农民运动干部。其中，第一届至第五届农民运动讲习所的主持人都是彭湃。第六届由毛泽东主持。

农民运动讲习所的课程与教学安排始终坚持马克思主义理论与实际斗争需要紧密联系的原则，采取课堂讲授与课外实习，自学与集体讨论、调查研究相结合的方式。农民运动讲习所的学员成为南昌起义的骨干。

4. 国共合作时期的黄埔军校 ⭐

黄埔军校旧址，位于今广东省广州市黄埔区长洲岛内，原为清朝陆军小学堂和海军学校校舍。1924年，孙中山在苏联顾问的帮助下，创办了培养军事干部的学校，名为"中国国民党陆军军官学校"，后更名为"中华民国陆军军官学校"。

（1）简介： 1924年，在中国国民党第一次全国代表大会上，孙中山决定筹办"中国国民党陆军军官学校"，校址选在广州黄埔岛。1924年，黄埔军校领导机构正式成立。孙中山担任黄埔军校总理，蒋介石任校长，廖仲恺任党代表。

（2）性质： 黄埔军校是第一次国共合作的产物，建立在新三民主义的思想基础上，提出了一套比较完备的建军路线，培养了大批高级军事政治人才。

（3）办学特色： 贯彻新三民主义的办学宗旨，把政治教育放在首位，政治教育和军事教育相辅相成；实行课堂教学与现实斗争相结合，将学生锻炼成为革命军战士；纪律严明，管理规范，从严治校。

（4）评价： 黄埔军校为我国培养了一批重要的军事将领和政治人才。国共合作破裂后，黄埔军校成为为蒋介石服务的军事学校，但它为国共两党培养了大量的人才，永远是中国教育史上享有盛名的军事院校。

5. 李大钊的教育思想 ⭐

李大钊同志是中国共产主义运动的先驱、伟大的马克思主义者、杰出的无产阶级革命家、中国共产党的主要创始人之一，也是中国马克思主义教育理论的奠基者之一。他不仅是我党早期卓越的领导人，而且是学识渊博、勇于开拓的著名学者，在中国共产主义运动和民族解放事业中，占有崇高的历史地位。

（1）主要观点。

①**论教育本质。** 李大钊认为教育不仅受制于经济基础，而且受制于政治，其中最根本的是要解决经济基础问题，而解决经济基础问题又须通过发动民众、借助革命的手段来实现，这又表现为政治过程。教育和革命是双管齐下的。中国先要革命，解决经济问题，在坚持革命的前提下，教育就显示出它的独特作用，即传播革命道理和文化科学，引导人达到"光明与真理境界"。

②**倡导工农大众的教育。** 他提出从平民主义、工人教育、农民教育三个方面进行工农主义的教育。a. 平民主义：劳工政治上的选举权，经济上的分配权，教育上的均等机会，只有通过阶级斗争建立工人阶级的政权后，才能最终获得。b. 工人教育：争取劳工的受教育机会，提供便利的学习环境；通过工人运动争取缩短工时，使工人有更多工余时间用以读书。c. 农民教育：号召有志青年到农村去，利用乡间学校，

开办农民补习班。

③**倡导青年教育**。李大钊明确地指出青年在社会改造中的使命，要求青年成为社会革命的先锋。他对青年提出了三点要求：a.必须树立正确的人生观，只有为消灭黑暗、解除苦难，为人类幸福而奋斗，才是青年的人生价值之所在。b.必须磨炼坚强的意志。c.必须走与工农相结合的道路。

（2）**影响：**①通过论教育本质，李大钊提醒人们应该如何去认识教育的作用；②他关于工农教育的主张事实上为中国共产党领导下的工农教育的兴起做了理论准备；③他赋予青年教育问题新的含义，其思想影响了此后青年教育的理论和实践。

6. 恽代英的教育思想 （简：16 华中师大，21 沈阳）

恽代英是中国共产党早期出色的活动家和理论家、杰出的青年运动领导人，同时也是一位教育理论的探索者和教育改革的实践者。他创办和主编的《中国青年》培养和影响了整整一代青年，其遗著编为《恽代英文集》等。

（1）**主要观点。**

①**教育与社会改造方面**。他认为关键在于要以社会改造为目的来办教育，要以社会的需要来决定教育，批判"教育救国论"。

②**儿童教育方面**。他主张实行儿童公育，设立专门机构，使儿童一出生就受到良好的公共教育。

③**中等教育方面。**

a.在中学职能上，恽代英认为中学应该做到"升学就业两均便利"，认为"中等教育应该是养成健全的公民的教育"。

b.在课程改革上，他主张课程要体现中学培养健全公民的需要，尤其强调学以致用，为学生进入社会做准备。

c.在教材改革上，第一，遵循自学辅导的指导思想；第二，以归纳法编撰；第三，强调各学科的联系；第四，讲究实际效用，利于培养学生实际生活能力；第五，教材组织打破原有理论的顺序，注重心理逻辑。总之，依据中学教育的实际需要编撰教科书。

d.在教学方法上，反对注入式教育，提倡自学辅导法。在教学中以学生自学为主，教师起辅导作用。

（2）**影响：**恽代英改革中等教育的思想，切中了当时中等教育的弊端，触及了不少中等教育的理论问题。

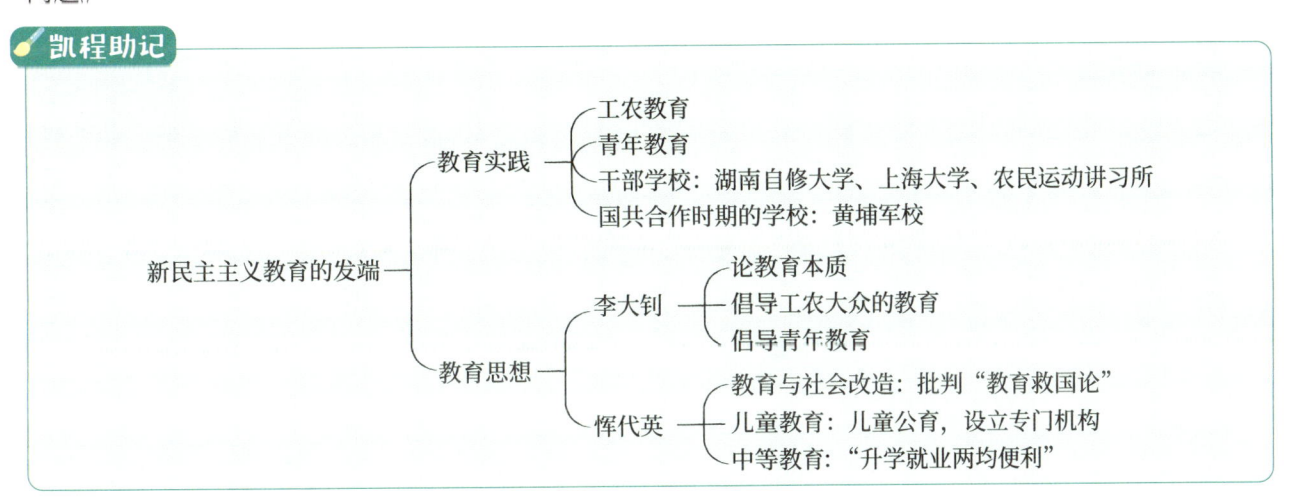

凯程助记

新民主主义教育的发端
- 教育实践
  - 工农教育
  - 青年教育
  - 干部学校：湖南自修大学、上海大学、农民运动讲习所
  - 国共合作时期的学校：黄埔军校
- 教育思想
  - 李大钊
    - 论教育本质
    - 倡导工农大众的教育
    - 倡导青年教育
  - 恽代英
    - 教育与社会改造：批判"教育救国论"
    - 儿童教育：儿童公育，设立专门机构
    - 中等教育："升学就业两均便利"

考点 2　新民主主义教育方针的形成　5min搞定　（论：16 闽南师大）

中国共产党发展了新民主主义革命，在指导和推动人民教育事业发展时，根据不同的历史时期，依据具体情况制定了不同的教育方针。这些教育方针既延续了大革命时期党的教育纲领的精神，也反映了战争环境下的斗争需要，基本精神是教育为阶级斗争、革命战争，以及扩大、巩固、建设革命根据地服务。

1. 苏维埃文化教育总方针

1934年，毛泽东明确地表述了苏维埃文化教育的根本方针："在于以共产主义的精神来教育广大的劳苦民众，在于使文化教育为革命战争与阶级斗争服务，在于使教育与劳动联系起来，在于使广大中国民众都成为享受文明幸福的人。"

2. 抗日战争时期中国共产党的教育方针政策　（简：22 陕西师大）

中国共产党的各抗日民主根据地，依据党的"一切为着前线，一切为着打倒日本侵略者和解放中国人民"的总方针，执行了中共中央制定的一系列教育方针政策：(1) 抗战教育政策。(2) "文化工作中的统一战线"政策。(3) "干部教育第一，国民教育第二"的政策。(4) "实行教育与生产劳动相结合"的教育政策。(5) "民办公助"的政策。

3. "民族的、科学的、大众的"文化教育方针　（简：14 安徽师大，18 湖南农业，23 福建师大）

1940年，毛泽东在《新民主主义论》中确定了新民主主义革命时期教育的总方针，即"民族的、科学的、大众的"文化和教育。这既是文化的方针，也是教育的方针。

(1) 内涵。

①所谓"民族的"，是指新民主主义教育是反对帝国主义压迫，主张中华民族的独立和尊严，带有民族特性的教育。

②所谓"科学的"，是指新民主主义教育是反对一切封建、迷信思想，主张实事求是，主张客观真理，主张理论与实践统一的教育。

③所谓"大众的"，是指新民主主义教育是为全民族百分之九十以上的工农劳苦民众服务的，并逐渐成为他们的教育，因而又是民主的。

(2) 意义：这一方针区别了新旧文化、新旧民主主义文化，也说明了新民主主义文化和社会主义文化的联系和区别。

经典真题

>> 简答题

1. 简述恽代英的教育思想。（16 华中师大，21 沈阳）
2. 简述新民主主义教育方针。/ 简述"民族的、科学的、大众的"文化教育方针。（14 安徽师大，18 湖南农业，23 福建师大）

>> 论述题

简述新民主主义教育方针的形成。（16 闽南师大）

考点 3　革命根据地的干部教育 15min搞定

1. 在职干部教育

（1）**简介**：在职干部教育这一教育形式开展得最早，主要通过干部训练班、在职干部学校实施，目的在于提高在职干部水平或训练某种专业人员。

（2）**特点**：①以政治素质、军事指挥技术和文化教育为主要内容。②以随营学校、教导队、短训班为主要形式。③类别更丰富，实施较规范，多按系统、分层次举办，灵活易行。④极大地缓解了革命工作对干部的急切需求，提高了干部素质。

（3）**实践**：毛泽东在龙江书院创办了第一个红军军官教导队。

2. 干部学校教育

干部学校教育是在1931年后苏区政权逐步稳定的条件下，由一些干部训练班和随营学校发展而来的干部教育形式。苏区干部教育从不正规、半正规向正规化过渡，形成了较完整的干部教育体系。

（1）**高级干部学校**：主要是培养党政高级干部的学校。①苏维埃根据地较有影响的高级干部学校有马克思共产主义大学、苏维埃大学、红军大学。②抗日根据地有影响的高级干部学校有中共中央党校、陕北公学、鲁迅艺术文学院、延安大学、华北联合大学等。

（2）**中层干部学校**：为各个部门培养中层干部的学校。①苏维埃根据地较有影响的中层干部学校有中央农业学校、中央列宁师范学校、高尔基戏剧学校等。②抗日根据地时期中层干部教育的发展较为曲折。

3. 干部教育的影响

干部教育是苏区教育的特色部分，其目标明确、课程精简、形式多样，突出思想政治教育和理论联系实际，极大地提高了干部队伍的素质，为苏区的建设和革命战争提供了组织保障。

> **凯程提示**　干部教育中的典型学校容易考选择题，考生复习时要以干部学校教育为主。

4. "抗大" ★★★　（名：12 延安，20 河南师大）

中国人民抗日军事政治大学，简称"抗大"，是在中国共产党和毛泽东的直接领导和关心下创建和发展起来的一所培养抗日军政干部的学校，是抗日根据地干部学校的典型。"抗大"的前身是西北抗日红军大学，校址在延安，从1936年建校开始，先后办了8期，有12所分校。抗战胜利后，总校干部赴东北组建东北军政大学。

（1）**教育方针**："坚定不移的政治方向，艰苦奋斗的工作作风，加上机动灵活的战略战术。"其中政治方针是首位。

（2）**校训**："团结、紧张、严肃、活泼"。

（3）**宗旨**：训练抗日救国军政领导人才。

（4）**学风**：理论联系实际。

（5）**政治思想教育**："抗大"初始，在课程设置的规划上提出"军事、政治、文化并重"，主要有：①学习理论，提高马克思主义理论水平。②学习中共党内斗争的文件，提高党性意识。③开展群众性的自我教育。④严格的组织纪律要求。⑤深入工农群众，投身于火热的斗争中，向工农学习，向实际学习。

(6) 教学方法："抗大"创造了一套从实际出发、生动活泼的教学形式与方法。

①**启发式**：具体方法有由近及远，从具体到抽象，注意相互联系，突出重点。

②**研究式**：集体研究讨论、按照教育计划学习、个人自学和思考研究是主要方式，教员只是从旁指导。

③**实验式**：课堂讲授较少，多实地操作，多设置实况演习，使学员善于判断分析，有随机应变的能力。

④**"活"的考试**：由教员拟定考题，指定参考书目，学员自行准备后进行讨论，吸收、补充他人的见解，再结合本人的材料完成答卷，学员互阅试卷。

考点 4 革命根据地和解放区的群众教育和普通教育 12min搞定

1. 群众教育

群众教育是在不脱离民众生产和生活的情况下，以广大成人群众为教育对象的教育形式，是抗战时期社会教育的主要组成部分，其中以成人教育为重心。

(1) 群众教育的形式。组织形式主要有冬学、民校（民众学校）、夜校、半日校、识字班（组）、读报组，以及剧团、俱乐部等。其中冬学和民校适应分散的农村群众和生活实际，是最受欢迎、最普遍、最广泛的社会教育形式。

(2) 群众教育的任务。①扫除文盲，提高人民的文化水平。②提高政治觉悟，进行军事知识和技能的训练。这一任务旨在让一般民众都能理解战争、配合战争和参与战争。

2. 普通教育

(1) 根据地的小学教育。

①**发展历程**。抗日根据地的小学教育基本延续了苏区的制度，学制五年。抗战初期，各根据地初小较多，高小较少。民主政权建立后，在陕甘宁边区大力发展教育，成绩斐然。

②**办学形式**。根据地的小学办学形式生动活泼、形式多样、富有战斗性，深受根据地群众的欢迎。主要有"游击小学""两面小学""联合小学""一揽子小学""流动小学""巡回小学"等形式。除此之外，就上课时间安排来说，有全日班学校、半日班学校和季节学校（如春学、冬学）等。

③**教育内容**。抗日根据地的小学教育内容十分注重适应战争的需要。a. 边区小学的课程，初小开设国语、算术、常识、美术、音乐、劳作、体育，条件较差的初小只开设国语、算术两门课程；高小增加政治、自然、历史、地理。b. 劳作以生产劳动为主，体育以军事训练为主。c. 抗日根据地的小学教育还特别注重政治教育，各根据地大都编写了战时小学教材。

(2) 解放区中小学教育的正规化。

教育的正规化主要指中等教育的正规化，也涉及整个普通教育。如制定长期的发展规划，教育不能像战争年代那样随政治任务的变化而变化；普及教育，学制正规化；教学内容以系统学习科学文化知识为主，降低政治课和直接与实践挂钩的课程的比重。

(3) 解放区高等教育的整顿与建设。

①**办"抗大"式训练班**。这一时期，各大解放区陆续举办人民革命大学，如东北军政大学、华北人民革命大学、西北军区人民军政大学等。

②**解放区原有的大学进一步正规化**。其中，延安的华北联合大学堪称典型。华北联合大学恢复原来的教育学院、法政学院、文艺学院，后又设外语学院；1948年，与北方大学合并为华北大学；1949年，迁入北京，后组成中国人民大学，成为解放区自己办的正规大学的杰出代表。

③**创办新大学**。随着解放战争战线的南移，东北解放区最先成为稳固的后方。高等教育的大规模整顿和创办新大学，就最先从东北开始，如哈尔滨工业大学、哈尔滨医科大学等大学的建立。

考点5 革命根据地教育的基本经验 ★★★ 10min搞定

（简：15+ 学校；论：19 西华师大，21 延安，23 东北师大）

虽然革命根据地教育的制度化、正规化水平不能算高，但是可以说是一个近乎奇迹的创造，它促使中国共产党夺取了全国政权。革命根据地教育提供的大量成功经验不仅使中国共产党人深深获益，也是中国教育史上一份有借鉴价值的遗产。

1. 教育为政治服务

动员千百万人民群众投入革命战争、支援革命战争，并最大限度地提高人民军队干部战士的觉悟，是中国共产党面临的中心任务。革命根据地的教育正是围绕这一中心任务展开的，教育功能得到了最大限度的发挥：

(1) 在各类教育的发展上，正确处理了特定环境下的轻重缓急，保证了最迫切需要的满足。
(2) 在教育内容的确定上，始终服从战争的需要。
(3) 在教育教学的组织上，充分考虑到战争条件和政治需要。
(4) 在教育管理上，不同程度地采取军事化管理形式，强化教育工作和教育对象对战争环境的适应性。

2. 教育与生产劳动相结合 （简：21 重庆师大）

(1) 在教育内容上，紧密联系当时当地的生产和生活实际，进行劳动习惯和观点、劳动知识和技能的教育。
(2) 在教育教学的组织形式和时间安排上，注意适应生产需要，根据地的教学根据对象季节而作灵活处理。
(3) 在教育对象上，要求学生参加实际的生产劳动。学生参加劳动不仅有教育意义，还有经济意义。

3. 依靠群众办学

解放区的人民需要教育，但是政府能力有限，不可能包办教育，办教育需要走群众路线。

(1) 办学形式："民办公助"。这种办学形式发挥了各个方面的积极性，即群众集资，自己出力办学，主要由家长和学生通过劳动来解决资金和人力问题，也采取集资、提取结余、组织文教合作社等方式来筹集办学资金，政府给予方针上的指导、物质上的补助和师资上的支援。

(2) 意义：群众办学就是从群众的需要出发，群众自愿办学，教学内容也和群众息息相关，教学方式因地制宜，尤其是成人教育适应了生活和生产的需要。这是中国共产党人在根据地教育实践中总结出来的重要的办学教育经验。

4. 新型的教育体制（补充知识点）

新型的教育体制包括干部教育、群众教育、儿童教育三部分。三个部分有主次之分，群众教育重于儿童教育，干部教育又重于群众教育，而当时的干部教育重于未来的干部教育。

5. 教学制度和方式的改革（补充知识点）

革命时期，根据地采用了更加实际实用的教学制度和教学方法：(1) 缩短学制。(2) 教学内容紧密联系实际。(3) 注重实效的教学方法，特别是在干部教育中，多以自学为主，启发、研究、讨论和实际考察相结合。

凯程助记

革命根据地教育的基本经验
- 教育为政治服务
- 教育与生产劳动相结合
- 依靠群众办学
- 新型的教育体制
- 教学制度和方式的改革

经典真题

>> **简答题**

1. 简述革命根据地教育的基本经验。（12 聊城，13 安徽师大，14 杭州师大，17 陕西师大，18 淮北师大，19 浙江师大，20 华中师大、重庆三峡学院、合肥师范学院，21 山西、江南、浙江、山东师大，22 华东师大、渤海）

2. 简述中国共产党在革命根据地中教育与劳动相结合的做法。（21 重庆师大）

>> **论述题**

试论革命根据地教育经验的（主要内容和特点）现代价值。（23 东北师大）

第十二章　现代教育家的教育理论与实践

考情分析

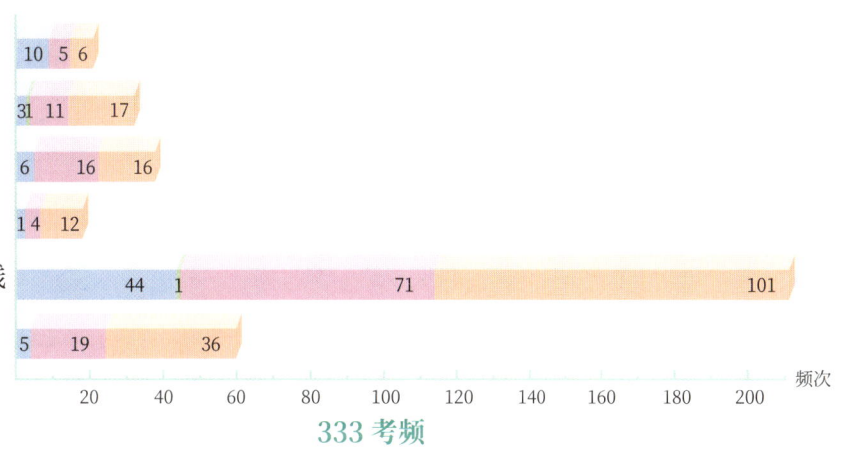

考点	内容	选	名	辨	简	论
考点1	杨贤江与马克思主义教育理论	10	5		6	
考点2	黄炎培的职业教育思想与实践	31	11		17	
考点3	晏阳初的乡村教育实验	6	16		16	
考点4	梁漱溟的乡村教育建设	1	4		12	
考点5	陶行知的"生活教育"思想与实践	44	1		71	101
考点6	陈鹤琴的"活教育"探索	5	19		36	

333考频

知识框架

现代教育家的教育理论与实践
- 杨贤江与马克思主义教育理论
  - 论教育本质
  - 论教育功能
  - "全人生指导"与青年教育
- 黄炎培的职业教育思想与实践
  - 提倡"学校采用实用主义"
  - 职业教育的探索
  - 职业教育思想体系
- 晏阳初的乡村教育实验
  - 定县调查与对中国农村问题的分析
  - "四大教育"与"三大方式"
  - "化农民"与"农民化"
- 梁漱溟的乡村教育建设
  - 立足于文化传统的乡村建设实验
  - 乡村建设与乡村教育理论
  - 乡村教育的组织与实施

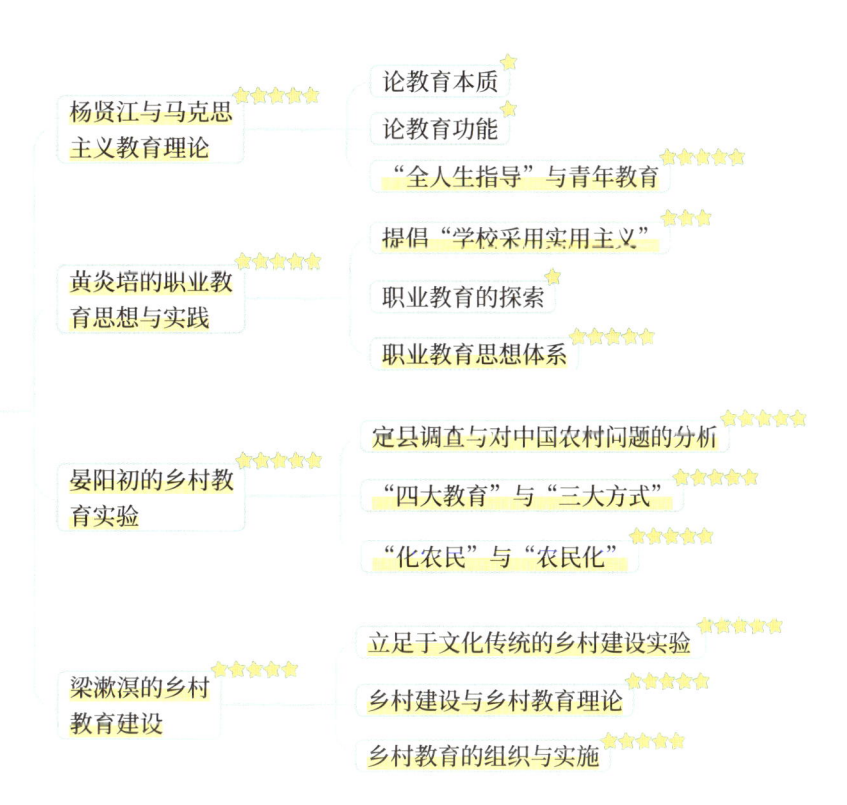

① 本章主要参考孙培青的《中国教育史》(第四版)第十四章。

```
                                           ┌─ 为祖国、为民众、为儿
                                           │  童探索教育的一生
                                           │                           ┌─ 晓庄学校
                          ┌─ 陶行知的"生活 ─┼─ "生活教育"实践 ─────────┼─ 山海工学团
                          │  教育"思想与实践 │                           ├─ "小先生制"
          现代教育家      │                 │                           └─ 育才学校
          的教育理论   ───┤                 └─ "生活教育"理论体系
          与实践          │
                          │                 ┌─ 幼儿教育和儿童教育探索
                          └─ 陈鹤琴的"活教 ─┼─ "活教育"实验
                             育"探索        └─ "活教育"思想体系
```

考点解析

考点1 杨贤江与马克思主义教育理论 15min搞定

(名：16内蒙古师大，21广西师大；论：18辽宁师大，19山西，20集美，23合肥师范学院)

杨贤江（1895—1931年），又名李浩吾，浙江宁波慈溪人，马克思主义教育理论家。1921年，被商务印书馆聘为《学生杂志》主编，任职六年。杨贤江是中国共产党早期党员之一，参与了五卅运动和上海三次工人武装起义的组织工作。大革命失败后，他转移到日本，在日本边进行革命活动，边从事社会科学和教育科学的研究及翻译工作。1929年，他秘密回国，继续从事革命斗争。由于在"白色恐怖"下斗争，环境恶劣，工作繁重，他积劳成疾，于1931年逝世，年仅36岁。

杨贤江是中国最早的马克思主义教育理论家和青年教育家，撰有第一部运用历史唯物主义分析世界教育历史的著作《教育史ABC》、第一部运用马克思主义论述教育原理的专著《新教育大纲》，并翻译了恩格斯的《家庭、私有制和国家的起源》。

1. 论教育本质

运用历史唯物主义阐明教育的本质，是杨贤江教育思想的重要内容，也是他对中国当代教育理论的一大贡献。在《新教育大纲》中，他主要用经济基础和上层建筑的关系原理对教育的本质进行了论述，其中重点说明了四个问题：

（1）**在原始社会**，教育起源于实际生活的需要，教育是"社会所需要的劳动领域之一"。

（2）**在私有制社会**，教育成为"社会的上层建筑之一"，也成为"观念形态的劳动领域之一"。

（3）**在未来的社会主义社会**，教育是"社会所需要的劳动领域之一"。随着私有制的消灭、阶级的消亡，教育会与劳动真正结合，产生真正平等的教育。

（4）**教育与政治、经济的关系**：教育由政治、经济决定，也受到政治、经济的制约，同时教育也促进政治、经济的发展，甚至教育有率先领导革命和促进革命的作用。

评价：依据对教育的历史考察而得出的关于教育本质的结论，杨贤江批判了当时流行的"教育万能""教育救国""先教育后革命"三论和"教育神圣""教育清高""教育中正""教育独立"四说，以期澄清人们的模糊认识，并指出教育的作用是有前提的，不可脱离社会经济基础谈教育，必须用正确的观点引导民众去争取真正民主和科学的教育。

2. 论教育功能

20世纪20年代的教育界流行着"教育万能""教育救国""先教育后革命"等论点，对教育的功能做了不恰当的夸大。杨贤江认为，这些观点迷惑了人，颇为有害，有必要澄清。

(1) 对于"教育万能"论：杨贤江认为，教育固然有助于社会发展，但教育受制于社会的政治制度和经济关系，它不可能超越时代和环境条件而有"独立特行的存在"和"非凡的本领"。

(2) 对于"教育救国"论：杨贤江针对当时提倡道德教育、爱国教育和职业教育救国等几种观点，指出只要中国社会未得改造，只靠教人读书、识字，中国是无法得救的。青年学生要研究适合现实需要的救国方法并切实行动。教育救国是有前提的。

(3) 对于"先教育后革命"论：杨贤江指出，先通过教育培养人民的革命能力，然后才能进行革命的说法具有欺骗性。当时中国革命正处于危机关头，特别要注重革命的问题。但是，强调革命也不表示否定教育。教育无论在革命前、革命中还是革命后，都是"斗争武器之一"。

3. "全人生指导"与青年教育

（名：15+ 学校；简：13 云南师大，17 赣南师大，20 湖南科技，22 上海师大；论：21 华南师大）

杨贤江重视和关注青年问题，常与青年通信，对青年各方面的问题悉心指导，这种全方位的教育谓之"全人生指导"。

(1) 对青年问题的分析。

①青年问题的含义。"所谓青年问题，就是青年生活中所发生的困难或变态。"主要有人生观、政治见解、求学、生活态度、职业、社交、家庭、经济、婚姻、生理、常识等方面的问题。

②青年问题的重要性。青年问题不仅关系到个体的身心发展，也是社会问题最集中、最尖锐的反映。

③青年问题产生的原因。a. 青年期是人身心发生显著变化的时期，身心的急剧变化容易导致诸多身心问题。b. 社会动荡剧变更易导致青年问题。

(2) "全人生指导"。

①"全人生指导"的含义。"全人生指导"就是对青年进行全面关心、教育和引导，即不仅关心他们的文化知识学习，同时对他们生活中各种实际问题给予正确的指点和疏导，使之在德、智、体诸方面都得以健康成长，成为一个"完成的人"，以适应社会改进之所用。

②"全人生指导"的途径与内容。

a. 人生观指导。指导青年树立正确的人生观是杨贤江青年教育思想的核心，通过对人类有所贡献来促进人生的幸福。

b. 学习观指导。青年必须学习，学习是青年的权利与义务。

c. 政治观指导。青年要干预政治，投身革命，他认为这在当时是中国社会的出路，也是青年的出路。

d. 生活观指导。青年要有强健的体魄和精神，要有工作的知识和技能，要有服务人群的理想和才干，要有丰富的风尚和习惯。对应的四种生活如下：

第一，健康生活（体育生活）：个人生活的资本。主要包括对体育锻炼和卫生健康的指导。

第二，劳动生活（职业生活）：维持生命和促进文明的要素，是幸福的源泉。主要包括对劳动和职业的指导。

第三，公民生活（社会生活）：懂得一个人不能离开社会和人群而存在，处理好团体纪律与个人自由的关系。主要包括对社交和婚恋的指导。

第四，文化生活（学艺生活）：可增添人生情趣，促进社会进步。主要包括对求学和文化生活的指导。

③**评价：** 杨贤江的"全人生指导"思想的核心是教育青年树立正确的人生观，并引导他们走上革命道路。"全人生指导"最重要的原则是提倡自动自律，培养青年的主动精神，让青年做自己的主人，教育只是居于指导地位，不应包办和强制。

> **凯程提示**
> 杨贤江运用历史唯物主义来谈教育，请考生重点掌握"全人生指导"思想。

> **凯程助记**

教育本质	(1) 在原始社会，教育是"社会所需要的劳动领域之一"； (2) 在私有制社会，教育成为"社会的上层建筑之一"； (3) 在未来的社会主义社会，教育是"社会所需要的劳动领域之一"； (4) 教育与政治、经济的关系：政治和经济决定教育，教育反作用于政治和经济
教育功能	(1) 批"教育万能"论；(2) 批"教育救国"论；(3) 批"先教育后革命"论
全人生指导	(1) 对青年问题的分析：含义、重要性和产生的原因。 (2) 全人生指导： ①含义：对青年进行全面关心、教育和引导； ②途径与内容：人生观、学习观、政治观、生活观（健康生活、劳动生活、公民生活、文化生活）

经典真题

> **名词解释**

1.《新教育大纲》(16 内蒙古师大，21 广西师大)
2. 全人生指导（13 福建师大，15 云南师大，18 浙江师大，21 沈阳师大，22 集美、宁波、杭州师大，23 河南师大）

> **简答题**

1. 简述全人生指导。（13 云南师大，17 赣南师大，20 湖南科技，22 上海师大）
2. 简述杨贤江的教育思想及其贡献。（23 西安外国语）

> **论述题**

1. 述评杨贤江的马克思主义教育理论。/ 论述杨贤江《新教育大纲》内容及历史意义。（18 辽宁师大，19 山西，20 集美，23 浙江师大）
2. 论述杨贤江的"全人生指导"教育理论。（21 华南师大）

考点 2　黄炎培的职业教育思想与实践[①] ★★★★★ 25min搞定

黄炎培（1878 年 10 月 1 日—1965 年 12 月 21 日），号楚南，字任之，笔名抱一；出生于川沙镇内史第，江苏川沙（今属上海市）人。1901 年，考入南洋公学，选读外文科，受知于中文总教习蔡元培；1905 年，加入同盟会，人称珐琅博士（早年欲抵制舶来品的搪瓷器皿，曾在中华职业学校设置珐琅科，附设珐琅工场，提出"劳工神圣，双手万能"的口号，以致遭少数人讥刺为"珐琅博士"）。中华人民共和国成立后，黄炎培破"不为官吏"

---
① 此部分参考王炳照的《简明中国教育史》（第四版）第十三章。

的立身准则，欣然从政。

黄炎培是我国著名的职业教育家，被誉为我国"职业教育之父"，是我国职业教育现代化的重要奠基人。

1. 提倡"学校采用实用主义"★★★

黄炎培于1913年在《教育杂志》上发表了《学校教育采用实用主义之商榷》，对"癸卯学制"颁布以来的中国教育，尤其是普通教育发展中的问题做了考察。他指出，学生在学校中所受到的道德、知识、技能训练，走上社会后毫无用处。这就从理论上论证了改革普通教育、加强学校教育与个人生活和社会需要之间联系的必要性。文章发表后，在民国初年的教育界激起强烈的反响，形成早期实用主义教育思潮，引起人们教育观念的变化。

2. 职业教育的探索 ★ （名：13东北师大、湖南师大）

黄炎培认为教育最大的弊端在于学用脱节。 为使教育救国，他研读西方教育著作，结合我国的教育实际情况进行思考。

（1）1913年，他发表了《学校教育采用实用主义之商榷》，考察了普通教育脱离实际生活和就业需要的问题，批判教育脱离生产和实践的现象，倡导教师与学生对话。

（2）1914年，他考察发现职业与教育脱离，脑海中开始有了职业教育的萌芽。

（3）1916年，他主持成立近代教育史上第一个省级职业教育研究机构——江苏省职业教育研究会，并提出开展职业教育的方案。

（4）1917年，他在上海创立中华职业教育社，该教育社团是我国活动时间最长的人民教育团体，并主办了《教育与职业》杂志。同年，中华职业教育社成立后发表的《中华职业教育社宣言书》标志着以黄炎培为代表的职业教育思潮的形成；次年，他创立中华职业学校，开始投身职业教育的实践生涯。

（5）职业教育思潮形成后，黄炎培的职业教育思想不断发展成熟，并提出"大职业教育主义"。该观念集中体现在职业教育社会化的方针上。这里有两层含义：

①**职业教育需要社会化。** 不能就职业教育论职业教育，办职业教育必须联络和沟通所有教育界和职业界，参与全社会的活动和发展，更多地探寻职业教育外部环境的适应问题，走职业教育社会化的道路。

②**职业教育要考虑人民大众的幸福问题。** 办职业教育不能只着眼于发展资本主义工商业，必须顾及广大民众的利益、需要，谋求大多数人民的最大幸福。至此，他的职业教育思想基本成熟。

3. 职业教育思想体系 ★★★★★ （简、论：15✓学校）

在长期的职业教育实践中，黄炎培逐步形成了完整的职业教育思想体系，其要点包括职业教育的地位、目的、方针、教学原则和职业道德教育的基本规范等。

（1）职业教育的作用和地位。

①**职业教育的作用：** 就其理论价值而言，职业教育在于"谋个性之发展，为个人谋生之准备，为个人服务社会之准备，为国家及世界增进生产力之准备"。就其对中国社会的现实作用而言，职业教育有助于解决中国最大、最急需解决的人民生计问题。

②**职业教育的地位：** 一贯的、整个的、正统的。

a. "一贯的"：应建立起从初级到高级的职业教育系统，并贯彻于全部教育过程和全部职业生涯。

b. "整个的"：不仅在学校教育体系中应有一个独立的职业教育系统，而且其他各级各类教育要与职业教育相互沟通。

c. "正统的"：人们总是把为升学做准备的普通教育视为正统，而把为就业做准备的职业教育视为偏系，人们应该破除这种传统观念。普通教育和职业教育都是正统的，它们的地位要等量齐观。

（2）**职业教育的目的**。（辨：21重庆师大）

"使无业者有业，使有业者乐业。"职业教育应帮助社会解决生计问题和失业问题；同时引导人们胜任所职，热爱所职，进而能有所发明、有所创造，从而造福于社会。

（3）**职业教育的方针**。

①**社会化**。黄炎培将社会化视为"职业教育机关唯一的生命"，强调职业教育必须适应社会需要，必须与社会沟通。他的职业教育社会化内涵丰富，包括：

a. **办学宗旨的社会化**——以教育为方法，以职业为目的。

b. **培养目标的社会化**——在知识技能和道德方面适合社会生产和社会合作的各行业人才。

c. **办学组织的社会化**——办学需根据社会需要和学员志愿与实际条件。

d. **办学方式的社会化**——充分依靠教育界、职业界的各种力量。

②**科学化**。"用科学来解决职业教育问题"，包括物质方面的工作和人事方面的工作，均需遵循科学原则。前者强调事前调查与实验、事后总结、逐步推广的原则；后者强调把科学管理方法运用于职业教育管理的原则。另外，还要专门设立科学管理的研究机构。

（4）**职业教育的教学原则**。①手脑并用。②做学合一。③理论与实际并行。④知识与技能并重。

（5）**职业道德教育：敬业乐群**。黄炎培认为离开职业道德的培养，职业教育就失去了方向，职业教育的第一要义是"为群服务"。"敬业"指热爱所业，尽职所业，有为所从事的职业和社会做出贡献的追求；"乐群"指有高尚的情操和群体合作的精神。

4. 评价

（1）作为中国近现代职业教育的先行者，黄炎培及其职业教育思想开创和推动了中国的职业教育事业。

（2）他的职业教育思想有平民化、实用化、科学化和社会化的特征，丰富了中国的教育理论，并对中国20世纪二三十年代的教育改革产生了巨大影响，对当今职业教育也具有重大借鉴意义。

凯程助记

提倡"学校采用实用主义"	指普通学校要采用实用主义思想
职业教育的探索	1913年，发表《学校教育采用实用主义之商榷》； 1914年，脑海中开始有了职业教育的萌芽； 1916年，成立第一个省级职业教育研究机构——江苏省职业教育研究会； 1917年，《中华职业教育社宣言书》的发表标志着职业教育思潮的形成； 职业教育思潮形成后，提出"大职业教育主义"
职业教育思想体系	①职业教育的作用： 理论价值："谋个性之发展，为个人谋生之准备，为个人服务社会之准备，为国家及世界增进生产力之准备"； 现实价值：解决中国最大、最急需解决的人民生计问题。 ②职业教育的地位：一贯的、整个的、正统的。 ③职业教育的目的："使无业者有业，使有业者乐业。" ④职业教育的方针：社会化、科学化。 ⑤职业教育的教学原则：手脑并用；做学合一；理论与实际并行；知识与技能并重。 ⑥职业道德教育：敬业乐群

第十二章 现代教育家的教育理论与实践

经典真题

▶ 名词解释
1. 中华职业教育社（13 东北师大、湖南师大）
2. 黄炎培的"大职业教育主义"（23 山西）

▶ 辨析题
黄炎培的职业教育目的是使无业者有业，使有业者乐业。（21 重庆师大）

▶ 简答题
1. 简述黄炎培的职业教育思想。（13、16 扬州，15 河南师大，16 延安、苏州、湖南师大，17 广西师大，20 山西师大）
2. 简述黄炎培的职业教育办学方针。（21 南京师大）
3. 简述黄炎培职业教育方针中"社会化"的内涵。（22 云南师大，23 南京信息工程）

▶ 论述题
1. 论述黄炎培的职业教育思想。（10 西北师大，13 哈师大，18 华中师大，23 青海师大）
2. 论述黄炎培的职业教育思想（"大职业教育主义"思想）及其当代教育价值（现实意义/对当今职业教育的启示）。（11、17 重庆师大，14 湖北师大、湖南师大，15 赣南师大，17 山西，18 南宁师大，22 四川师大、江西师大、信阳师范学院，23 湖州师范学院）
3. 论述黄炎培职业教育的目的、方针、原则。（21 宁波）

考点3 晏阳初的乡村教育实验 ★★★★★ 25min搞定 （名、简：10+ 学校；论：5+ 学校）

晏阳初，祖籍四川巴中巴州区三江镇中兴村五社，1913年就读于香港圣保罗书院（香港大学前身），后于美国耶鲁大学留学，主修政治经济。晏阳初早期开展平民教育运动时，认为中国的大患是民众的愚、穷、弱、私"四大病"，主张通过办平民学校对民众，首先是农民进行教育，先教识字，再实施文艺、生计、卫生和公民"四大教育"，培养知识力、生产力、强健力和团结力，以造就"新民"，并主张在农村实行政治、教育、经济、自卫、卫生和礼俗"六大整体建设"，从而达到强国救国的目的。晏阳初著有《平民教育的真义》《农村运动的使命》等。

1. 以县为单位的教育实验：定县调查与对中国农村问题的分析 ★★★★★ （名：21 云南师大）

（1）**定县调查**。晏阳初是我国著名的教育家，世界平民教育与乡村改造运动的倡导者。晏阳初在乡村教育中，主持了中华平民教育促进总会（以下简称"平教会"）所进行的河北定县乡村教育实验。他首先进行了对定县的社会调查，经过几年努力，1933年，平教会出版了李景汉编著的《定县社会概况调查》。

（2）**对中国农村问题的分析**。晏阳初把中国的所有问题归结为"愚、穷、弱、私"四项。在定县乡村进行的平民教育实验中，针对过去教育与社会脱节、与生活实际相背离的弊端，在强调发挥教育的整体功能作用时，晏阳初提出了在农村推行"四大教育"和"三大方式"。

2. "四大教育"与"三大方式" ★★★★★ （名：12 鲁东；简：5+ 学校；论：17 湖南师大，21 苏州）

（1）**"四大教育"**。 （辨：22 山东师大）

①**以文艺教育攻愚，培养知识力**。从文字及艺术教育入手，使人民认识基本文字。其首要的工作是

除净青年文盲，将农村优秀青年组成同学会，使他们成为农村建设的中坚分子。

②**以生计教育攻穷，培养生产力**。在农业生产方面，注意选种、园艺、畜牧各部分工作，让农民学习最低程度的农业科学知识，提高生产；在农村经济方面，利用合作方式教育农民，组织合作社、自助社等发展农村经济；在农村工作方面，除改良农民手工业外，还提倡其他副业，以充裕其经济生产力。

③**以卫生教育攻弱，培养强健力**。注重大众卫生和健康，以及科学医药的设施，建立医疗保健体系，保证农民有科学治疗的机会。

④**以公民教育攻私，培养团结力**。施以良好的公民训练，培养公共心与团结力，使农民有最基本的公民常识、政治道德，以立地方自治的基础。在这"四大教育"中，公民教育最为根本。

(2) "三大方式"。

①**学校式教育：** 以青少年为主要对象，教材以《公民千字课》为主，包括初级平民学校、高级平民学校、生计巡回学校。

②**社会式教育：** 这是向一般群众及有组织的农民团体实施教育的一种方式，主要通过平民学校的同学会所开展的各项活动进行教育，如成立读书会、演新剧等。

③**家庭式教育：** 这是将各家庭中不同地位的成员用横向联系的方法组织起来进行教育的一种方法。组织形式主要有家主会、主妇会、少年会等；教学内容的选择标准侧重于家庭需要与身份特点。每个家庭应对其成员进行道德、卫生习惯、家庭预算、妇女保健、生育节制等方面的教育。

3. 两化——"化农民"与"农民化" ★★★★★ （名：19湖南师大）

"化农民"与"农民化"是晏阳初进行乡村建设实验的目标和途径。晏阳初认为中国最广大的人口是农民，中国的经济基础在农村，改造中国要从改造农村开始。晏阳初提出了"农民科学化，科学简单化"的平民教育目标，并认为欲"化农民"，须先"农民化"。

(1) 所谓**"农民化"**，指知识分子与村民一起劳动和生活，时人称为"博士下乡"。只有先明了农民生活的一切，给农民做学徒，彻底地与广大农民打成一片，才能深切地了解农民，懂得他们的需要。

(2) 所谓**"化农民"**，指实实在在地进行乡村改造，教化农民。

4. 评价

(1) **积极影响：** 一方面，平民教育和乡村改造理论颇具中国特色，确实给实验区农民带来了一定的实惠；另一方面，"四大教育""三大方式"打破了狭隘的教育观念，使乡村教育与乡村经济、文化、卫生、道德等方面的建设共同进行，使学校、家庭和社会相互促进，成为一个系统工程。这在中国是一种创新，至今仍有现实意义。

(2) **局限：** 晏阳初为解决中国社会问题所采取的办法是改良主义的，"四大教育"与"三大方式"是针对定县范围内如何具体实施乡村教育来谈的，但晏阳初没有认识到帝国主义的侵略与封建残余的剥削才是造成中国"愚、贫、弱、私"的原因。所以，其理论不能解决旧中国农村的根本问题，无法达到复兴农村、拯救国家的根本目的。

> **凯程助记**
>
> 助记1："四三二"——四大教育，三大方式，两化。

助记2：

```
晏阳初的乡村教育实验
├── 定县调查与对中国农村问题的分析 ── 河北定县乡村教育实验
│                                  └─ 《定县社会概况调查》
├── "四大教育"与"三大方式" ── "四大教育" ┬─ 以文艺教育攻愚，培养知识力
│                                        ├─ 以生计教育攻穷，培养生产力
│                                        ├─ 以卫生教育攻弱，培养强健力
│                                        └─ 以公民教育攻私，培养团结力
│                          └─ "三大方式" ┬─ 学校式教育
│                                        ├─ 社会式教育
│                                        └─ 家庭式教育
├── "化农民"与"农民化"
└── 评价
```

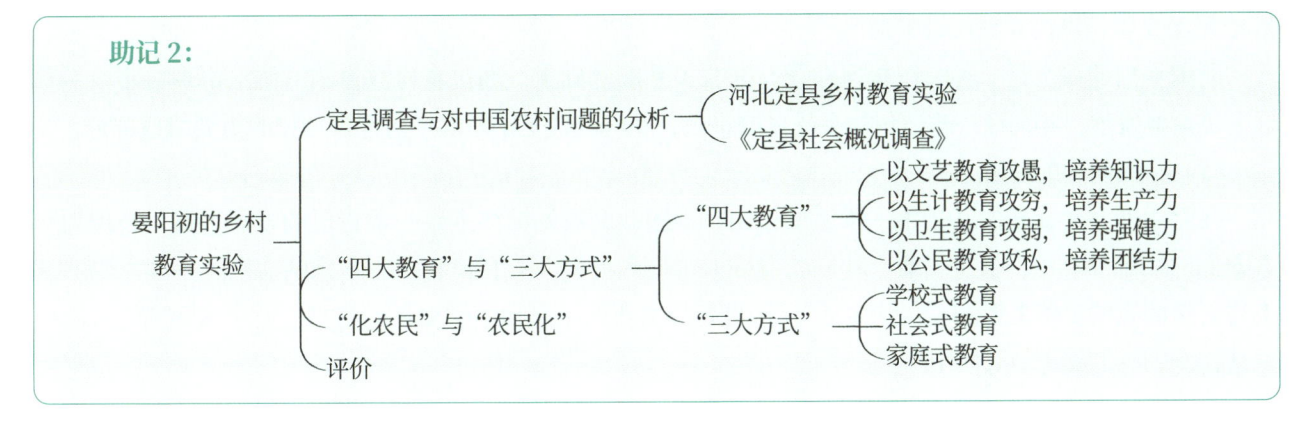

经典真题

›› 名词解释

1. 晏阳初（10 云南师大，14 湖南）　　2. 四大教育（18 鲁东）
3. "化农民"和"农民化"（19 湖南师大）　　4. 定县实验（21 云南师大）

›› 辨析题　　晏阳初的平民教育主张以文艺教育攻愚，培养知识力。（22 山东师大）

›› 简答题

1. 简述晏阳初的"四大教育"与"三大方式"。（10 四川师大，15 辽宁师大，16 河南师大，18 江汉，21 渤海，22 江苏师大，23 天水师范学院）

2. 简述晏阳初的四大教育。（11 山东师大，22 广西师大）

3. 简述晏阳初的农村教育实验。/简述晏阳初的平民教育思想及乡村教育实验。/简述晏阳初开展乡村教育的经验。（11 重庆师大，12 渤海，17 西北师大，18 江汉，20 杭州师大，22 聊城，23 湖南师大、中国海洋）

›› 论述题

1. 试论晏阳初的"四大教育""三大方式"。（17 湖南师大，21 苏州，23 宁波）

2. 述评晏阳初的乡村教育思想的主要内容（平民教育思想及乡村教育实施/乡村教育实验理论）及其当代价值（对我国当代乡村教育发展的启示）。（12 延安，17、23 中央民族，19 湖南科技，21 成都、湖州师范学院，23 华中师大、天津外国语、江苏师大）

考点4　梁漱溟的乡村教育建设 ★★★★★ 30min搞定

梁漱溟（1893年10月18日—1988年6月23日），蒙古族，原名焕鼎，字寿铭，曾用笔名寿名、瘦民、漱溟，后以漱溟行世。原籍广西桂林，生于北京。因系出元室梁王，故入籍河南开封。中国著名的思想家、哲学家、教育家、社会活动家、国学大师、爱国民主人士，主要研究人生问题和社会问题，现代新儒家的早期代表人物之一，有"中国最后一位大儒家"之称。

在20世纪二三十年代中国的乡村教育运动中，梁漱溟的乡农教育实验独树一帜，他的基于中国社会和文化特殊性的乡村教育理论及其实践产生了广泛的社会影响。

1. 立足于文化传统的乡村建设实验 ★★★★★

所谓乡村建设，是一种力图在保存既有社会关系的基础上，通过乡村教育的方法，由乡村建设引发社会工商业发展，实现经济改造和社会改良的手段。乡村教育是梁漱溟乡村建设理论的重要组成部分。

（1）中国问题的症结。

在对中西文化比较的基础上，梁漱溟指出，中国社会自始至终走着一条自己的发展道路，表现为遇事安分、知足、寡欲、摄生，取一种向自身内求"调和持中"的有理智、有意识的态度。中国文化追求人与人之间真的妥洽关系的"仁的生活"，因此世界文化的未来是中国文化的复兴，而中国问题的解决只有从自身固有的文化中寻找出路。

梁漱溟认为"愚、穷、弱、私"只是社会的表面病象，根源在中国社会自身，解决了中国社会内部的问题，外国资本主义侵略和国内军阀专制的问题就不难解决。中国的问题，就是文化失调——极严重的文化失调。因为西方文化"意欲向前"，完全抛弃自己，丧失精神，而西方文化的入侵使中国文化秩序混乱。

（2）如何解决中国的问题：乡村建设。

①从社会历史看： 中国自周代起就已脱离了阶级社会，不存在经济意义上的阶级对立，因此社会革命在中国已不可能，唯一可行的道路就是乡村建设。

②从社会现状看： a.中国社会是乡村社会，80%以上的人民生活在乡村。b.中国传统文化的根在乡村，道德和理性的根在乡村，要保存中国传统文化，就必须从乡村入手。c.近百年来，中国社会已被破坏得不堪收拾，乡村经济尤甚，中国如要从头建设，必须一点一滴地从乡村建设做起。

所以，乡村建设是乡村被破坏而激起的乡村自救运动，是重建我们民族和社会的新组织构造的运动。

（3）乡村建设实验。 梁漱溟在山东邹平、菏泽创建实验区，开办了山东乡村建设研究院，研究乡村建设问题，培养乡村建设人员，规划和指导实验区的乡农教育。

2. 乡村建设与乡村教育理论 ★★★★★ （简、论：10+学校）

（1）乡村教育是梁漱溟乡村建设理论的重要组成部分。 梁漱溟的乡村建设和乡村教育理论，构建于他对中国传统文化和社会的分析、中西文化的比较之上。

（2）乡村建设与乡村教育的关系。 乡村建设与乡村教育是一个问题的两个方面。乡村建设应以乡村教育为方法，而乡村教育需以乡村建设为目标。一方面，解决中国文化失调的主要手段是教育，它的功能在于延续文化而求其进步。另一方面，中国社会的改造其实是一个如何以中国固有精神为主吸收西方文化，融现代文明以求自身文化长进的过程，这就是教育的过程。

总之，乡村建设是一种力图在保存既有社会关系的基础上，通过乡村教育的方法，由乡村建设引发社会工商业发展，以实现经济改造和社会改良的手段。

3. 乡村教育的组织与实施 ★★★★★ （简：18湖南师大）

（1）乡农学校的设立。 在实验区里，整个行政系统与各级教育机构合一，以教育的力量替代行政的力量，实验区将全县分为若干个区，各区成立乡农学校校董会，开办乡农学校。

①乡农学校分村学和乡学两级。 文盲、半文盲入村学，识字的成年农民入乡学；村学是乡学的基础组织，乡学是村学的上层机构。乡农学校的组织结构按农村自然村落及其行政级别形成。

②组织原则。 a."政教养卫合一""以教统政"，即乡农学校是教育机构和行政机构的合一。b.学校式教育与社会式教育"融合归一"。

③教学方式。 编写《村学乡学须知》，立足于传统道德文化的发扬，将政治、经济、法律、风俗等问

题都通过道德教育来实施，乡农学校则成了实施基地。

（2）**乡农学校的教育内容**。乡农学校的所有教育内容强调服务于乡村建设，密切贴合农村生产、生活的需要。其课程分两大类：

①**各校共有的课程，包括识字、唱歌等普通课程和精神讲话，尤重后者**。所谓精神讲话，指在教员指导下启发民众的思想，做切实的"精神陶炼"功夫，步骤是先用旧道德巩固他们的自信力，再用新知识、新道理来改变从前不适用的一切旧习惯，以适应现在的新世界。

②**各校根据自身生活环境需要而设置的课程**。如产棉地区的农民学习植棉技术。

4. 评价

（1）**积极影响**：梁漱溟认识到中国的问题是农村的问题，并立足于文化传统来思考中国社会的改造，他将现代科学思想和方法带入落后的农村，对农村教育的提高做出了贡献。虽然不足以改变中国农村面貌，却做出了有益的探索，这在中国现代教育史上留下了值得记录的一页。

（2）**局限**：梁漱溟的乡村建设理论和乡村教育思想，本质上是一种中国知识分子通过改造中国农村来改良中国社会的理想，是在探索拯救中国的"第三条道路"。但他无视了中国社会当时客观存在的阶级冲突和阶级斗争，因此他的乡村建设是一场并不成功的实践。

凯程助记

考生千万不要忽略晏阳初和梁漱溟这两位教育家的教育思想。此外，考生还要将所有乡村教育家的思想放在一起学习，以厘清其区别和联系。

教育家	教育实验	对中国的思考	教育措施	评价
晏阳初	河北定县实验	"愚、穷、弱、私"	（1）思路：以西式文化为改革思路。 （2）措施：四大教育，三大方式，两化（四三二）	都失败了，但都为实验区带来了积极影响
梁漱溟	山东邹平与菏泽实验	"愚、穷、弱、私"是表面病象，中国落后的根源是文化失调	（1）思路：以中国传统文化为改革思路。 （2）措施：设立乡农学校。 ①村学和乡学。 ②组织原则两合一：a."政教养卫合一"；b.学校式教育与社会式教育"融合归一"。 ③教学方式编须知：编写《村学乡学须知》。 （3）内容：两种课程。 ①普通课程和精神讲话。 ②根据实际需要而设置的课程	

经典真题

» **名词解释** 乡村建设和乡村教育（23 南京信息工程、大理）

» **简答题**

1. 简述梁漱溟乡农学校的原则和内容。（18 湖南师大）
2. 简述梁漱溟的乡村教育建设。（12 四川师大，15 云南师大，17 南宁师大）
3. 简述梁漱溟的乡村教育思想。（22 青海师大）

论述题

1. 论述梁漱溟的乡村建设理论。（12 延安，17 河北，18 南宁师大，19 华南师大、湖南科技，21 佛山科学技术学院，23 上海师大、四川师大）
2. 论述梁漱溟与晏阳初的教育理论。（21 江苏师大，23 渤海）
3. 论述民国时期的乡村教育的发展及对当代教育的启示。（23 宁夏）

考点 5　陶行知的"生活教育"思想与实践 [①]　（名：13 内蒙古师大，15 宁波，17 湖北）

陶行知（1891 年 10 月 18 日—1946 年 7 月 25 日），安徽歙县人，中国人民教育家、思想家，伟大的民主主义战士，爱国者，中国人民救国会和中国民主同盟的主要领导人之一。

1908 年，17 岁的陶行知考入了杭州广济医学堂。1915 年，入读美国哥伦比亚大学，师从杜威攻读教育学博士。1917 年秋回国，先后任南京高等师范学校、国立东南大学教授、教务主任等职。1926 年，发表了《改造全国乡村教育宣言书》。1929 年，被圣约翰大学授予荣誉科学博士学位，表彰其为中国教育改造事业做出的贡献。1931 年，主编《儿童科学丛书》，在上海先后创办"山海工学团""报童工学团""晨更工学团""流浪儿工学团"等。1933 年，与厉麟似、杨亮功等来自政学两界的知名人士在上海发起成立中国教育学会。1935 年，在中国共产党"八一宣言"的感召下积极投身抗日救亡运动。1945 年，当选中国民主同盟中央常委兼教育委员会主任委员。1946 年 7 月 25 日上午，陶行知因长期劳累过度，不幸于上海逝世，享年 55 岁。

陶行知是中国现代杰出的人民教育家，毕生从事教育事业，为中国探索民族教育的新路。他的教育思想是一种具有创造性的教育思想，而其"生活教育"思想则贯穿始终。

1. 为祖国、为民众、为儿童探索教育的一生

作为一位伟大的人民教育家，陶行知最可贵的品质是把自己的一切毫无保留地贡献给祖国和人民的教育事业，"捧着一颗心来，不带半根草去"。陶行知的精神堪为教师的表率。

他热爱人民，热爱儿童，诚心诚意为劳苦大众获得教育而殚精竭虑；他勇于探索民族的教育之路，不断求索，不断进步；他不满足于培养未来的主人翁，而让儿童做"现在的主人"，充分尊重他们的创造性，甚至不耻于以儿童为师。

（1）"为了苦孩，甘为骆驼"。陶行知的可贵，在于他一生的教育奋斗，都为着一个目的：真心诚意为使劳苦大众及其子女能够受教育。这成为他不断奋斗、不断前进的原动力，也是他办教育的根本原则。

（2）"敢探未发明的新理"。陶行知的可贵，还在于他具有开拓创新精神，富于理论创造的热情，不断改变教育观念，不断探索新的教育问题，孜孜不倦地寻找适合中国实际的教育之路。

（3）"小孩也能做大事"。陶行知的可贵，又在于对儿童个性和创造精神的充分尊重。他曾说，教师要进行自我教育就要请"第一流的教授"，即有真知灼见，肯说真话，敢驳假话，不说狂话的人。因此，在所有的老师中，有"两位最伟大的老师"，一是老百姓，二是孩子们。

2. "生活教育"实践

（1）晓庄学校。（名：17 云南师大）

陶行知提出了"筹募一百万元基金，征集一百万位同志，提倡一百万所学校，改造一百万个乡村"

[①] 本考点还参考了王炳照的《简明中国教育史》（第四版）第十三章。

的口号。1927年,陶行知在南京创办了试验乡村师范学校,后改名晓庄学校。他确立了"生活即教育""社会即学校""教学做合一"的生活教育理论,并亲自试验,希望从乡村教育入手,寻找改造中国教育的出路。1930年,晓庄学校被查封。

(2) 山海工学团。（名：22江苏师大）

1932年,陶行知在上海创办"山海工学团",提出"工以养生,学以明生,团以保生",力图将工场、学校、社会打成一片,进一步探索中国教育之路,以达到普及教育的目的。

(3) "小先生制"。（名：10+学校）

为了解决普及教育中师资缺乏、经费匮乏、女子教育困难等问题,陶行知提出儿童是中国实现普及教育的重要力量,所以提出"小先生制",即"即知即传",人人将自己所识的字和所学的文化随时随地教给别人,儿童是这一过程的主要承担者。陶行知认为小孩也能做大事,"小先生"不仅教别人识字学文化,还教自己的学生做"小先生",由此知识不断得到推广。"穷国普及教育最重要的钥匙是小先生。"

(4) 育才学校（补充知识点）。

1939年,为了收容战争中流离失所的难童,培养有特殊才能的幼苗,陶行知在重庆创办育才学校,苦心兴学,以"新武训"自比,培养了一批艺术人才,其中不少人成为中华人民共和国的干部。育才学校的创办,突出体现了陶行知站在人民大众,尤其是劳苦大众的立场上思考和解决他们的教育问题的主张。

凯程提示 陶行知的"生活教育"实践的内容是历年的选择题考点,请考生重视。

3. "生活教育"理论体系 ★★★★★ （名、简、论：120+学校）

"生活教育"是陶行知教育思想的核心,集中反映了他在教育目的、内容和方法等方面的主张,反映了陶行知在探索适合中国国情和时代需要的教育理论中做出的努力。受裴斯泰洛齐、杜威教育思想的影响,陶行知在实验的基础上,将杜威的"教育即生活""学校即社会"进行改造,形成了自己的生活教育理论。

(1) "生活即教育"是生活教育理论的核心。（名：20南京师大、天水师范学院；简：18新疆师大，22大理；论：11苏州）

①**生活含有教育的意义**。"教育的根本意义是生活之变化。生活无时不变即生活无时不含有教育的意义。"所以他主张人们积极投入生活中,在生活的矛盾和斗争中向前、向上。从生活的横向发展来看,过什么生活便是在受什么教育;从生活的纵向发展来看,生活伴随人生始终。

②**实际生活是教育的中心**。生活和教育是同一回事,是同一个过程,教育不能脱离生活。教育要通过生活来进行,教育方法和教育内容都要根据生活的需要来确定。

③**生活决定教育,教育改造生活**。一方面,生活决定教育,表现为教育的目的、原则、内容和方法都由生活所决定;另一方面,教育又能改造生活,推动生活进步。

评价：尽管"生活即教育"在生活与教育的区别和系统的知识传授方面有所忽视,但在破除传统教育脱离民众和社会生活的弊端方面,有十分重要的意义。

(2) "社会即学校"。（简：12杭州师大，18石河子）

①"社会含有学校的意味"或者说"以社会为学校"。因为到处是生活,所以到处是教育,整个社会就像一个教育的场所。

②"学校含有社会的意味"。学校通过与社会生活相结合,一方面"运用社会的力量,使学校进步";另一方面"动员学校的力量,帮助社会进步",使学校真正成为社会生活必不可少的组成部分。陶行知认

为"学校即社会"是"半开门","社会即学校"是拆除学校围墙,在社会中创建新型学校。"不运用社会的力量,便是无能的教育;不了解社会的需求,便是盲目的教育。"

评价: "社会即学校"扩大了学校教育的内涵和作用,使传统的学校观、教育观有所改变。使劳苦大众能够受到起码的教育,贯穿了普及民众教育的良苦用心。

(3) "教学做合一"是方法论。（名：5+ 学校；简：12 鲁东，19 太原师范学院；论：16 安徽师大）

"教学做合一"指教的方法根据学的方法,学的方法根据做的方法。事怎么做便怎么学,怎么学便怎么教,教与学都以做为中心。其基本原则如下:

① "教学做合一"要求"在劳力上劳心"。"在劳力上劳心"是指"手脑双挥",将传统教育下的劳力和劳心连接起来。

② "教学做合一"是因为"行是知之始"。"行"是知识的重要来源,教育必须从行动开始,而以创造完成。

③ "教学做合一"要求"有教先学"和"有学有教"。a. "有教先学"即教人者先教自己。b. "有学有教"即"即知即传",学到知识就要去教别人。

④ "教学做合一"是对注入式教学法的否定。教育要与实践结合,教是服从于学的,而教与学又是服从于生活需要的。"教学做合一"是最有效的方法。

评价: 在"教学做合一"的方法论原则下,陶行知对课程提出了改造意见,即以培植学生的"生活力"为追求,遵循学生的需要和可能,由此破除以学科知识为原则的课程传统。

(4) 评价。

①陶行知的生活教育理论是一种大众的、为人民大众服务的教育理论。

②生活教育理论是一种不断进取创造,旨在探索具有中国民族特色的教育道路的理论,体现出立足于中国实际去谋创造的追求。

③生活教育理论是在教育观念的改变方面颇有建树的理论,它显示出强烈的时代气息,至今都富有启示。

凯程助记

教育实践	(1) 为祖国、为民众、为儿童探索教育的一生; (2) "生活教育"实践:晓庄学校、山海工学团、"小先生制"、育才学校
生活教育理论	(1) 生活即教育——理论核心: ①生活含有教育的意义。②实际生活是教育的中心。③生活决定教育,教育改造生活。 (2) 社会即学校: ① "社会含有学校的意味"或者说"以社会为学校"。② "学校含有社会的意味"。 (3) 教学做合一——方法论: ① "教学做合一"要求"在劳力上劳心"。② "教学做合一"是因为"行是知之始"。③ "教学做合一"要求"有教先学"和"有学有教"。④ "教学做合一"是对注入式教学法的否定

凯程提示

陶行知与杜威教育思想的比较是333考试的高频考点,考生一定要把陶行知的教育思想和杜威的教育思想进行比较来掌握,这一知识点在外国教育史部分杜威的教育思想最后有相关拓展。

凯程拓展

陶行知的创造教育思想与六大解放

(1) 简介:陶行知认为儿童的创造教育需要做到"六大解放",即解放儿童的眼睛、解放儿童的头脑、解放儿童的双手、解放儿童的嘴巴、解放儿童的空间、解放儿童的时间。

(2) **实质**："六大解放"的实质是尊重学生的个性与自由。也是为了解决当时现实教育问题，他要求成人尽可能把时间留给学生，使其有时间玩、想、说和做。他坚决反对传统教育一味让学生"作业""督课""赶考"等，从而失去了学习人生、做事和创造的欲望和机会，同时也失去了身心健康，乃至忘记了对国家、民族和人类的责任。

(3) **评价**：陶行知认为"有了这六大解放，创造力才可以尽量及时发挥出来"。陶行知的创造教育思想及其实践至今仍不失其宝贵价值。当今社会，迫切需要培养创造型人才，陶行知的创造教育思想无疑值得借鉴。

陶行知的艺友制师范教育思想

(1) **含义**：学做教师有两种途径，即从师和访友。跟朋友操练比从师来得更自然、更有效力。"所以要想做好教师，最好是和好教师做朋友。凡用朋友之道教人学做教师，便是艺友制师范教育。"陶行知主张通过与有经验的教师交朋友、当助手，在观摩、体验、实践中加快农村教师的培养。

(2) **实践**："艺友制师范教育"的创见，乃是有见于一般师范教育中学理与实习的分离和各行各业师徒制的实效，而提出的教师培养的有效模式，并在晓庄师范、南京燕子矶幼稚园等学校进行实践，有效的解决师资缺乏问题。

(3) **意义**：陶行知探索了乡村师范教育的新模式，艺友制师范教育弥补了一般师范教育中理论与实习的裂隙，吸取了各行各业师徒制的实效经验，这种教师培养的模式是颇有启发意义的。

经典真题

名词解释

1. 教学做合一（10 福建师大，11 杭州师大，13、14、21 江苏师大，15 沈阳师大，18 湖南师大）
2. 小先生制（10 河南师大，12 内蒙古师大，14、21 湖南科技，19 云南师大、浙江师大，20、23 江苏师大、聊城，21 渤海、鲁东，22 江西师大，23 湖北、浙江海洋、齐齐哈尔、信阳师范学院）
3. 陶行知（13 内蒙古师大，15 宁波，17 湖北）   4. 晓庄学校（17 云南师大）
5. 生活教育理论（12 东北师大、北师大，13 湖南、鲁东，15 重庆师大、西北师大、安徽师大、湖南师大，18 江苏，19 海南师大，21 陕西理工、石河子，22 曲阜师大，23 广西师大）
6. 生活即教育（20 南京师大、天水师范学院）

简答题

1. 简述"社会即学校"。（12 杭州师大，18 石河子）
2. 简述陶行知的"生活即教育"。（18 新疆师大，22 大理）
3. 简述陶行知的"创造的儿童教育"思想。（18 杭州师大）
4. 简述陶行知的生活教育理论。/ 简述陶行知的生活教育及对当代教育的启示。（10、11、18 山西师大，10、12、15 江西师大，10、16 沈阳师大，10、17 闽南师大，11 辽宁师大、浙江师大，11、14、15 广西师大，11、18 云南师大，11、19 华东师大，12 西南、天津师大、江西师大、山东师大，12、16 西华师大，12、16、18、19、22 重庆师大，12、19 江苏师大，13 聊城，14、16、20 四川师大，15 贵州师大、重庆三峡学院、集美，15、17 延安，16 内蒙古师大、西华师大，17 南宁师大，18 海南师大、浙江、石河子，19 湖北，20 河南师大、延边、太原师范学院，21 温州、齐齐哈尔、南京信息工程、临沂、黄冈师范学院，21、23 济南，22 新疆师大、南京、广东技术师大、洛阳师范学院）

5. 简述"教学做合一"。(12 鲁东，19 太原师范学院，23 曲阜师大)
6. 简述陶行知"六大解放"的内容。(21 湖南师大)
7. 陶行知的"小先生制"思想的主要内容有哪些？(23 合肥师范学院)

》论述题

1. 论述陶行知生活教育的主要内容/思想/理论体系。(10 哈师大、山东师大，10、16、18 扬州，10、17 曲阜师大，10、21 杭州师大，11 河南师大、聊城，11、12 华中师大、安徽师大，11、14、19、21 江西师大，11、15 南京师大，12 上海师大，13、16、22 华南师大，14 北师大，14、20、23 天津师大，15、23 闽南师大，17 西安外国语、新疆师大，17、20 内蒙古师大，18 山西师大，20 江西科技师大、成都，20、21 浙江)

2. 论述陶行知的生活教育理论及其理论价值。/ 论述陶行知的生活教育理论以及教育启示。/ 论述陶行知的生活教育理论及其历史影响。(10、19 东北师大，10、20 陕西师大，11、22 渤海，12 中山，13 西南，13、14 宁波，13、19 沈阳师大，13、19、22 辽宁师大，15、16 湖南科技，16、20 海南师大，16、22 华中师大、安徽师大，17、20 中国海洋，18 淮北师大、赣南师大、贵州师大、湖北，19 广东技术师大、长春师大，20 江西师大、合肥师范学院、江苏、苏州、陕西师大，21 浙江海洋、西藏、陕西科技、扬州、山东师大，22 深圳、西华师大，23 石河子)

3. 论述陶行知生活教育的实践探索和理论创新。/请论述陶行知的生活教育思想和实践。(19 华东师大、海南师大，21 浙江师大)

4. 根据陶行知的生活教育思想，谈谈学校教育与学生生活的理想关系。(17 陕西师大)

5. 论述陶行知"生活即教育"的思想内涵，并联系实际分析其现实意义。(11 苏州)

6. 美国教育家杜威提出"做中学"的教育信条，我国教育家陶行知倡导"教学做合一"的主张。请你在分析两种观点的基础上，结合实际论述它们对我国基础教育改革的理论价值和实际意义。(16 安徽师大)

7. 试述陶行知生活教育理论的基本内容及其与杜威的理论的关系。/ 从教育和生活的角度，比较杜威和陶行知的教育思想。(13、15 四川师大，14 延安，16 天津师大，20 鲁东，21 山西师大)

8. 试述杜威关于学校和社会关系的一句话以及生活教育理论把它"翻了半个跟斗"的原因。(21 陕西师大)

9. 论述陶行知的教育精神以及对当代教师的借鉴意义。(22 湖北)

考点 6　陈鹤琴的"活教育"探索 ★★★★ 25min搞定
（名：16 湖南师大，19 江苏，20 曲阜师大，21 四川师大；简、论：15+ 学校）

陈鹤琴（1892 年 3 月 5 日—1982 年 12 月 30 日），浙江上虞人，中国著名儿童教育家、儿童心理学家、教授，中国现代幼儿教育的奠基人。早年毕业于国立清华大学，留学美国五年，1918 年获得哥伦比亚大学硕士学位。五四运动期间回国后，最初担任南京高等师范学校教授，讲授儿童心理学课程。东南大学成立后，任教授和教务主任。后担任中央大学师范学院院长和南京师范学院（现南京师范大学）校长。

1. 幼儿教育和儿童教育探索 ★

陈鹤琴是我国近代学前儿童教育理论与实践的开创者。

（1）20 世纪 20 年代，陈鹤琴对长子陈一鸣进行追踪研究，探索儿童心理发展及教育规律。

(2) 20世纪20—30年代, 他创办了中国第一所实验幼稚园——鼓楼幼稚园,进行中国化、科学化的幼儿园研究,总结并形成了系统的、有民族特色的学前教育思想。

(3) 20世纪30年代末, 他提出教师如何"教活书,活教书,教书活",学生如何"读活书,活读书,读书活"的问题,并在总结自己以往教育实践和思想的基础上,明确提出"活教育"主张。

2."活教育"实验 ★

(1) **1940年,** 陈鹤琴应江西省政府主席之邀来到江西泰和,筹建省立实验幼稚师范学校,并附设小学、幼稚园及校办农场,开展"活教育"实验。

(2) **1941年,** 陈鹤琴创办《活教育》杂志,标志着有全国影响力的"活教育"理论的形成和"活教育"运动的开始。

(3) **1943年,** 陈鹤琴将幼师改为国立幼稚师范学校,并增设专科部。"活教育"实验已形成包括专科部、幼师部、小学部、幼稚园、婴儿园五个部门的幼儿教育体系。

(4) **1945年,** 陈鹤琴获准将专科部改为国立幼稚师范专科学校并迁往上海,又创办上海市立幼稚师范学校,继续他的"活教育"实验。

3."活教育"思想体系 ★★★★ （名、简、论：30+ 学校）

(1) **"活教育"的目的论——"做人,做中国人,做现代中国人"。** （简：20哈师大、江苏师大, 23温州；论：12湖南师大）

①**做一个人,** 要热爱人类,热爱真理。

②**做一个中国人,** 要爱自己的国家与同胞,团结国民,为国家兴旺而努力。

③**做一个现代中国人,** 要承担起救国图强和科学民主启蒙的任务。陈鹤琴赋予"现代中国人"五方面的要求:a.要有健全的身体;b.要有建设的能力;c.要有创造的能力;d.要能够合作;e.要服务。

评价: "活教育"的目的论从抽象的做人到具体的做现代中国人,教育目标逐步具体,表达了陈鹤琴对人的发展、教育与社会变革的追求。

(2) **"活教育"的课程论——"大自然、大社会都是活教材"。**

陈鹤琴反对将书本看作唯一教育资料的传统做法,明确提出"大自然、大社会都是活教材"。

①**含义:** 所谓"活教材",就是指取自大自然、大社会的"直接的书",即让儿童在与自然、社会的直接接触中,在亲身观察中获取经验和知识。尽管陈鹤琴主张从自然和社会中直接获取知识,但他并非绝对强调经验,否定书本。尽管"活的"和"直接的"知识要"大大优于"书本知识,但只要恰当地用作参考资料,"书本是有用的"。

②**组织形式:** 打破惯常的学科中心体系,采取符合儿童身心发展和生活特点的活动中心和活动单元体系——"五指活动",即儿童健康活动、儿童社会活动、儿童科学活动、儿童文学活动、儿童艺术活动。

评价: 按"五指活动"的设想,儿童活动代替课堂教学,成为学校教育的基本形式,它追求的是完整的儿童生活。"五指活动"的各要素是相互联系的整体。

(3) **"活教育"的教学论——"做中教,做中学,做中求进步"。** （简：20山西）

"做中教,做中学,做中求进步"是"活教育"教学方法的基本原则。"做"是学生学习的基础,也是"活教育"教学论的出发点,它强调的是儿童在学习过程中的主体地位和在活动中直接经验的获取。主要特点如下:

①**强调以"做"为基础。** 确立学生在教学活动中的主体性,在教学中鼓励儿童自己去做、去思考、去发现,是激发学生主体性的最有效手段。

②**儿童的"做"带有盲目性**。需要教师积极正确地引导，教师要善于启发、诱导学生，鼓励他们，用比赛、游戏、故事、暗示来调动他们，而不是惩罚和灌输教学。

③**"活教育"教学的四个步骤**。

a. **实验观察**。这是教学过程的第一个步骤，也是最重要的一个步骤，是获得知识的基本方法。

b. **阅读思考**。间接知识和直接知识是互为补充、缺一不可的。通过阅读思考可以弥补实验观察的不足。

c. **创作发表**。儿童从实验观察和阅读思考中获取的直接和间接经验，需要通过加工整理，以故事、报告等形式表达出来，有助于培养和体现儿童的主动性和创造性。

d. **批评研讨**。儿童在学习中得到的结论不可能完全正确，需要通过集体和小组讨论，共同研究，以便臻于完善。

评价： 这四个步骤是教学过程的一般程序，不是机械的、割裂的。它们同样体现了以"做"为基础的学生主动学习。

总之，"活教育"思想是一种有吸收、有改造、有创新的教育思想，吸取了杜威的实用主义思想，也考虑了中国的时代背景和国情，对中国现代教育产生了重要影响。

> **凯程提示**
>
> 陈鹤琴在学前教育方面的研究和实践，是我国教育史上非常宝贵的财富，考生可将他的教育思想和外国教育史中几位教育家的幼儿教育思想进行比较。此部分内容是历年必考知识点，教育家们基本的思想要点需要考生记忆。

> **凯程助记**

教育实践	(1) 1940年，筹建省立实验幼稚师范学校，开展"活教育"实验。 (2) 1941年，《活教育》杂志的创办标志着"活教育"理论的形成。 (3) 1943年，将幼师改为国立幼稚师范学校。 (4) 1945年，将专科部改为国立幼稚师范专科学校
教育理论	(1) "活教育"的目的论——"做人，做中国人，做现代中国人"。 (2) "活教育"的课程论——"大自然、大社会都是活教材"。 (3) "活教育"的教学论——"做中教，做中学，做中求进步"

> **凯程拓展**   **民国时期教育家的共同特点** （论：22温州）
>
> （1）**实用化**。民国时期的教育家就我国现代教育改革与发展的方向进行了积极且富有创造性的研究与探索，形成了许多具有重大理论与实践价值的教育思想。
>
> （2）**科学化**。民国时期的教育家在激烈抨击科举制度、批判传统教育的过程中，如饥似渴地吸收国外先进的教育思想，借鉴国外成功的教育改革经验，将教育与更多科学理论相结合。
>
> （3）**民主化**。民主革命派代表人物蔡元培的教育思想、职业教育派代表人物黄炎培的教育思想、生活教育派代表人物陶行知的教育思想、平民教育派代表人物晏阳初的教育思想等都主张让更多的人民主地享有教育。
>
> （4）**个性化**。教育不再只是以经学为主、以教师为主，民国时期的教育家更多地关注儿童本身，让教育与儿童的实际身心情况相结合，更注重教育的个性化。
>
> （5）**教育救国**。清末民国时期是我国教育史上除旧布新的重大转折期，诞生了许多杰出的思想家和教育家。他们都以救亡图存为目的，以教育为抗战救国之良方。

陶行知与陈鹤琴教育思想的共同特点

（1）两种理论都是受杜威实用主义教育思想影响，并结合中国教育实际而形成的。
（2）两种理论都反对传统书本教育，但并不忽视书本的地位。
（3）两种理论都反对课堂中心和学校中心，强调教育与社会生活和大自然的联系。
（4）两种理论都重视直接经验的价值，强调"做"在教学中的地位。
（5）两种理论都批判传统教育忽视儿童的生活及其主体性，提倡相信儿童、解放儿童、发展儿童。

经典真题

▶▶ 名词解释 活教育思想体系（16 湖南师大，19 江苏，20 曲阜师大，21 四川师大，23 湖北）

▶▶ 简答题

1. 简述陈鹤琴的"活教育"思想体系。（13 山西师大、陕西师大、河南师大，15、20 华东师大，16 江西师大，17 云南师大、东北师大，18 渤海、山西，19 四川师大，20 上海师大，21 曲阜师大，23 杭州师大）
2. 简述陈鹤琴的教育目的论。（20 哈师大、江苏师大，23 温州）
3. 简述陈鹤琴的教育思想。（12 山西师大，21 河南师大、曲阜师大）
4. 简述陈鹤琴和王守仁的儿童教育思想。（14 贵州师大）

▶▶ 论述题

1. 论述陈鹤琴的"活教育"思想。/ 论述陈鹤琴的儿童教育思想。（12 南京师大、沈阳师大、云南师大，13 天津师大、扬州、华中师大、渤海，14 中央民族，15 北师大、天津，16 广西师大，17 杭州师大，18 华东师大，19 河南师大、宁波，20 吉林师大、江西师大、聊城，21 曲阜师大、信阳师范学院，22 湖州师范学院，23 浙江）
2. 简要评述陈鹤琴"活教育"的目的论及对当代的启示。（12 湖南师大，23 江西师大）
3. 论述陈鹤琴教育思想的启示及其现实意义。/ 论述陈鹤琴的教育理论及其影响。/ 论述陈鹤琴的"活教育"思想及其对当代教育价值的启示。（19 安徽师大、山西师大，21 苏州科技、长江、南宁师大、广西师大，22 聊城、浙江海洋）
4. 论述陶行知生活教育和陈鹤琴的"活教育"及二者的共同特点。（22 温州）
5. 论述陶行知生活教育和陈鹤琴教育思想的内容和差别。（22 吉林师大）

凯程助记

助记 1：中国近现代学制专题总结

时期	名称	特点	进步之处	局限	意义
清末新政时期（1902年，1904年）	"壬寅学制"（《钦定学堂章程》）	仿照日本；三段七级；学制为20年；七年义务教育	半资本主义：三级学制、义务教育、德智体全面发展、实业教育、师范教育、反对体罚、西学主导	半封建：中体西用，读经讲经，排斥女性，毕业生奖励科举功名	中国近代第一个以中央政府名义制定的全国性学制系统
	"癸卯学制"（《奏定学堂章程》）	仿照日本；三段七级；学制为20～21年；五年义务教育；实业、师范教育；幼儿园纳入学制系统			中国近代由中央政权颁布并首次得到实施的全国性法定学制系统
民国初年（1912—1913年）	"壬子癸丑学制"（1912—1913年学制）	仿照日本；三段四级；四年义务教育；小学男女同校；女子中学校；小学一大学为骨干，兼重师范教育和实业教育	小学一大学为骨干，兼重实业教育，缩短年限，易于普及；男女平等；规定一学年为三个学期；废除保人制度	小学过长，中学过短，偏重升学，忽视就业	中国近代第一个资产阶级性质的学制，较全面地反映了资产阶级的教育要求
新文化运动时期（1922年）	"壬戌学制"（1922年"新学制"）	七项标准；仿美"六三三"学制（初等、中等、高等、职业）；课程标准	从体制上看，学习美国"六三三"学制，但又符合中国国情；从七项标准上看，受实用主义思想影响，彻底摆脱了封建传统教育	—	标志着中国近代以来国家学制体系建设的基本完成，是中国学制史上的里程碑
国民政府时期（1928年）	"戊辰学制"	重义务教育、成人教育；求质量，不求数量；重职业教育	—	—	—

注：此表凯程申请知识产权保护，除了学生学习，其他机构或个人不得用于商业用途，请勿抄袭。

陶行知与陈鹤琴教育思想的共同特点

(1) 两种理论都是受杜威实用主义教育思想影响，并结合中国教育实际而形成的。
(2) 两种理论都反对传统书本教育，但并不忽视书本的地位。
(3) 两种理论都反对课堂中心和学校中心，强调教育与社会生活和大自然的联系。
(4) 两种理论都重视直接经验的价值，强调"做"在教学中的地位。
(5) 两种理论都批判传统教育忽视儿童的生活及其主体性，提倡相信儿童、解放儿童、发展儿童。

经典真题

▸▸ 名词解释　活教育思想体系（16 湖南师大，19 江苏，20 曲阜师大，21 四川师大，23 湖北）

▸▸ 简答题

1. 简述陈鹤琴的"活教育"思想体系。（13 山西师大、陕西师大、河南师大，15、20 华东师大，16 江西师大，17 云南师大、东北师大，18 渤海、山西，19 四川师大，20 上海师大，21 曲阜师大，23 杭州师大）
2. 简述陈鹤琴的教育目的论。（20 哈师大、江苏师大，23 温州）
3. 简述陈鹤琴的教育思想。（12 山西师大，21 河南师大、曲阜师大）
4. 简述陈鹤琴和王守仁的儿童教育思想。（14 贵州师大）

▸▸ 论述题

1. 论述陈鹤琴的"活教育"思想。/ 论述陈鹤琴的儿童教育思想。（12 南京师大、沈阳师大、云南师大，13 天津师大、扬州、华中师大、渤海，14 中央民族，15 北师大、天津，16 广西师大，17 杭州师大，18 华东师大，19 河南师大、宁波，20 吉林师大、江西师大、聊城，21 曲阜师大、信阳师范学院，22 湖州师范学院，23 浙江）
2. 简要评述陈鹤琴"活教育"的目的论及对当代的启示。（12 湖南师大，23 江西师大）
3. 论述陈鹤琴教育思想的启示及其现实意义。/ 论述陈鹤琴的教育理论及其影响。/ 论述陈鹤琴的"活教育"思想及其对当代教育价值的启示。（19 安徽师大、山西师大，21 苏州科技、长江、南宁师大、广西师大，22 聊城、浙江海洋）
4. 论述陶行知生活教育和陈鹤琴的"活教育"及二者的共同特点。（22 温州）
5. 论述陶行知生活教育和陈鹤琴教育思想的内容和差别。（22 吉林师大）

凯程助记

助记1：中国近现代学制专题总结

时期	名称	特点	进步之处	局限	意义
清末新政时期（1902年、1904年）	"壬寅学制"（《钦定学堂章程》）	仿照日本；三段七级；学制为20年；七年义务教育	半资本主义：三级学制，义务教育，德智体全面发展，实业教育，师范教育，班级授课，反对体罚，西学主导	半封建：中体西用，年限过长、等级性，读经讲经，排斥女性，毕业生奖励科举功名	中国近代第一个以中央政府名义制定的全国性学制系统
	"癸卯学制"（《奏定学堂章程》）	仿照日本；三段七级；学制为20～21年；五年义务教育；实业、师范教育；幼儿园纳入学制系统			中国近代由中中央政府颁布并首次得到实施的全国性法定学制系统
民国初年（1912—1913年）	"壬子癸丑学制"（1912—1913年学制）	仿照日本；三段四级；四年义务教育；小学男女同校；女子中学校；小学一大学为骨干，兼重师范教育和实业教育	小学一大学为骨干，兼重师范，实业教育；缩短年限，易于普及；男女平等；规定一学年为三个学期；废除保人制度	小学过长，中学过短，偏重升学，忽视就业	中国近代第一个资产阶级性质的学制，较全面地反映了资产阶级的教育要求
新文化运动时期（1922年）	"壬戌学制"（1922年"新学制"）	七项标准；仿美"六三三"学制（初等、中等、高等、职业）；课程标准	从体制上看，学习美国学制，但又符合中国国情；从七项标准上看，受实用主义思想影响，彻底摆脱了封建传统教育	—	标志着中国近代以来国家学制体系建设的基本完成，是中国学制史上的里程碑
国民政府时期（1928年）	"戊辰学制"	重义务教育，成人教育；求质量，不求数量；重职业教育	—	—	—

注：此表凯程申请申请知识产权保护，除了学生学习，其他机构或个人不得用于商业用途，请勿抄袭。

2024考研教育硕士备考指南

Part 1 备考常识与方法指导

一、考研是怎么回事

（一）考研的含义与作用

1. 含义：指教育部主管部门和招生机构为选拔硕士研究生而组织的相关考试的总称，全称为全国硕士研究生统一招生考试。

研究生招生考试由初试和复试两部分组成，通过初试的考生继续参加复试，未达到院校复试线但达到了国家线的考生，可以申请调剂，参与其他院校的复试。

普通高等教育统招硕士研究生按学位类型分为学术型硕士和专业型硕士研究生两种；按学习方式分为全日制硕士研究生和非全日制硕士研究生两种，均采用相同考试科目和同等分数线选拔录取。

2. 作用

（1）对就业而言，现在的工作对学历要求越来越高，研究生学历逐渐成为入职门槛。如果你想在高校工作，考研是至关重要的一步。

（2）对工资而言，研究生的工资普遍高于本科生，无论是起始工资还是后面的涨幅空间都会更有优势。

（3）对个人发展而言，很多考生的本科院校不一定很好，而考研就是一次提高毕业院校层次和提升自我价值的机会。通过考研，我们可以有更好的学习环境，有更丰富的教育资源，去造就更好的自己。

（4）对于学术研究而言，研究生身份是个很好的起点，研究生期间的学术研究不仅能丰富自己的学识，提升自己的能力，还能为自己将来的科研之路打下坚实的基础。

（二）考研报考资格

1. 总体对学历的限制

（1）国家承认学历的应届本科毕业生（含普通高校、成人高校、普通高校举办的成人高等学历教育等应届本科毕业生）及自学考试和网络教育届时可毕业本科生。考生录取当年入学前（具体期限由招生单位规定）必须取得国家承认的本科毕业证书或教育部留学服务中心出具的《国（境）外学历学位认证书》，否则录取资格无效。

（2）具有国家承认的大学本科毕业学历的人员。

（3）获得国家承认的高职高专毕业学历后满 2 年（从毕业后到录取当年入学之日，下同）或 2 年以上的人员，以及国家承认学历的本科结业生，符合招生单位根据本单位的培养目标对考生提出的具体学业要求的，按本科毕业同等学力身份报考。

（4）已获硕士、博士学位的人员。在校研究生报考须在报名前征得所在培养单位同意。

2. 个别院校对报考的限制

（1）不接受跨专业报考，在院校研究生招生官网上公布的招生简章中，会写明对报考该专业的考生的限制，要求第一学历，要求报考前所学专业与该专业相同或相近。

（2）不接受同等学力报考或同等学力需要加试，需要仔细阅读招生简章及专业目录。

3. 个别院校对英语水平的限制

绝大部分院校对英语四六级没有限制，除个别专业会限制外，其余不做特殊要求，极少部分院校要求考生要过四六级，具体参见目标院校专业招生要求。

（三）考研基本流程

9月院校公布招生简章、专业目录 → 预报名 → 10月正式报名 → 11月现场确认/网上确认 → 12月打印准考证 → 12月底参加初试 → 3月中旬公布国家线 → 3、4月各个院校公布复试分数线 → 3、4月参加复试与调剂 → 4、5月拟录取

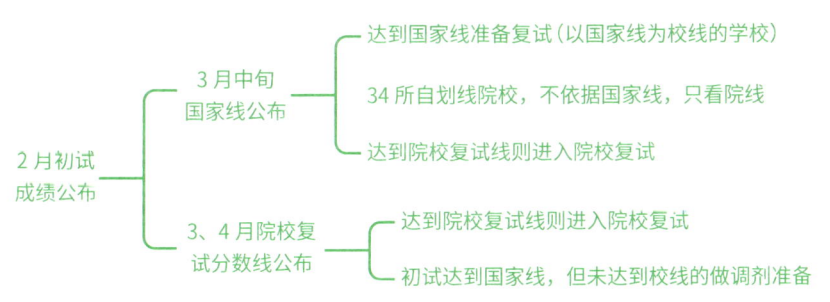

```
                           ┌─ 达到国家线准备复试（以国家线为校线的学校）
              3月中旬      │
              国家线公布 ──┼─ 34所自划线院校，不依据国家线，只看院线
              │            │
2月初试       │            └─ 达到院校复试线则进入院校复试
成绩公布 ─────┤
              │            ┌─ 达到院校复试线则进入院校复试
              3、4月院校 ──┤
              复试分数线公布└─ 初试达到国家线，但未达到校线的做调剂准备
```

注意：初试成绩不是统一时间公布，不同省份会有些许差别，有些院校会一同公布校排名，但多数院校仅公布初试成绩，成绩公布时间相对复试时间要早很多，考生可依据每年的国家线情况，判断自己能否进复试，只要有些许机会，都不要放弃，早做准备。

（四）考试构成

1. 初试

（1）怎么考：初试均为笔试形式，由国家统一组织，考试时间

固定。初试方式分为全国统一考试（含联合考试）、单独考试以及推荐免试。

①**全国统一考试**：绝大多数考研人，都要参加全国统一考试，部分或全部考试科目由教育部教育考试院负责统一命题，其他考试科目由招生单位自行命题。（考试时间为每年12月底，即全国硕士研究生统一招生考试）

②**单独考试**：由具有单独考试资格的招生单位进行，考生须符合特定报名条件，考试科目由招生单位单独命题、委托其他招生单位命题或选用全国统一命制试题。

③**推荐免试**：依据国家有关政策，对部分高等学校按规定推荐的本校优秀应届本科毕业生，及其他符合相关规定的考生，经确认其免初试，由招生单位直接进行复试考核的选拔。

(2) **考什么**：初试由公共课和专业课两部分构成。

公共课是指外国语和思想政治理论，其中除管理类联考不考思想政治理论以外，其他所有专业都要考这两门科目，由教育部教育考试院统一命题。由各省分别评卷。

科目	分类	命题方式	分值	适用专业
外国语	英语（一）（学硕，部分专硕）	全国统一命题	100分	所有专业
	英语（二）（专硕）			
思想政治理论	—	全国统一命题	100分	管理类联考除外

大部分专业考两门专业课，分别为业务课一和业务课二，少数专业只考一门专业课。

初试	内容	分值	适用专业
四个单元考试科目	思想政治理论	100 分	绝大部分专业，如教育硕士
	外国语	100 分	
	业务课一	150 分	
	业务课二	150 分	
三个单元考试科目	思想政治理论	100 分	教育学（学硕）、历史学、医学门类；体育、应用心理、文物与博物馆、药学、中药学、临床医学、口腔医学、中医、公共卫生、护理等专业学位硕士
	外国语	100 分	
	专业基础综合	300 分	
两个单元考试科目	外国语	100 分	会计、图书情报、工商管理、公共管理、旅游管理、工程管理和审计等专业学位硕士
	管理类综合能力	200 分	

注：金融、应用统计、税务、国际商务、保险、资产评估等专业学位硕士初试第三单元业务课一设置经济类综合能力考试科目，满分为 150 分。

2. 复试

（1）怎么考：复试是研究生招生考试的重要组成部分，主要由体检、复试、资格审查三个环节组成，具体的程序和内容由招生单位确定和公布。

（2）考什么：复试的考试内容由招生单位自行确定，各校考试内容差异较大，但也有共性。基本都是由英语听力和口语、专业课笔试、综合面试三个环节构成。

（3）分值比例：考研总分根据一定比例计算初试和复试分数，最后得分为综合录取总分，详细信息需要关注招生单位公布的复试方案。

注：一定要重视复试环节，有的院校复试分数占比较大，考生需认真做准备！

（五）硕士研究生分类

1. 培养形式：全日制、非全日制

（1）全日制：全日制研究生是指符合国家研究生招生规定，通过研究生入学考试或者国家承认的其他入学方式，被具有实施研究生教育资格的高等学校或其他教育机构录取，在基本修业年限或者学校规定年限内，全脱产在校学习的研究生。

全日制是大多数考研人选择的培养方式。

（2）非全日制：非全日制研究生是指符合国家研究生招生规定，通过研究生入学考试或者国家承认的其他入学方式，被具有实施研究生教育资格的高等学校或其他教育机构录取，在学校规定的修业年限（一般应适当延长基本修业年限）内，在从事其他职业或者社会实践的同时，采取多种方式和灵活时间安排进行非脱产学习的研究生。

非全日制通常更适合已经工作，只是想提升一下学历、方便晋升的人，学费相对全日制较高，一般没有奖学金、助学金等补助。

2. 学位类型：学术型、专业型

	学术型硕士	专业型硕士
培养方向	学术型专门人才	应用型专门人才
学制年限	一般为三年	一般为二年， 近几年有改三年的倾向
考试内容	311统考，部分院校自主命题，参考书相对多一些，考试题目设计难一些	各院校根据333大纲自主命题，参考书目少一些，大多数院校题型比较常规

续表

毕业论文	要求较高	要求较低
学费、奖学金	一般为 8 000 元 / 年，有奖学金	一般为 10 000 元 / 年，有奖学金
毕业证	毕业证、学位证	毕业证、学位证
读研期间	跟随导师，论文课题研究室	第一年以上课为主，第二年多为实习
分数线	大体相同	大体相同
学习方式	全日制和非全日制	全日制和非全日制

（六）考试时间

1. 初试：12月底

2023 年全国硕士研究生招生考试初试时间为 2022 年 12 月 24 日至 25 日（每天上午 8:30—11:30，下午 14:00—17:00）。考试时间超过 3 小时的考试科目在 12 月 26 日进行（起始时间 8:30，截止时间由招生单位确定，不超过 14:30）。

时间	考试科目
12 月 24 日上午 8:30—11:30	思想政治理论 / 管理类联考
12 月 24 日下午 14:00—17:00	外国语
12 月 25 日上午 8:30—11:30	业务课一
12 月 25 日下午 14:00—17:00	业务课二

2. **复试**：次年 3—4 月，34 所自划线院校的复试一般会早于其他院校。

```
初试成绩公布 → 未达到分数线要求 → 准备调剂
初试成绩公布 → 达到分数线要求 → 准备复试 → 复试笔试 → 未录取
                              准备复试 → 复试面试 → 成功录取
```

二、教育学考研类型

（一）学硕

学硕是指学术型硕士，对教育学来说，我们称之为教育学硕士，授予教育学硕士学位。

教育学硕士只考一门专业课，有两种类型，一种考试代码为311教育学专业基础综合，由教育部教育考试院统一命题，所有参加311考试的院校试卷相同；另一种是院校自主命题，院校有自己的大纲和参考书目，自行组织命题。

初试科目	备注
101 思想政治理论 201 英语（一） 311 教育学专业基础综合 / 院校自命题	部分院校外国语可选择日语、俄语等

（二）专硕

专硕是指专业型硕士，对教育学来说，称为教育硕士，授予教育硕士学位。

教育硕士有两门专业课，专业课一为333教育综合，专业课二为院校自主命题的专业综合。虽然专硕的专业课一的考试代码均为 333 教育综合，但是这并不意味着 333 教育综合是统考，每个院校的 333 都是自命题，但《2023 年全国硕士研究生招生工作管理规定》提前公告，"从 2024 年全国硕士研究生招生考试起，教育专业学位硕士业务课考试科目将增设全国统一命题科目，供相关招生单位自主选择使用"。

大部分院校会根据《2023 年全国硕士研究生招生工作管理规定》发布的考试内容范围（指导意见）而选择加入 333 统考。部分院校部分参考指导意见或完全自主命题，具体情况需要考生关注院校的研究生院官网。

专业课二，各院校自主命题，通常参考书目、题型各不相同，评卷也是各院校自行组织。

初试科目	备注
101 思想政治理论 204 英语（二） 333 教育综合 / 自主命题 专业课二（各院校自主命题）	部分院校外国语可选择日语、俄语等

三、333 教育综合

（一）333 的含义

教育硕士有两门专业课，其中专业课一为 333 教育综合，专业课二为院校自主命题。各个院校的考试题型设置、考试内容都有所不同，为自命题形式。

主要考试科目为中国教育史、外国教育史、教育心理学、教育学原理。

（二）333考试大纲

(1) **考查目标**：系统掌握相关学科的基础知识、基本概念、基本理论和基本方法，并能运用相关概念、理论和方法分析和解决教育的现实问题。

(2) **考查内容**：可能包括教育学原理、中国教育史、外国教育史和教育心理学以及教育研究方法，五门教育学科基础课程。

24考研如果按照前面的考试来看，教育综合有全国统一的大纲，每一个学校在自主命题，每个学校的侧重点还有不同。有的是完全在大纲范围内考查记忆性内容，有的除了考记忆，还会增加考查教育研究方法，热点政策，大概的变化就是这样。

旧版333大纲不变的缺点是内容比较陈旧，缺少目前教育教学实践前沿的内容。同时，333大纲没有教育研究方法的相关内容，教育专硕的考生应该懂教育研究方法的知识，这是时代性的需要，是新时代对教师的基本素养的要求。

(3) **获取途径**：关注"徐影老师"公众号，回复关键词"333大纲"，即可获取电子版大纲。

(4) **预测**：全国统考大纲都是高教社在9月出，考生不可能等到9月才开始学习，如果9月之前不对新大纲做一点预测，会加重后期考生备考的压力和难度，所以我们必须要大胆预测。预测都是带有风险的，如果预测的准，复习会比较顺利，如果预测不准，就是多学了一些知识，考生也不会有更加严重的损失。

注意：全国大多数院校333考试，基本都是依据全国统一大纲来进行考查，但不排除少数院校会在参考全国大纲的基础上，有自己的一些更改添加，或者完全依照自己的考试大纲进行设题。

（三）考情分析

1. 333统考说明

（1）部分院校加入统考

从311统考的情况来看，有85%左右的院校加入了311统考，还有15%的院校比较个性化，进行自主命题的考试。

由此可以推论第一年的333统考一定不是所有学校都加入，预计应该会有60～70%的学校会加入统考，还有学校是自主命题，当然比例也有可能上升，也很有可能是80%的学校加入333统考，20%的学校坚持自主命题，具体未有定论。

有的学校非常人性化，可能从3月一开学到4、5月陆续就开始出一些公告。会说明教育硕士加入统考了，还是自主命题。但是还有很多学校，可能要等到9月发布招生简章，才会说明专业目录是什么，有没有考试的变化。

作为24考生，一边要准备学校进入统考，一边还要留意也有可能要自主命题，不论哪一种考试，可能都要兼顾到。但是有一点可以肯定，如果要进行自主命题会有一个参照大纲，这个参照大纲一般会按照高教社9月发布的2024年333教育综合的统考大纲来制定。

一般教育硕士的考试代码，是333教育综合，也有可能这个代码会发生一定的变化。一定要密切的关注你目标学校的官网，等它的变化的通知，另外一方面考试必须要兼顾统考兼顾自主命题，两手都要抓。

（2）333教育综合加入统考，题型会变化么？

大概率会发生变化的。凯程预测题型一定会加入选择题，此外会有简答题，会有分析论述题，也许还会碰上辨析题，名词解释会在统考当中被删除的概率有 70%。

①**选择题**：专硕的选择题绝对不会像学硕的这么难，请大家放心。选择题，有 99% 的概率会有。

②**简答题**：在 311 考试中有一种叫作情境性简答。这样的题可能也会在专硕中大面积的出现，完全考查记忆的题会减少。记忆是学习的基础，答题更要靠理解，活学活用。311 是一个比较成熟的考试，其考试方式一定会在 333 中得到应用。

③**分析题**：可能会像 311 一样变成材料分析题，往年的 333 考试中也有很多院校会加入灵活性的题，教育专硕变成全国统考，在分析题上也会有一些不同，可能材料分析题的问题会变成 3～4 个，因为它可以在标准化试卷中去给分会显得更加客观化。不论是哪一种形式，材料题出题不可能出的很直白，把背的全部写上去，这不符合当今统考的价值以及意义。

④**辨析题**：不能确保辨析题一定会有，但是观察到很多院校很喜欢出辨析题，辨析题最能看出考生是怎么理解知识的，它比直白的去考查把背的都写上去作答的简答题效果要好很多，价值要高很多。

2.333 参考书目

教育部有关专业学位教育指导委员会发布的考试内容范围中，给出考试参考书目，但根据历年的考试经验及情况，凯程推荐了以下参考书目，方便考生复习。

(1) 教育学原理

① 《教育学基础》，全国十二所重点师范大学联合编写，教育科学出版社（第 3 版）

这本书内容条理清楚，基础知识点解释详尽，适合零基础跨考考生阅读。

② 《教育学》，王道俊、郭文安主编，人民教育出版社（第七版）（凯程推荐必读）

这本书内容新颖，介绍了当代教育学的最前沿的学术动态和知识，大多数的考试题均来自这本书，但这本书不是所有章节都考，考生只需着重掌握大纲中介绍到的知识点。

(2) 中国教育史

①《中国教育史》，孙培青主编，华东师范大学出版社（第四版）（凯程推荐必读）

这本书是目前中国最权威最翔实，也是体系最完善的中国教育史教材。

②《简明中国教育史》，王炳照主编，北京师范大学出版社（第四版）（凯程推荐选读）

如时间充足，考生可将王炳照的《简明中国教育史》作为补充读物，如果时间紧张，只读孙培青老师的《中国教育史》就足够了。

③《中国教育简史》，孙培青主编，中国人民大学出版社（凯程推荐选读）

此书是《中国教育史》的姊妹篇，按照横向专题总结的方式进行编排，共分为教育宗旨、行政、学制、学校、课程、教材、教学、考试、育德九个专题。此书内容综合性强，突出宏观性，适合从中出一些有思想性的分析论述题。

建议考生在阅读完《中国教育史》之后或在对中国教育史有了整体把握的基础上，且是在学有余力的情况下，再对此书进行阅读和学习。

（3）外国教育史

①《外国教育史教程》，吴式颖、李明德主编，人民教育出版社（第三版）（凯程推荐必读）

这本书是目前中国最权威最翔实，体系最完整的外国教育史教材。这本书内容丰富，涉及各地区，各国家，史料翔实。

②《外国教育史》，张斌贤主编，教育科学出版社（第2版）

这本书可作为吴式颖老师《外国教育史教程》的补充读物。

(4) 教育心理学

①《教育心理学》，张大均主编，人民教育出版社（第三版）

张大均主编的《教育心理学》是高等院校教育类专业学习的基础课教材，具有基础性、科学性和实用性的特点，本书相对通俗易懂，适合零基础考生阅读。

②《当代教育心理学》，陈琦、刘儒德主编，北京师范大学出版社（第三版）（凯程推荐必读）

这本书是中国最权威的教心教材，也是教育学、心理学考研的必读教材。书中专业词汇很多，理论介绍也多，所以初次阅读有点难理解，很多考生往往看了2～3轮才能理解。

虽然有一定的难度，但它是教育学考研最应该读的书。这本书的内容深层次，全方位，还有许多例子可以帮助考生理解知识点，也可以丰富答题内容。

③《教育心理学》，陈琦、刘儒德主编，高等教育出版社（第3版）

这本书是陈琦、刘儒德主编的另一本权威的教心教材，与《当代教育心理学》的绝大多数内容相同，建议同学们选择其中一本来看，凯程教学主要参考流传度更高的《当代教育心理学》，当然也会参考另一本陈、刘的教材。

(5) 教育研究方法

①《教育研究方法》，陈向明主编，教育科学出版社（凯程推荐必读）

这本书是全国重点大学联合编写的，属于高等师范院校专业基础课教材。这本书门槛相对较低，其内容提纲挈领、言简意赅、突出教育研究方法应用性的指导；形式新颖，归纳式地呈现内容，大量的研究实例，便于融会贯通；语言通俗易懂、具体直观，便于理解和迁移。

②《教育研究方法导论》，裴娣娜主编，安徽教育出版社

这本书是学硕统考和自主命题院校考研的必读教材。其知识解释全面，理论解读深刻，覆盖考试中常考的教育研究方法，但其出版较早，部分知识缺乏新颖性，且案例研究少，不易于理解，可作为补充阅读教材。

3.333 如何准备与复习

(1) 整体规划与目标

基础阶段（6月以前）：阅读教材，同时结合凯程基础班内容和《应试解析》，进行基础阶段的理解学习和思考，形成自己的框架笔记。

强化阶段（7～8月）：结合凯程的强化班，补充热点与思考拔高题，进行更深层的思维培养。结合强化班课程理解记忆，同步《333教育综合真题汇编与高频题库》巩固提升。

真题阶段（9～10月）：背诵三四轮，结合凯程真题班，搭配《333教育综合真题汇编与高频题库》，学习真题的考查方式、答题方法及技巧。

冲刺阶段（11月～考前）：背诵第五轮，结合凯程冲刺班，利用模考等形式，找出问题所在，逐步优化，关注重点内容。

(2) 学习方法

①框架式学习。凯程一直认为教学和学习要以"框架为王"，并且在多年的教学实践中，框架式教学的学习效果得到了检验和认可。通过宏观至微观的框架建构，知识点的逻辑条理更清晰，能够科学高效的学习和记忆，也便于考场作答时知识点的综合提取与应用。

②重视关键词句及阐述。教育学的复习，不是大篇幅的背诵，考生应该把每一章或者每个知识点归纳成关键词和关键句。考场上用关键词和关键句作为主体，在此基础上展开阐述。阐述不是全面背书可以解决的，是通过听课、自我感受、总结、不断积累和练习来解决的。

③理论联系实际。为什么有的考生会觉得教育学的知识非常枯燥无趣？因为他们只学概念，没有联系背景和当下的生活实际，没有思考其价值、意义以及概念背后所反映的教育现状和问题，从而

导致学习的范围大幅缩小,变成了非常死板的概念。

④关注案例和拓展。案例非常关键,很多晦涩的理论、单调的概念,都需要通过案例和拓展才能加深理解,辅助记忆。文科学习广而深,需要深刻理解和适当拓展,案例能够帮助我们引申,也能让知识更鲜活,同时能够作为答案阐述的支撑,让我们的作答更出彩。

4. 333 试卷构成

(1) 时长:考试时间为 180 分钟。

(2) 分值:试卷满分 150 分。

(3) 内容及题型:

333 教育综合		
内容结构	教育学原理约为 60 分	
	中国教育史约为 30 分	
	外国教育史约为 30 分	
	教育心理学约为 30 分	
题型结构	名词解释题	6 小题,每小题 5 分,共 30 分
	简答题	4 小题,每小题 10 分,共 40 分
	分析论述题	4 小题,每小题 20 分,共 80 分

注:以上只是大部分院校 333 教育综合的出题结构和分值情况,部分院校的科目分值有所不同,题型上也可能会有选择、填空、辨析、材料、案例题等。大家以目标院校的真题作为主要参照资料。

四、专业课二考什么

(一)考查类型

教育硕士中的专业课二,通常直接指向专业方向的一门科目,比如学科数学考查的可能就是高等代数，学科语文考查的可能就是语文课程与教学论。但是除此之外也不乏一些院校进行教育硕士专业课二初试统考，比如考查教育学、心理学知识。总体而言可以分为以下三个大类。

1. **教育学、心理学知识**：不涉及专业相关知识，考教育学或心理学的相关内容。到复试阶段才会对专业相关知识进行考查。此类院校不多，比如北京师范大学教育硕士专业课二多为901教育实践与方法、杭州师范大学2022年最新简章也变成了教育硕士统考同一门专业课二。

2. **学科综合类知识**：初试考查报考专业的相关知识，这一类型的院校是最多的，大多数院校都会选择在初试阶段考查专业素养与水平。例如学科语文考文学综合、语文学科基础等，学科数学考高等数学等相关知识。

3. **学科教学论**：这一类主要指考查内容不是完全专业方向的内容，同时也不是完全教育学、心理学的内容，而是将两者融合成某科目的课程与教学论或某科目的教育学。这种类型的院校也较多，例如山东师范大学的学科语文考《语文教育学》，苏州大学的学科语文考《语文课程与教学论新编》。这类型的专业课二考试，往往还需结合该科目的课程标准、教育热点与前沿问题来学习。

（二）参考书目

与333教育综合不同，每个院校专业课二的考查内容、考查容量都有较大的差异。凯程为各位考生整理了170多所院校的参考书，涵盖开设专业及考试大纲等内容，添加凯程老师即可领取院校专业课参考书目及大纲。

（三）学习规划与方法

1. 学习规划

对于这种长周期的备考，学习规划是必不可少的。任何困难都需要有计划、有方法，才有可能迎刃而解。跟着凯程学习 333 教育综合，明晰每个阶段要做些什么，每个学习内容应该如何规划。专业课二同样也需要做好规划，并且在设定时间内，准时、保证质量地完成任务。

怎么做学习规划？这里以南京师范大学学科语文专业为例，带大家做规划。

首先明确所学内容，主要为《现代文学三十年》《文学理论教程》以及各个文学作品和文学评论。然后进行规划，设定我们从五月份开始正式复习，结束时间是 12 月底，可以设定五个阶段，再标定每个阶段学习的目标。

(1) **基础阶段**：5～7月初，《现代文学三十年》仔细阅读整本教材的内容，同时将自己的一轮笔记简要记录；《文学理论教程》阅读整本书内容，并购买相应的考研辅导书配合看章节后的习题，形成自己的一轮笔记；其他书籍文学作品的阅读量 1/3（先看重点），六月开始现代诗导读，看完穆旦篇并积累语料。

(2) **强化阶段**：7月初～9月，《现代文学三十年》结合基础班，回归书本做笔记，将书重难点搞清楚，理解透彻，梳理笔记，笔记结束后再回归书本；《文学理论教程》结合基础班，回归书本做笔记，搞清楚重点，明白难点内容，翻阅笔记；其他书籍上，文学作品阅读量 1/3,现代诗导读内容先看著名作家、诗歌流派的解读,积累语料。

(3) **深化阶段**:9月～10月中旬,《现代文学三十年》结合强化班内容,将书本框架进一步系统化,进行一轮背诵;《文学理论教程》结合强化班,梳理框架,进行一轮背诵;其他书籍上,文学作品要尽量全部阅读,至少重点篇目都阅读,现代诗导读在这一阶段阅读完,总结文学评论书写方式。

(4) **真题阶段**:10月中旬～12月初,《现代文学三十年》进行二三轮背诵,同步开始练习真题,结合真题班,了解答题技巧;《文学理论教程》进行二三轮背诵,开始练习真题,结合真题班,了解答题技巧。十月中旬结束文学作品阅读,开始文学评论的书写练习。此时期要将几轮的输入,学会转化为输出。

(5) **冲刺阶段**:12月初～12月底,《现代文学三十年》系统回顾真题,有侧重地进行四轮五轮背诵,熟悉答题技巧,模拟考试;《文学理论教程》回顾真题,有侧重地四轮五轮背诵,熟悉答题技巧,模拟考试;其他书籍上,形成自己的文学评论模板与方法,进行训练,灵活运用语料素材。

这样各个阶段的学习规划就明确了,但也需要把这些任务合理分配到每天。比如基础阶段需要读完《现代文学三十年》,这本书一共二十几章,则一天要读一两章。

这样的任务规划会让学习清晰很多,始终知道自己应该做什么,下一步该做什么,做到心中有数,学习就会更扎实。

2. **学习方法**

鉴于每个专业的参考书有巨大差异、考试出题内容也有较大不同，在这里主要说明一些普适性方法，帮助大家高分上岸！

(1) **高专注力**。提高自我专注力，是学习状态长期保持的重要因素与要点，每年都有很多同学表示，学习时容易犯困和走神，学习效率不高。建议大家早睡早起，保证充足睡眠，让自己学习的时候兴奋起来。比如可以边走边进行背诵，给自己提问设疑，提高精神专注度。或者下载一些注意力提升的APP，在学习的时候不被手机里的信息所干扰，专心学习。

(2) **全面与侧重**。任何一个院校与专业，哪怕只指定了一本参考书，都应该把握全面与侧重的学习方法。学习本身首先一定要全面，要对书籍总体有印象，因为基本每年每个院校都有爆出一两个冷门知识点的情况，最后拉开差距的往往就是这几个冷门知识点，所以学习应该扣住两个字——全面。到四五轮全面理解书本知识后，再结合真题，分析出题风格与重点内容，有侧重地把握重点与次重点。

(3) **背诵结合思维**。前几年各大院校出题都较为常规，导致很多学长学姐产生了错误的认知——只要背书就可以。但随着报考人数的上升，近几年各大院校的考题也趋于灵活，背书只能作为基础。对于拔高题，则需要大家进行思维的提升，总结答题思路，才能以不变应万变。

(4) **笔记与真题很关键**。很多同学会购买上一年学长学姐的笔记，但他人的思路不贴合自己的认知结构，建议同学们自行理解与记忆，如果觉得所需时间太多，也可以在预习书本的前提下，结合书本内容听课，补充梳理自己的笔记，这样背诵也较为轻松。大家可以用333中学习到的思维导图法，跟着课程建构框架，记录关键词句。

院校真题十分关键。学习到后期，一定要加强对真题的重视，不仅要知道答案，还应该对真题总结分类，形成各类题目的答题思路。举个例子，对于考查现代文学史的学科语文院校，名词解释可以分为作家、作品、流派、文学事件等一些名词解释小类群。这些类群可以总结为简介、内容分析、形式艺术特点、总结和意义等。一旦形成这种思路，考场作答会轻松很多。

任何一个书目类型都有不同的学习方法与技巧，需要大家在学习过程中慢慢积累和总结，也可以吸取专业课二主讲老师们的学习经验与心得。

（四）试卷结构

1. 时长：考试时间为 180 分钟。

2. 分值：试卷满分 150 分，常规题型如名词解释、简答题、论述题、教学设计题。具体题型与分值安排不同专业及院校都有所不同。请根据各个院校的往年真题内容判断。

五、复试

初试结束就到了复试阶段，初试决定资格，复试决定结果。复试由招生单位自行组织，考查的不仅是专业素质，还包括思想政治素质和品德、发展潜力、创新精神和能力等综合素质。复试的形式可以根据各个学科特点更加多样化，一般有笔试、面试、实践或实验能力考核和心理测试等。

1. 专业课笔试：考查教育学与专业方向相关的知识。有一些院校在其研究生招生官网上公布自己的复试参考书，而一些院校则会考查初试内容及教育热点知识。

2. 英语听说能力：自我介绍、常规性问题和教育学相关常识知识。

3. 综合面试：会涉到大量教育专业知识和相关热点内容，重点考查学生的综合能力（语言表达能力、逻辑能力、科研能力等）。注意学科类的考生在复试时，个别院校还会涉及说课试讲的环节。

4. 复习指导：在结合往年院校专业复试线的大数据前提下，判断自己是否可能会进入院校的复试中。建议在初试结束后，只要过了往年的国家线，都可以着手准备复试。等到真正出分数线的时候，准备时间就非常紧张了，所以一定要提早做好准备，哪怕达不到院校复试分数线，也是在为调剂的院校做充足的准备。

笔试部分，很多院校会指定相应的参考书目，同学们可以按照指定参考书目，结合老师所指出的重点进行概括性学习，同时寻找往年的院校复试笔试真题，去看看具体考什么、怎么考，做到心里有数。

面试的英语听说部分需要准备英文自我介绍，并且提前设想问题，大概设想 30～50 个问题，最好收集学长学姐回忆的各类考查过的问题。写出模板，形成语料包，做到灵活运用。可以通过录视频、看镜子、与他人模拟等方法，练习流利度与作答时的自信从容。

面试环节的专业课提问，一部分针对教育学部分，往往考查该学科的课程与教学论、教育学原理、教育心理学、教育热点。在结合往年真题的基础上，准备一些热点内容，把它们灵活运用到题目作答中，同时建议阅读一两本教育类的相关书籍，以丰富自己的答题。另一部分是专业课二的相关内容，比如学科语文专业主要考查文学史、语言学、语文课程与教学论、课标等内容，建议大家结合热点，在书本基础上，体现学术素养与造诣。

其实复试主要看的还是自信与从容，这份自信从容来自基础底蕴，所以复试阶段除了知识点的攻克，还要多进行模拟，在模拟面试中发现问题并解决问题。

5. 复试占比：复试与初试在最后总分中占比往往是4：6，当然每个院校会有一些不同，虽然看起来复试占比要低一些。但初试分数的差距极其微小，所以复试虽然看似占比小，实则对于最终能否录取影响极大。

因此，最后的临门一脚，一定走好走稳，把复试重视起来，低分说不定也能够逆袭。

六、调剂

1. 调剂资格
（1）已过国家线但未过目标院校划定复试线的考生。
（2）已过国家线和报考院校复试线但是复试被刷掉的考生。
（3）报考一区院校，初试成绩过了二区国家线的考生，可以参加二区院校的调剂。

2. 调剂基本条件
（1）符合调入专业的报考条件。
（2）初试成绩（含加分）符合第一志愿报考专业在调入地区的全国初试成绩基本要求。
（3）调入专业与第一志愿报考专业相同或相近，应在同一学科门类范围内。
（4）初试科目与调入专业初试科目相同或相近，其中初试全国统一命题科目应与调入专业全国统一命题科目相同。

注：具体调剂要求及细则以目标院校官网信息为准。

3. 调剂的分类
（1）校内调剂：分数过院校复试线，可调剂到一志愿报考院校

的其他相同或相近专业。(注：以目标院校调剂要求为准)

(2) 校外调剂：分数过国家线，可调剂到一志愿报考院校之外的其他院校。

4. 调剂信息

(1) 研招网。

(2) 目标院校研究生院官网。

(3) 其他。

5. 常年有调剂的院校

教育学的调剂院校一般主要集中在 B 区，因为 A 区报名通常比较火爆，但也不排除一些院校会出现调剂名额。大家提早关注院校的调剂信息，看看自己是否符合其规定的条件，如果没有看到一些详细的调剂要求，可以打电话咨询，询问他们是否还有调剂的名额和资格等。

这里举例学科英语往年出现调剂名额的院校：宁夏师范学院(全日制 22 人，20、21 年)；喀什大学(全日制，19、20、21 年)；鞍山师范学院(全日制，20、21 年)；哈尔滨师范大学(全日制，18 年)；广西师范大学(全/非全日制，20、21 年)；广东技术师范大学(全日制，20、21 年)。更多专业的调剂院校可以咨询凯程老师。

6. 调剂流程

前期收集可能出现调剂名额的院校，关注其研招办的电话，进行电话咨询，然后投简历咨询意见。

在调剂系统开放后，密切关注研招网上公布的调剂院校，填写志愿，关注解锁的时间，如果长时间院校没有回复，记得打电话给院校进行取消，不要占用调剂名额。

如果有院校同意调剂申请，提前去看调剂院校的复试流程与参考用书，时间紧张，一定要抓重点，这时就能体现前期准备的重要性了。

七、分数线

考研国家线是考生能否进入研究生复试的重要依据（报考34所自划线的同学除外，主要参考院校复试分数线），所以能否过线对于大家意义重大。理论上来说，过国家线就可以申请调剂，但是并不代表过了国家线就万事大吉，国家线是考生需要达到的最低标准，考研还有自划线、院线、专业线等，这些都决定着考生能否进入复试。

1. 国家线

(1) **含义**：国家线是全国硕士研究生考生进入复试基本分数要求，是最低标准分数线。国家线是考生能否进入研究生复试（今年还有没有机会读研）的重要依据。

(2) **内容**：国家线包括应试科目总分要求和单科分数要求，单科包括专业课、公共课两种。值得注意的是，达到国家线指的不仅仅是总分通过了国家线，单科每一门也都要达到国家线。无论是直接进入复试还是调剂，想要有资格参加复试必须要过国家线。

(3) **分类**：教育部根据全国不同地区经济发展情况和教育水平等，把全国31个省市自治区分为两类，分别为A类和B类。前者分数线略高于后者，一般相差10分。

① **一区（A类）**：北京、天津、上海、江苏、浙江、福建、山东、河南、湖北、湖南、广东、河北、山西、辽宁、吉林、黑龙江、安徽、江西、重庆、四川、陕西21个省（市）。

② **二区（B类）**：内蒙古、广西、海南、贵州、云南、西藏、甘肃、青海、宁夏、新疆10个省（区）。

2. 自主划线

（1）含义：自主划线是教育部审批的部分招生单位可以根据报考自己学校考生的情况和计划招生的人数来自主决定考研复试分数线，而不必参照考研国家复试分数线。最早公布的是 34 所自划线院校的自划线，一般在 3 月上旬左右发布。

（2）34 所自主划线院校：全部为 985 高校。

地区	学校
北京	北京大学　中国人民大学　清华大学　北京航空航天大学 北京理工大学　中国农业大学　北京师范大学
天津	南开大学　天津大学
辽宁	大连理工大学　东北大学
吉林	吉林大学
哈尔滨	哈尔滨工业大学
上海	复旦大学　同济大学　上海交通大学（仅面向推免生）
江苏	南京大学　东南大学
浙江	浙江大学
安徽	中国科学技术大学
福建	厦门大学
山东	山东大学
湖北	武汉大学　华中科技大学
湖南	湖南大学　中南大学
广东	中山大学　华南理工大学

续表

地区	学校
四川	四川大学　电子科技大学
重庆	重庆大学
陕西	西安交通大学　西北工业大学
甘肃	兰州大学

注：灰色院校无教育硕士专业或当年不招生，具体以院校官网为准

3. 院校分数线

院校线是各招生单位在国家线的基础上，根据本校有关专业生源余缺确定的复试资格线。所以说，院校线才是真正的复试线。

4. 专业录取线

由于每个专业的录取都会自然形成录取最高分、录取最低分，通常将某个专业的录取最低分数称之为专业录取线。专业录取线即录取该专业的最低分数要求。

Part 2 择校择专业

一、全国教育硕士院校汇总

全国教育硕士院校汇总	
辽宁	辽宁师范大学　大连大学　沈阳师范大学　鞍山师范学院 大连理工大学　渤海大学　沈阳大学
北京	北京师范大学　首都师范大学　北京航空航天大学 北京理工大学　中央民族大学　北京工业大学 北京联合大学　中央音乐学院　中华女子学院
天津	天津师范大学　天津外国语大学　天津大学 天津职业技术师范大学
山西	山西师范大学　山西大学　太原师范学院　山西大同大学
山东	山东师范大学　聊城大学　青岛大学　中国海洋大学 曲阜师范大学　济南大学　鲁东大学　临沂大学
吉林	东北师范大学　吉林师范大学　吉林外国语大学 长春师范大学　延边大学　北华大学　吉林体育学院 长春大学　吉林农业大学　吉林工程技术师范学院
河南	河南师范大学　河南大学　郑州大学　信阳师范学院 洛阳师范学院　河南理工大学　河南科技学院 安阳师范学院　南阳师范学院
黑龙江	哈尔滨师范大学　牡丹江师范学院　佳木斯大学　齐齐哈尔大学 黑龙江大学
河北	河北师范大学　河北大学　河北科技师范学院　河北北方学院

续表

全国教育硕士院校汇总	
宁夏	宁夏大学　宁夏师范学院
青海	青海师范大学　青海民族大学
陕西	陕西师范大学　西安外国语大学　宝鸡文理学院　延安大学 陕西科技大学　陕西理工大学　西北工业大学　榆林学院
甘肃	西北师范大学　天水师范学院　河西学院　西北民族大学
上海	上海师范大学　华东师范大学　复旦大学　同济大学 上海交通大学（仅面向推免生）　上海第二工业大学
浙江	浙江大学　浙江师范大学　杭州师范大学　宁波大学　温州大学 湖州师范学院　浙江海洋大学　绍兴文理学院　浙江工业大学 丽水学院
江苏	东南大学　江苏大学　江苏师范大学　南京师范大学　南通大学 苏州大学　扬州大学　苏州科技大学　江南大学　南京大学 南京信息工程大学　南京航空航天大学　南京体育学院　淮阴师范学院 江苏理工学院
重庆	重庆师范大学　四川外国语大学　西南大学　重庆三峡学院
四川	四川师范大学　西华师范大学　四川音乐学院　西南民族大学 成都大学　四川轻化工大学　西华大学
湖南	湖南师范大学　湖南大学　湖南科技大学　中南大学　吉首大学 湖南理工学院　衡阳师范学院　湖南工业大学
湖北	湖北大学　华中师范大学　黄冈师范学院　中南民族大学 湖北师范大学　华中科技大学　江汉大学　三峡大学　武汉大学 长江大学　湖北文理学院
安徽	安徽师范大学　淮北师范大学　安庆师范大学　合肥师范学院　阜阳师范大学　合肥学院
云南	云南大学　云南师范大学　云南民族大学　大理大学　昆明学院

续表

全国教育硕士院校汇总	
江西	南昌大学　江西科技师范大学　江西师范大学　赣南师范大学　东华理工大学
广东	华南师范大学　佛山科学技术学院　广东技术师范大学　广州大学　五邑大学　深圳大学　汕头大学　广州美术学院　肇庆学院　广东外语外贸大学
广西	广西民族大学　广西师范大学　南宁师范大学　北部湾大学
福建	福建师范大学　闽南师范大学　集美大学
海南	海南师范大学
内蒙古	内蒙古师范大学　内蒙古民族大学　内蒙古科技大学　赤峰学院　呼伦贝尔学院
新疆	新疆师范大学　喀什大学　石河子大学　伊犁师范大学　塔里木大学　昌吉学院
西藏	西藏大学　西藏民族大学
贵州	贵州师范大学　黔南民族师范学院　贵州民族大学　贵阳学院

二、院校梯队划分

梯队划分	师范类院校	综合性院校
第一梯队	北京师范大学（教育部直属985高校） 华东师范大学（教育部直属985高校）	清华大学　北京大学 厦门大学　复旦大学 浙江大学
第二梯队	东北师范大学（教育部直属211高校） 华中师范大学（教育部直属211高校） 陕西师范大学（教育部直属211高校） 华南师范大学（省部共建211高校） 南京师范大学（省部共建211高校） 湖南师范大学（省部共建211高校）	西南大学（教育部直属211高校） 中央民族大学 中国人民大学　武汉大学 南京大学　湖南大学

续表

梯队划分	师范类院校	综合性院校
第三梯队	省级优秀师范大学 首都师范大学　上海师范大学 浙江师范大学　四川师范大学 天津师范大学　安徽师范大学 山东师范大学　广西师范大学 西北师范大学　云南师范大学 杭州师范大学　重庆师范大学	其他985、211综合性高校 北京航空航天大学 北京理工大学
第四梯队	其他地方省级师范大学或地方师范学校	非985、211的综合性高校

三、专业及方向划分

学科类	学科语文	学科数学	学科英语
	学科政治	学科历史	学科地理
	学科化学	学科物理	学科生物
	学科音乐	学科美术	学科体育
其他	小学教育	学前教育	特殊教育
	职业技术教育	现代教育技术	科学与技术教育
	心理健康教育	教育管理	

（一）学科教学

专业名称：学科教学（语文）、学科教学（数学）、学科教学（英语）、学科教学（历史）、学科教学（政治）、学科教学（地理）、学科教学（化学）、学科教学（物理）、学科教学（生物）、学科教学（音乐）、学科教学（体育）、学科教学（美术）。

培养目标：培养掌握各学科教育领域坚实的基础理论和宽广的专业知识、具有现代教育观念和教育、教学工作能力，能够从事基础教育领域各学科教学工作和管理工作，并具有良好的教育职业素质的高层次应用型专门人才。

就业去向：毕业生可从事中小学学科教师、大学行政管理人员、公务员、出版社策划与编辑等相关工作。

（二）小学教育

培养目标：培养理论基础扎实，能够适应小学教师行业实际工作需要，并且具有较强实际工作能力的高层次应用型专门人才。

就业去向：毕业生可在小学从事小学教育相关工作，如小学各科任教师等工作。

（三）学前教育

培养目标：培养具有现代教育理念和较高教育、教学水平，具有较强理论素养与实践能力，能从事幼儿教育的高层次、应用型的幼儿骨干教师和教育行政管理人员。

就业去向：毕业生可从事幼儿教师、中高职教师、儿童顾问、儿童发展评估和指导人员、儿童教育和卫生发展政策制定者、儿童教育咨询专家等相关工作。

（四）特殊教育

培养目标：培养具有现代教育理念，具备较高特殊教育教学实践与教学研究能力的高素质的特殊教育学校、普通学校和中等职业技术学校专任教师和管理人员。

就业去向：毕业生可在高校、科研单位、特殊教育学校、普通学校资源教室、康复中心、民政福利机构、医院相关科室、研究机构等从事相关工作。

（五）心理健康教育

培养目标：培养掌握现代教育理念，能够融合教育学和心理学相关知识，具有较强实践与创新能力的、高水平的学校心理健康教育工作者。

就业去向：毕业生可从事中小学心理健康老师、企事业单位管理人员、人力资源管理等相关工作。

（六）现代教育技术

培养目标：培养具有现代教育理念、较高的信息技术素养、较好的将信息技术融入教育教学的能力及一定研究能力的应用型中小学信息化学科教师、中小学信息技术教师及数字化校园管理人员。

就业去向：毕业生可在教育机构、教育研究机构、学校、电教馆、文化馆等从事现代化教育技术方面的技术性工作。

（七）教育管理

培养目标：培养掌握现代教育理论、具有较强的教育教学实践和研究能力的高素质的中等职业学校、中小学校和幼儿园教育教学管理人员。

就业去向：毕业生可在高等院校从事教学及管理工作，或在各级教育行政管理部门工作，还可在中小学从事教育管理等相关工作。

（八）职业技术教育

培养目标：培养掌握现代教育理论、具有较强信息技术类专业职业教育教学能力、应用实践能力和教学研究能力的高素质中等职业学校教师和高素质技能型、应用型专门人才。

就业去向：毕业生可在中等职业院校从事职业技术方面的教育教学管理及研究工作，也可以在相关企事业单位从事相关领域的各项工作。

（九）科学与技术教育

培养目标：培养高素质的基础教育和中等职业技术教育的专任教师和管理人员。

就业去向：毕业生可在各级各类科技馆、科普教育基地、新闻出版单位和其他科普企事业单位培养专门人才，从事科普活动现场教学辅导、科普/产品/作品/展品/展览创意策划、媒体科学传播、中小学科学教育等相关工作。

（十）其他：除上述专业以外，还有教育领导与管理、学生发展与教育等专业

对于专业课二需要关注的信息，凯程均已整理并发布在公众号"徐影老师"菜单栏——"如影随学"的"专业二"板块，考生可以自行查找目标院校专业的相关信息，也可以通过凯程咨询老师，免费领取各专业导学课介绍。

四、择校择专业要考虑的因素

（一）分数线

分数线是我们在择校择专业时要考虑的重要因素之一。前文已有对分数线的详细说明，此处不做赘述。

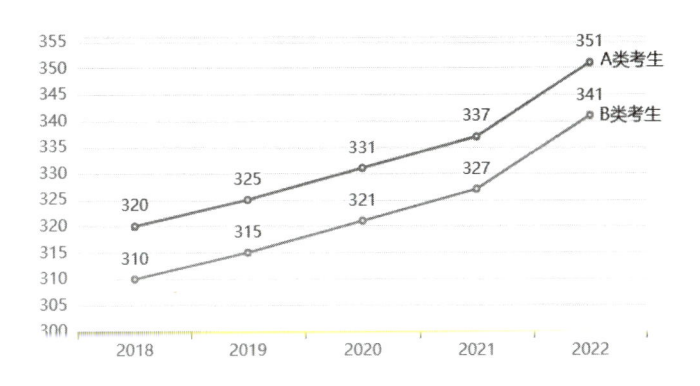

教育学专硕（教育、汉语国际教育）单科分数					
	A类考生			B类考生	
年份	单科 (满分=100)	单科 (满分>100)	单科 (满分=100)	单科 (满分>100)
2022	51	77	48	72
2021	47	71	44	66
2020	46	69	43	65
2019	44	66	41	62
2018	44	66	41	62

（二）招生人数

招生单位会根据国家下达的招生计划以及学科发展等情况来确定招生人数。各招生单位一般会在院校的研究生官网或招生网公布当年的招生人数，各个院校招生人数不同，可结合自身情况和往年招生情况考虑。

报考难度区间划分

招生人数区间	困难程度
5人以下	极难
5～10人	困难
10人以上	一般

注：仅供参考

教育硕士各专业最新的招生人数凯程也进行了整理，添加凯程老师即可免费领取。

（三）报录比

考研报录比是指报考的人数和拟录取人数的比例。一些院校会公布报录比，而有些院校并不公布报录比。同学们要理智看待报录比问题，考研本就是"剩"者为王的过程，不必太过在意。

（四）学校层次

学校层次是我们在择校时要考虑的重要因素之一。有些考生有名校情结，非名校不去；有些考生非985、211、双一流重点院校不去；

还有些考生认为一般 211 院校或者其他一般院校就可以满足。院校的选择要结合自身的实际情况，一般认为报考院校比自身本科院校高一层次为佳。

（五）院校地缘因素

地缘因素是我们在择校时考虑的重要因素之一，一些经济发达城市也是报考的热门地区。

1. 一线城市：北京市、上海市、深圳市、广州市。

2. 新一线城市：成都市、杭州市、重庆市、西安市、苏州市、武汉市、南京市、天津市、郑州市、长沙市、东莞市、佛山市、宁波市、青岛市、合肥市。

3. 二线城市：沈阳市、昆明市、无锡市、厦门市、济南市、福州市、温州市、大连市、哈尔滨市、长春市、泉州市、石家庄市、南宁市、金华市、贵阳市、南昌市、常州市、嘉兴市、珠海市、南通市、惠州市、太原市、中山市、徐州市、绍兴市、烟台市、兰州市、潍坊市、临沂市。

注：数据来源于百度百科：中国城市新分级名单（2022），仅供参考。

（六）就业前景

教育学是一门阳光学科，发展前景光明，同时又和其他学科形成交叉学科，形成了更宽阔的研究视角和就业空间。

1. 培养基础教育教师
2. 幼儿教师、中小学各科教师、心理咨询教师
3. 教育管理人才
4. 教育技术人才

（七）热门专业

主要热门专业有：小学教育、学科教学（语文）、学科教学（思政）、学科教学（英语）、学前教育等。

（八）跨专业

很多同学在选择专业时会纠结一个问题，跨专业考教育学会不会受歧视，会不会有所限制。对于教育硕士来说，跨专业的考生很多，一般不存在跨考歧视及限制。对于一些交叉学科来说，甚至有一定优势。

1. 报考资格限制：跨专业限制一般体现在专业报考资格和复试要求上。一些院校在招生目录中会明确说明，此专业只招收某专业考生；或者说在复试上要求跨专业考生需要加试。

2. 跨专业的优势：2020年8月，教育部发布了学位授予单位（不含军队单位）自主设置二级学科和交叉学科名单，推进学科交叉，着力培养复合型和创新型人才。

交叉学科，顾名思义是指两种或多种相互交融的学科。交叉学科能够满足社会上对复合型人才的需求，就业选择面更广。同时交叉学科能最大程度上贴合本科所学专业，深化研究视角。

注：跨专业是否有限制或要求，以目标院校官网的详细招生信息为准。

Part 3　全年复习规划

<table>
<tr><th colspan="3">教育硕士考研全年复习规划</th></tr>
<tr><td rowspan="4">基础阶段
6月之前</td><td>搭配课程</td><td>凯程基础课</td></tr>
<tr><td>学习资料</td><td>《333 教育综合应试解析》、专业课系列参考书</td></tr>
<tr><td>学习目标</td><td>1. 初步入门，熟悉教育学的基本知识及理论；
2. 配合研读教材，搭建专业课宏观知识框架；
3. 初步建立专业思维和素养</td></tr>
<tr><td>复习指南</td><td>1. 认真研读大纲和资料，了解专业课知识的逻辑体系；
2. 结合课程理解基本知识点，专业课大框架了然于胸；
3. 注意记笔记，列框架，同时切忌抄书</td></tr>
<tr><td rowspan="4">强化阶段
7～8月</td><td>搭配课程</td><td>凯程强化课</td></tr>
<tr><td>学习资料</td><td>《333 教育综合应试解析》
《333 教育综合真题汇编与高频题库》
《333 教育综合框架笔记》
《凯程强化班随堂讲义》</td></tr>
<tr><td>学习目标</td><td>1. 熟记和理解教育学基本知识点；
2. 全面系统搭建专业课知识框架体系；
3. 完善和丰富笔记，背诵全书</td></tr>
<tr><td>复习指南</td><td>1. 重点结合《333 教育综合应试解析》听强化课划重点；
2. 结合课程梳理知识框架及关键词，方便记忆；
3. 课后及时复习，可通过习题检验复习效果</td></tr>
</table>

续表

教育硕士考研全年复习规划		
真题阶段 9～10月	搭配课程	凯程真题课
	学习资料	《333教育综合真题汇编与高频题库》
	学习目标	1. 分析真题，总结专业课命题思路和考查方向； 2. 全面掌握专业课相关题型的答题思路和方法； 3. 完成近5～10年真题的学习，强化重点，查漏补缺
	复习指南	1. 真题是最有价值的资料，至少刷透近10年真题； 2. 根据真题课程讲解，总结各种题型的答题思路； 3. 总结易错题，分析原因，进一步巩固
冲刺阶段 11月～考前	搭配课程	凯程冲刺课
	学习资料	《333教育综合考研模拟卷》 《333教育综合考前必背题》 《333教育综合速记掌中宝》
	学习目标	1. 考前总结重点知识点和必背题目； 2. 实战模拟，规范答题格式和卷面布局； 3. 熟悉教育热点和教育新观念，提升答题思想性
	复习指南	1. 重点知识点和常考题目必须熟练掌握； 2. 模拟考试，实战演练，感受临考状态； 3. 回顾易错题目，查漏补缺，考前最后复盘

Part 4 图书资料推荐

一、《333 教育综合应试解析》

《333 教育综合应试解析》是针对考研大纲的详细解析，包含最新考试大纲的全部知识点。对于基础薄弱的学生来说，可以迅速入门，理解教育学的基本概念及理论；对有一定基础的考生来说，《333 教育综合应试解析》是梳理框架、整合知识的最佳资料，贯穿于整个复习阶段，需要不断翻阅、研读及记忆。

除此之外，《333 教育综合应试解析》每一章节均有对应的知识框架，以突出知识结构体系，同时配有复习指导、重点难点、考情分析、凯程扩展等栏目，突出考研应试的指导性。

二、《333 教育综合真题汇编与高频题库》

《333 教育综合真题汇编与高频题库》由《333 教育综合真题汇编》（简称《真题汇编》）和《333 教育综合应试题库》（简称《应试题库》）组成。

《真题汇编》汇集了 45 所院校 2010—2023 年及 38 所院校 2021—2023 年的 333 教育综合真题，覆盖 83 所院校，共 715 套真题。考生在复习目标院校的真题时，可参考其他院校真题，如教育部直属六所师范大学、省级师范院校等院校真题，加强对知识的巩固。

《应试题库》分为【题库上 历年高频考题】简称（高频考题）与【题

库下 开放性分析题】简称（开放分析题）两部分。高频考题以各院校历年考题考频（＞5次）与考点重要程度为依据，以科目－章节－题型为顺序进行题目的总结与编排。开放分析题以科目考点为依据，汇总各院校历年综合性、灵活性、开放性、难度大的题目，以科目－题类－专题为顺序进行题目的分类与编排。

《真题汇编》中各院校题目的答案，一部分是高频考题和开放分析题，在题目后附上《应试题库》对应指向，考生可根据指向对真题进行学习，同时对相关知识进行归类、迁移、理解与应用；另一部分是各校考察频率较低、偏、怪的题，凯程进行了汇总，在《真题汇编》院校题目开始处扫描二维码获取。

三、《333 教育综合框架笔记》

框架笔记以《333 教育综合应试解析》为蓝本，本着"提纲挈领，浓缩考点，理清脉络，框架为王"的原则，以知识本身的逻辑为思路，用框架的方式，将大纲知识点重新整理和编排，帮助考生更高效地整合知识，理解知识，记忆知识。

《333 教育综合框架笔记》同时具有框架展现，脉络清晰；每章一页，高度整合；突出重点，详略有据的特点。

四、《333 教育综合速记掌中宝》

《333 教育综合速记掌中宝》是对《333 教育综合应试解析》中知识点的全面精炼，根据真题命题规律进行总结、标注题型，可结合《333 教育综合应试解析》《333 教育综合真题汇编与高频题库》进行复习。《333 教育综合速记掌中宝》版式小巧，方便携带，能最大限度利用碎片化时间复习。

五、《333教育综合模拟卷》

《333教育综合模拟卷》是对教育学考研的科学预测卷，通过模拟卷检验复习效果，模拟真实考场，合理分配答题时间。

六、《333教育综合冲刺必背题》

《冲刺必背题》是冲刺阶段的重要资料，精选教育学考研重要知识点，科学预测考试内容。必背题按照题型进行排版，以考试答题的形式呈现答案，解决考生怎么答的问题。除却重要知识点之外，同时包含教育热点内容，将教育热点与教育学考研相结合。

* 所有参考资料均以最终实际出版为准

第十二章 现代教育家的教育理论与实践

助记 2：中国近现代教育史大总结

派别	1840—1860年 太平天国运动（农民阶级）	1860—1894年 洋务运动（地主阶级）	1870—1898年 早期改良派	1870—1898年 维新派	1901—1912年 新政时期（地主阶级）	1912—1927年 民国前期（资产阶级革命派）	1912—1927年 民国时期之新文化运动时期	1927—1949年 国民党的教育（南京国民政府时期）	1927—1949年 中国共产党的教育
改革措施	(1) 批判儒学、文风；(2) 改革文字；(3) 改革科举制度；(4) 改革教育内容	停留在学习西方技术的层面；(1) 兴办新式学校：福建船政学堂；(2) 开启留学教育：幼童留美、留欧教育	(1) 全面学习西学；(2) 改革科举制度；(3) 建立近代学制；(4) 倡导女子教育	百日维新前：(1) 兴办学堂；(2) 兴办学会与发行报刊。百日维新时：(1) 废八股，改科举制度；(2) 办京师大学堂；(3) 建立新式学堂	(1) 兴办学堂；(2) 废科举；(3) 颁布学制：壬寅学制和癸卯学制；(4) 建立教育行政体制；(5) 制定教育宗旨；(6) 留学教育：留日高潮，退款兴学	民国初年：(1) 制定教育方针；(2) 颁布学制：壬子癸丑学制；(3) 颁布课程标准。民国十年后：(1) 颁布1922年"新学制"；(2) 收回教育权运动	(1) 促进教育观念和实践变革；(2) 产生教育思潮：共7个思潮；(3) 教学改革实验；(4) 引入西方的教学法；(5) 各级学校发展	(1) 颁布戊辰学制；(2) 大学院、大学区制；(3) 学校西迁；(4) 加强学校管控	新民主主义教育发端：(1) 工农教育；(2) 青年教育；(3) 干部学校；(4) 黄埔军校。革命根据地教育：(1) 变迁教育方针；(2) 干部教育；(3) 普通教育；(4) 群众教育；(5) 教育经验
指导思想	拜上帝教	中体西用；停留在学习西方技术的层面	中体西用；探索西方政治的层面	君主立宪；深入到学习西方政治的层面	中体西用；探索西方政治的层面	民主共和；深入到学习西方思想观念的层面			
教育家	洪仁玕（了解）	张之洞	容闳、王韬和郑观应（了解）	康有为、梁启超、严复	张之洞	蔡元培（重点）：(1) "五育"并举；(2) 改革北大；(3) 教育独立论	杨贤江、黄炎培、晏阳初、梁漱溟、陶行知、陈鹤琴（重点）	蔡元培：大学院、大学区制	恽代英、李大钊、杨贤江
宗教教育							收回教育权运动，遏制教会教育发展	第四阶段：教会教育收敛文化侵略的野心，向世俗化和中国化改变	

第一阶段：进入中国，小规模发展；第二阶段：数量激增，各自为政；第三阶段：形成初等教育到高等教育的教会教育系统，成立"学校与教科书委员会"和"中华教育会"；第四阶段：教会教育侵略性保护。

注：①相同颜色为同一事件的改革。②在指导思想上，通过近代各个派别的改革，可以看出中国近代经历了从技术改革到政治改革，最后才掀起了思想改革。这样的历史发展逻辑有利于答题。③此表凯程申请知识产权保护，除了学生学习，其他机构或个人不得用于商业用途。如有必要，请到凯程课堂仔细聆听讲，请勿抄袭。

参考文献

[1] 孙培青. 中国教育史（第四版）[M]. 上海：华东师范大学出版社，2019.

[2] 王炳照. 简明中国教育史（第四版）[M]. 北京：北京师范大学出版社，2007.

[3] 孙培青. 中国教育简史 [M]. 北京：中国人民大学出版社，2021.

[4] 张传燧. 中国教育史 [M]. 北京：高等教育出版社，2010.

[5] 杜成宪，王保星. 中外教育简史 [M]. 北京：北京师范大学出版社，2015.